Bartłomiej Albiński

Instrumentierte Eindringprüfung bei Hochtemperatur für die Charakterisierung bestrahlter Materialien

**Schriftenreihe
des Instituts für Angewandte Materialien**
Band 37

Karlsruher Institut für Technologie (KIT)
Institut für Angewandte Materialien (IAM)

Eine Übersicht über alle bisher in dieser Schriftenreihe erschienenen Bände
finden Sie am Ende des Buches.

Instrumentierte Eindringprüfung bei Hochtemperatur für die Charakterisierung bestrahlter Materialien

von
Bartłomiej Albiński

Dissertation, Karlsruher Institut für Technologie (KIT)
Fakultät für Maschinenbau
Tag der mündlichen Prüfung: 20. Dezember 2013

Impressum

 Scientific Publishing

Karlsruher Institut für Technologie (KIT)
KIT Scientific Publishing
Straße am Forum 2
D-76131 Karlsruhe

KIT Scientific Publishing is a registered trademark of Karlsruhe
Institute of Technology. Reprint using the book cover is not allowed.

www.ksp.kit.edu

Print on Demand 2014

ISSN 2192-9963
ISBN 978-3-7315-0221-0
DOI 10.5445/KSP/1000041115

Instrumentierte Eindringprüfung bei Hochtemperatur für die Charakterisierung bestrahlter Materialien

Zur Erlangung des akademischen Grades

Doktor der Ingenieurwissenschaften

von der Fakultät für Maschinenbau am
Karlsruher Institut für Technologie (KIT)

genehmigte

Dissertation

von

Dipl.-Ing. Bartłomiej Albiński

aus Darmstadt

Tag der mündlichen Prüfung: 20. Dezember 2013
Hauptreferent: Prof. Dr. rer. nat. Oliver Kraft
Korreferent: Prof. Dr.-Ing. Karsten Durst

Kurzzusammenfassung

Bei der Entwicklung und Konstruktion künftiger Fusionsreaktoren spielt die Vorhersage über das Verhalten der eingesetzten Strukturwerkstoffe eine essentielle Rolle. Die notwendige Charakterisierung neu entwickelter Materialien erfolgt über eine mechanische Werkstoffprüfung. Dabei werden die erwarteten Betriebsbedingungen – Hochtemperatur und Schädigung aus Neutronenbestrahlung – nachgestellt. Als Prüfverfahren eignet sich insbesondere die Instrumentierte Eindringprüfung. Die während des Eindrückens einer harten Spitze in die Probe ermittelte Relation von Kraft und Eindringtiefe lässt auf mechanische Kenngrößen des Materials schließen. Bei der Verwendung sphärischer Eindringkörper können aus dem Indentationsversuch die im Material wirkenden Spannungen und Dehnungen bestimmt werden. Damit lassen sich neben der Materialhärte und dem Elastizitätsmodul auch die plastischen Eigenschaften des Werkstoffs beschreiben.

Um die Betriebsbedingungen im Fusionsreaktor auch bei dieser Prüfmethode nachzubilden, muss eine Untersuchung bestrahltungsgeschädigter Werkstoffe möglich sein. Dies setzt einen fernhantierten Betrieb voraus. Zudem ist ein Erhitzen der Proben während des Versuchs erforderlich. Aus diesen zentralen Anforderungen ergibt sich die Notwendigkeit einer neuen Anlage zur Instrumentierten Eindringprüfung, die fernhantierte Materialuntersuchungen an bestrahlten Werkstoffen bei Temperaturen bis 650°C erlaubt. Aufbau und Inbetriebnahme dieser Prüfanlage werden geschildert. Hierzu gehören Auslegung und Integration der Elemente zur Durchführung der Indentationsprüfung, ebenso wie der Systeme zur Messung und Regelung der Parameter Probentemperatur, Indentationskraft, Eindringtiefe und Prüfzeit sowie der Peripherie- und Hilfskomponenten unter Berücksichtigung geltender Randbedingungen. Die experimentelle Verifikation der einzelnen Teilsysteme, deren Kalibrierung sowie die Überprüfung des Zusammenwirkens weist die Funktionsfähigkeit der Prüfanlage zur Hochtemperatur-Indentation nach.

Mit der neu geschaffenen Prüfanlage sowie weiteren Indentationsanlagen durchgeführte Versuche an einem reduziert-aktivierbaren ferritisch-martensitischen Stahl, Wolfram- und Tantalproben zeigen das Potential der Instrumentierten Eindringprüfung, insbesondere unter Hinzunahme des variierbaren Parameters Prüftemperatur.

Abstract

Predicting the behavior of structural materials assigned to the use in future fusion reactors is an essential part in their development and design. Mechanical testing characterizes the new designed materials. In these tests, the expected operating conditions, i. e. high temperatures and radiation damage, have to be simulated. For this purpose, instrumented indentation is a particularly capable testing method. The relationship of force and indentation depth recorded during the indentation of a hard tip into a specimen allows to predict the mechanical parameters of the tested material. Stress and strain appearing in the material can be excerpted when using a spherical indenter tip. Consequently, besides material's hardness and Young's modulus its properties in the plastic regime can be described.

Reproducing the operating conditions of a fusion reactor for the indentation test bases on two aspects. First, irradiated samples need to be tested by remote-handling methods. Second, the samples have to be heated for the experiment. Both of these requirements lead to a new testing device that allows instrumented indentation on irradiation damaged materials in a remote-handled way at temperatures up to 650°C. Installation, set-up and initial operation of this newly designed apparatus are described. This includes design and integration of the components contributing to the indentation test, the systems for measurement and feedback control of the testing parameters sample temperature, indentation force, indentation depth and time as well as supporting gear and peripherals. Existing boundary conditions have to be incorporated in this process. Experimental verification and calibration of each subsystem is done. The proper interaction between the subsystems proves the functional capability and reliability of the new high-temperature indentation device.

Material tests were accomplished on a reduced-activation ferritic-martensitic steel, tungsten and tantalum using the new apparatus as well as other devices. The experiments show the prospects of the instrumented indentation method, especially when varying the testing temperature.

Danksagung

Die vorliegende Arbeit entstand während meiner Zeit als Doktorand und wissenschaftlicher Mitarbeiter im Fusionsmateriallabor (FML) des Instituts für Angewandte Materialien (IAM) am Karlsruher Institut für Technologie (KIT). In den zurück liegenden dreieinhalb Jahren stand für mich die Realisierung einer Hochtemperatur-Indentationsanlage im Vordergrund, die nun als KAHTI ihren Beitrag zur Wissenschaft leistet. Diese Anlage und die darauf basierende Arbeit wäre nicht möglich geworden ohne den Einsatz einer Vielzahl von Personen, denen ich zu Dank verpflichtet bin.

An erster Stelle danke ich meinem Hauptreferenten und Doktorvater, Herrn Professor Dr. rer. nat. Oliver Kraft für die Annahme als Doktorand an seinem Institut sowie für die fachliche Betreuung. Zudem möchte ich für die Möglichkeit eines Forschungsaufenthalts in den USA danken. Bei Herrn Professor Dr.-Ing. Karsten Durst bedanke ich mich für die Übernahme des Korreferats und sein Interesse an der Arbeit.

Meinem Betreuer im Fusionsmateriallabor, Herrn Dr. Hans-Christian Schneider, danke ich für die zahlreichen Diskussionen, die zum Fortschritt der Arbeit beigetragen haben; ebenso bedanke ich mich bei allen Mitarbeitern des FML für jegliche handwerkliche Hilfe und zahlreiche Ratschläge.

Meinen Doktorandenkollegen und den Mitarbeitern aller Abteilungen des IAM-WBM danke ich für Unterstützung und Beratung – hier sei vor allem Herr Sven Bundschuh genannt, der unermüdlich meine Fragen zur digitalen Bildverarbeitung beantwortete – und eine abwechslungsreiche Zeit am Institut.

Auch an die Mitarbeiter weiterer Institute des KIT, die stets ein offenes Ohr für meine Anliegen hatten, möchte ich meinen Dank richten.

Ich danke Herrn Michael Köhler und den weiteren Mitarbeitern der Fa. Zwick, insbesondere aber Herrn Oliver Ernst, Geschäftsführer der Fa. HKE, für die vielen Stunden vor dem PC, in Werkstatt und Labor, um KAHTI in jahrelanger gemeinsamer Arbeit zu realisieren, aufzubauen und in Betrieb zu nehmen. Auch seinen Mitarbeitern und allen weiteren Firmen sei für ihre Kooperation und Beratung zu den unterschiedlichsten Facetten des Maschinenbaus gedankt. Herzlichen Dank auch an die Studenten Teresa Kerrom und Jia Ye, die durch ihre Arbeiten zur Realisierung von KAHTI beigetragen haben.

Das Material zur Herstellung der Eindringkörper wurde freundlicherweise von Herrn Dr. Wolfram Knabl, Fa. Plansee zur Verfügung gestellt.

Den Herren Dr. Jeong-Ha You und Dr. Weizhi Yao vom Max-Planck-Institut für Plasmaphysik in Garching danke ich für die fruchtbare Zusammenarbeit und die vielen Hinweise und Diskussionen, die meine Arbeit bereicherten. Einen besonderen Dank spreche ich an Herrn Professor George Pharr und Herrn Dr. Erik Herbert vom Oak Ridge National Laboratory aus, die mir zu einer intensiven Beschäftigung mit der Indentation verhalfen; ebenso sei gedankt für die vielen Tipps für unvergessliche Wochen in Tennessee.

Zuletzt und zumeist danke ich meinen Eltern und Brüdern für jegliche Form der Unterstützung, Ermutigung und Motivation, die ich während meiner Zeit in Karlsruhe erfahren durfte. Gleiches gilt für meine Frau Kathrin, die wohl die meisten Entbehrungen in den Jahren meiner Promotion auf sich genommen hat – herzlichen Dank!

München, im Oktober 2013 *Bartłomiej Albiński*

Inhaltsverzeichnis

1 Kernfusion

Zur Substitution fossiler Energieträger, deren Bestände endlich sind, werden international größte Anstrengungen unternommen. Hierfür werden regenerative Quellen wie Sonne, Wasser, Wind und nachwachsende Rohstoffe ebenso in Betracht gezogen, wie der Ausbau der Energiegewinnung aus Kernspaltung.

Eine weitere Option im Energiemix der Zukunft – insbesondere zur Sicherstellung der Grundlastversorgung – stellt die Energiegewinnung aus der nuklearen Fusion dar; zwei leichte Atomkerne verschmelzen unter Energieabgabe zu einem neuen Kern (vgl. Abb. 1.1). Der Energiegewinn begründet sich aus der Differenz der Bindungsenergien der Reaktionspartner vor und nach der Fusionsreaktion.

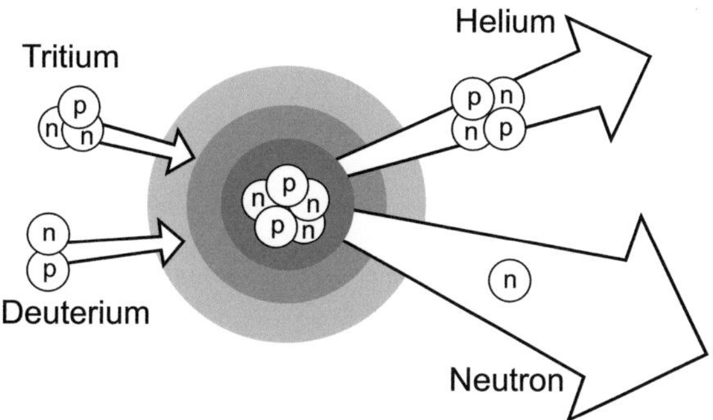

Abbildung 1.1: Darstellung der Fusionsreaktion der Wasserstoffisotope Deuterium und Tritium nach [1]

1.1 Fusionsreaktion und Zündbedingung

Um die Bedingungen für eine Kernfusion zu schaffen, müssen die zu verschmelzenden Materialien durch Energiezufuhr in Plasma, den vierten Aggregatzustand, überführt werden. In diesem Zustand sind die Atomkerne von ihren Elektronen gelöst, sie bilden ein ionisiertes Gas. Die Atomrümpfe sind so schnell und energiereich, dass sie die durch ihre positive Ladung hervorgerufenen abstoßenden Kräfte, die sog. Coulomb-Barriere, überwinden oder tunneln und aufeinander treffen können (vgl. Abb. 1.2).

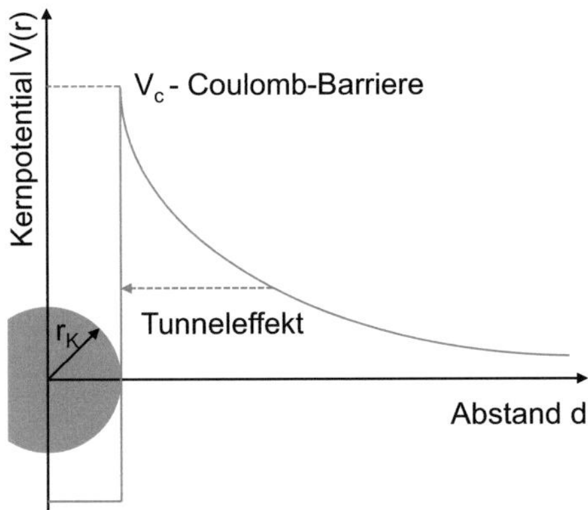

Abbildung 1.2: Coulomb-Barriere und Tunneleffekt nach [2]. Innerhalb des Atomkerns mit Radius r_K wirkt dessen Potential V anziehend, während es außerhalb abstoßend wirkt. Die so entstehende Coulomb-Barriere V_c erlaubt prinzipiell eine Annäherung zweier gleichsinnig geladener Kerne nur, wenn für deren Energie $E \geq V_c$ gilt. Dennoch lässt sie sich von einem Nukleus mit $E < V_c$ aufgrund der Heisenberg'schen Unschärferelation mit einer gewissen Wahrscheinlichkeit, ausgedrückt durch die Schrödinger-Gleichung, tunneln [2, 3].

Die Höhe der Barriere hängt von der Anzahl der Kernbausteine (Protonen und Neutronen) des Nukleus ab. So lässt sich eine Kernfusion am leichtesten mit den Wasserstoffisotopen Deuterium D (1 Proton **p**, 1 Neutron **n**) und Tritium T (1**p**, 2**n**) realisieren (vgl. Abb. 1.3). Die Reaktionsgleichung

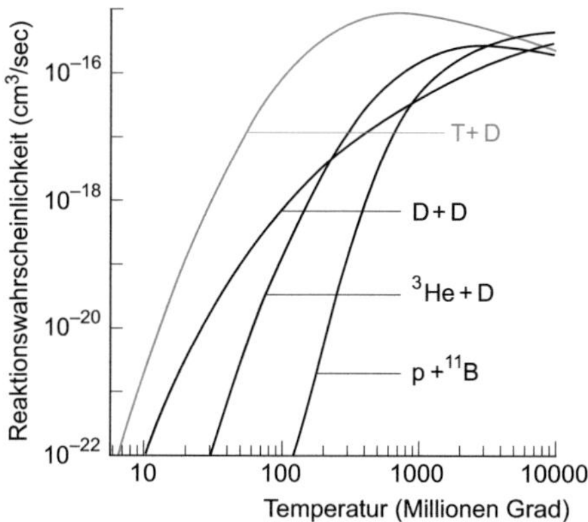

Abbildung 1.3: Darstellung der Wahrscheinlichkeiten unterschiedlicher Fusionsreaktionen in Abhängigkeit der Plasmatemperatur nach [1]

hierzu lautet (vgl. auch Abb. 1.1)

$$D(n+p) + T(2n+p) \rightarrow He^{2+}(2n+2p) + n + 17,6\,MeV \qquad (1.1)$$

Die frei werdende Energie kann in Wärme umgewandelt und anschließend in einem konventionellen Dampfkreislauf zur Stromerzeugung genutzt werden. [1–3]

Die drei Parameter des Plasmas

- Teilchendichte n

- Energieeinschlusszeit τ_E

- Temperatur T

werden – unter Einbeziehung der allgemeinen Gasgleichung

$$p = n \times k \times T \qquad (1.2)$$

zur Darstellung des Drucks p mithilfe der Boltzmann-Konstante (nach [4,

S. 190]) $k = 8{,}617 \times 10^{-5}\,\mathrm{eV/K}$ – zum sog. Zündparamater[1] ZP zusammengefasst, der die Bedingung für eine Kernfusion beschreibt

$$ZP = n \times k \times T \times \tau_E \geq 10^{24}\,\mathrm{eV\,s/m^3} \tag{1.3}$$

Um die Zündbedingung (1.3) zu erreichen, sind Temperaturen $T > 10^8\,\mathrm{K}$ und Energieeinschlusszeiten von mehreren Sekunden bei einer Ionendichte von $n = 10^{20}/\mathrm{m^3}$ notwendig [1] [2, S. 241*ff*]. Die Energieeinschlusszeit τ_E beschreibt die Zeit, innerhalb der das Plasma ohne weitere Energiezufuhr besteht, bevor es erkaltet. Damit ist τ_E ein Maß für die Güte der Wärmeisolation des Plasmas.

1.2 Plasmaeinschluss und Fusionsreaktor

Zur technischen Realisierung der Fusion ist ein Gefäß zur Aufnahme des Plasmas notwendig. Da die Dichte des Plasmas nur ca. $2{,}5 \times 10^{-5}$ der Atmosphärendichte beträgt, muss dieses Plasmagefäß zuvor evakuiert werden. Das eingefüllte Deuterium-Tritium-Gasgemisch wird (mittels Widerstandsheizungen, Mikrowellen und neutralen Teilchen) aufgeheizt und ionisiert; die Elektronen lösen sich von ihren Atomrümpfen. Das Plasma verhält sich nach außen elektrisch neutral; durch seine unterschiedlich geladenen Teilchen wird es dennoch von Strömen und Magnetfeldern beeinflusst. Dieser Umstand ermöglicht, das Plasma mittels eines magnetischen Käfigs einzuschließen und auf feste Bahnen – entsprechend den Magnetfeldlinien – zu lenken. Das Magnetfeld muss so stark sein, dass es dem Plasmadruck p_P gemäß Gl. (1.2) widersteht. [1] [2, S. 241*ff*]

Für einen verlustfreien Einschluss des Plasmas wird ein ringförmiges Magnetfeld mit spiralförmig verlaufenden Feldlinien benötigt. Dieses wurde

---

[1] auch bekannt als Fusionsprodukt, Tripelprodukt

auf zwei unterschiedliche Arten realisiert. Im sog. *Tokamak*[2]-Reaktor werden die Magnetfelder dreier Spulensysteme überlagert; dabei wird eines der Magnetfelder durch einen Stromfluss im Plasma, das die Sekundärspule der zentralen Transformatorspulen darstellt, erzeugt (vgl. Abb. 1.4a). Dieses auf Induktion basierende Magnetfeld kann nur bei einer Änderung des Stromflusses aufrecht erhalten werden; sobald der maximale Strom des Transformators erreicht ist, muss er abgeschaltet werden. Daraufhin bricht der Plasmaeinschluss zusammen und das Plasma gerät in Kontakt mit dem Gefäß. Aufgrund seiner geringen Energiedichte erlischt es, wie bei allen anderen Plasmastörungen, sofort. Der Transformator-Strom muss erneut angefahren und das Plasma neu gezündet werden – man spricht von einem gepulsten Betrieb. Nach diesem Prinzip wird aktuell der Fusionsforschungsreaktor ITER[3] aufgebaut, der erstmalig die Zündbedingung für ein brennendes Plasma mit positiver Energiebilanz erfüllen soll. Einen kon-

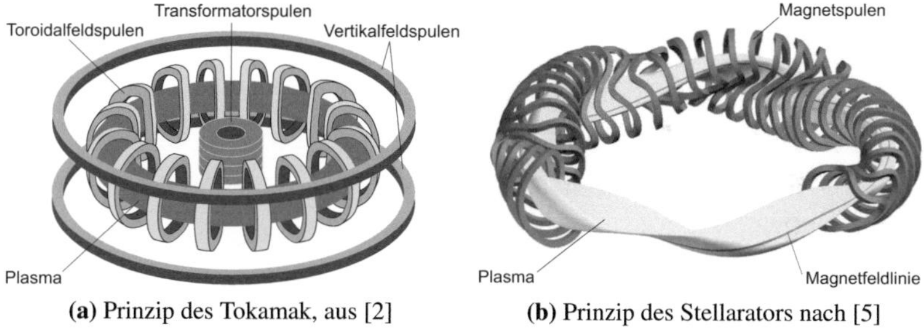

(a) Prinzip des Tokamak, aus [2] **(b)** Prinzip des Stellarators nach [5]

Abbildung 1.4: Vergleich der Prinzipien für den Plasmaeinschluss im Fusionsreaktor

tinuerlichen Betrieb erlaubt die Spulenanordnung des *Stellarator* genannten Reaktortyps (vgl. Abb. 1.4b). Die komplexe Geometrie der Spulen erzeugt das benötigte ringförmige Magnetfeld mit spiralförmig verlaufenden Feldlinien ohne Plasmastrom. Die Schwierigkeit besteht in der Herstellung

---

[2]russisches Akronym der Bezeichnung „toroidale Kammer im Spulenmagnetfeld" [2, S. 243]
[3]International Thermonuclear Experimental Reactor

der Spulen, da jede ihre eigene Gestalt hat. Ein Versuchsreaktor nach dem Stellarator-Prinzip entsteht momentan am Max-Planck-Institut für Plasmaphysik (IPP) in Greifswald [5].

Die frei werdende Energie der Fusion von Deuterium und Tritium nach Gl. (1.1) in Höhe von 17,6 MeV verteilt sich nach dem Impulserhaltungssatz umgekehrt proportional zum Gewicht der Produkte; das He^{2+}-Teilchen erhält 3,5 MeV, das Neutron 14,1 MeV Energie. Während das He^{2+}-Ion als Abgas dem Plasma mit einem sog. Divertor (vgl. Abb. 1.5) entzogen wird, lässt sich das elektrisch neutrale Fusionsneutron nicht vom Magnetkäfig kontrollieren. Es verlässt das Plasma und dringt in das Plasmagefäß ein. Hier wird es durch Stöße mit den Atomen der sog. Ersten Wand (vgl. Abb. 1.5) abgebremst und gibt dabei seine aus der Fusionsreaktion erhaltene Energie ab; die Erste Wand des Plasmagefäßes wird durch Kollisionen mit einer Vielzahl von Fusionsneutronen erhitzt. Die erzeugte Wärme wird mit einem Kühlmedium entzogen, um damit in konventioneller Weise Dampf zu erzeugen und Strom zu produzieren.

Die eindringenden Neutronen werden zudem für eine Eigenversorgung des Reaktors mit dem „Brennstoff" Tritium genutzt. In sog. Brutblankets (vgl. Abb. 1.5) treffen die Neutronen auf Lithium, das sie in Helium und Tritium umwandeln. Die Energie der Neutronen entscheidet, welche Reaktion zustande kommt. Schnelle Neutronen (klassifiziert durch ihre Energie von $E(\mathbf{n}_s) = 10\,\text{keV} - 20\,\text{MeV}$) rufen die endotherme Reaktion

$$^{7}\text{Li} + \mathbf{n}_s \rightarrow \text{T} + \text{He} + \mathbf{n}_{th} - 2,5\,\text{MeV} \tag{1.4}$$

hervor, bei der das Neutron in den Energiebereich thermischer Neutronen ($E(\mathbf{n}_{th}) < 100\,\text{meV}$) abgebremst wird. Auch das thermische Neutron kann zu einer Reaktion mit Lithium führen. Hierbei reagiert ein anderes Isotop des Lithium

$$^{6}\text{Li} + \mathbf{n}_{th} \rightarrow \text{T} + \text{He} + 4,5\,\text{MeV} \tag{1.5}$$

Das gewonnene Tritium wird zurückgeführt und zusammen mit Deuterium
in das Plasma gespeist, um die Fusion aufrecht zu erhalten.

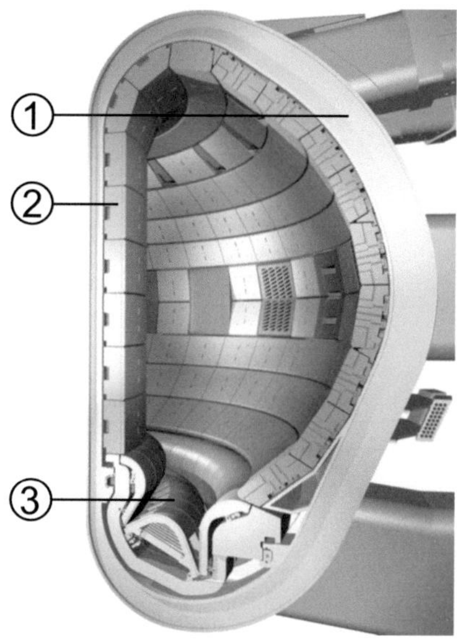

Abbildung 1.5: Schnitt durch das Plasmagefäß des geplanten Fusionsreaktors
ITER nach [6]. 1 – Vakuumdichtes Plasmagefäß, 2 – (Brut-)Blanket-Module
der Ersten Wand, 3 – Divertor

2 Strukturmaterialien für den Fusionsreaktor

Die das Plasma umgebenden Bauteile erfahren durch die Fusionsreaktion eine besondere Belastung; sie werden durch die eindringenden Fusionsneutronen geschädigt. Folglich werden an die plasmanahen Strukturwerkstoffe besondere Anforderungen gestellt. Aufgabe der Materialforschung ist es, durch Materialentwicklung und -charakterisierung geeignete Werkstoffe für den Bau der Reaktorkomponenten des Fusionsreaktors DEMO[4] zur Verfügung zu stellen. Dieser soll als Nachfolger von ITER den Nachweis der kommerziellen Stromerzeugung aus der Kernfusion liefern.

2.1 Materialschädigung

Sämtliche dem Plasma ausgesetzten und plasmanahen Komponenten des Fusionsreaktors, darunter die Erste Wand, der Divertor und die Brutblankets, erfahren im Betrieb hohe, außergewöhnliche Belastungen durch

- energiereiche neutrale sowie geladene Teilchen, die das Plasma verlassen,

- elektromagnetische Strahlung,

- die schnellen Fusionsneutronen [1, 7].

Sowohl die elektromagnetische Strahlung, als auch die beschleunigten Plasmateilchen treffen auf der Ersten Wand und dem Divertor auf. Sie dringen kaum ins Material ein. Dies hat zur Folge, dass sich deren thermische Las-

---

[4]Demonstration power plant

ten direkt an der Oberfläche kumulieren. Im Fusionsreaktor DEMO sind, bei einer prognostizierten Netzleistung von 1,3 GW, für die Erste Wand, die großflächig getroffen wird, Wärmeflussdichten um $2,5\,\text{MW/m}^2$ zu erwarten; der Divertor wird mit $10-15\,\text{MW/m}^2$ belastet [1,8]. Im Reaktorbetrieb erfahren die Strukturkomponenten eine zyklische thermo-mechanische Belastung. Zudem führen kollidierende Plasmateilchen zu Oberflächenschäden durch Zerstäubung und Erosion sowie, speziell bei den He^{2+}-Teilchen, zu eingelagertem Helium, das zu Blasen anwächst und schichtweise Ablösungen der Oberflächen hervorruft. [1,7]

Durch den Neutronenbeschuss werden die Komponenten weit gravierender geschädigt. Stöße der Fusionsneutronen mit den Atomkernen der Strukturmaterialien schlagen Gitteratome aus ihren Plätzen im Kristallgitter und verursachen dadurch Leerstellen und Zwischengitteratome (sog. *Frenkel-Paare*). Bei ausreichender Energie führt dies zu einer Kettenreaktion, sodass sich Schädigungskaskaden ausbilden und die Punktdefekte gehäuft angefunden werden (vgl. Abb. 2.1) [7–9]. Die Kennzahl dpa – diplacement per

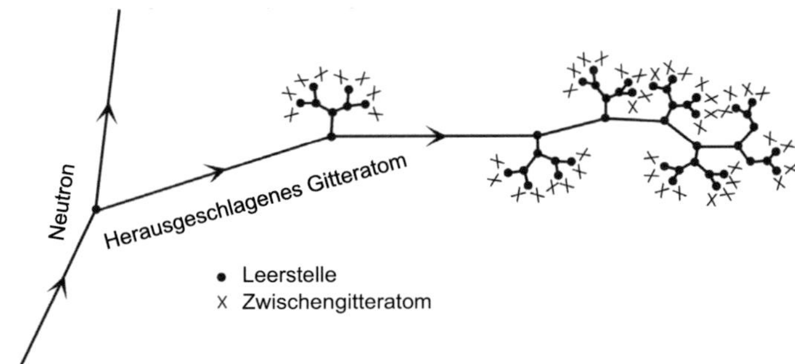

Abbildung 2.1: Entstehung von Zwischengitteratomen und Leerstellen im Gefüge als Folge eines Neutroneneinschlags nach [10]

atom – beschreibt die entstandene Schädigung als mittlere Anzahl von Verschiebungen, die jedem Gitteratom widerfährt. Im DEMO-Reaktor rechnet man mit $10-30\,\text{dpa/a}$ [8].

Eine Absorption der Fusionsneutronen durch die Gitteratome der Strukturkomponenten führt zu schweren, möglicherweise instabilen Isotopen. Dieser unnatürliche, instabile Zustand kann zu einem nachfolgenden Zerfall des schweren Isotops unter Emission eines oder mehrerer Kernbausteine (Protonen, Neutronen) und gleichzeitiger Energieabgabe führen – das Element transmutiert. Eine dieser Transmutationen läuft unter der Abspaltung eines Helium-Kerns He^{2+} ab (sog. (n,α)-Reaktion). Nach Abgabe seiner Bewegungsenergie wird dieses α-Teilchen durch Verbindung mit zwei Elektronen neutralisiert und lagert sich als He-Atom im Gefüge ein. Aufgrund der geringen Löslichkeit von Helium im Stahl entstehen durch Agglomeration von He-Atomen Helium-Blasen im Inneren der Komponenten [7, 11]. Die Menge des transmutierten Heliums aus dem Betrieb von DEMO wird auf 1500 appm[5] (0,15 %) geschätzt [8].

Die kumulierten Belastungen aus Bestrahlung und thermo-mechanischer Zyklierung führen zu einer Verschlechterung der physikalischen und mechanischen Eigenschaften des eingesetzten Materials. Die zahlreichen Leerstellen und Zwischengitteratome setzen die thermische und elektrische Leitfähigkeit herab. Zudem sorgen sie durch eine Behinderung von Versetzungsbewegungen für erhöhte Festigkeit bei stark reduzierter Duktilität – die Werkstoffe verhärten und verspröden. Dies äußert sich auch in einer Verschiebung des Spröd-duktil-Übergangs zu höheren Temperaturen. Zudem werden bestrahlungsinduziertes Kriechen und Porenbildung beobachtet. Die Einlagerung von transmutiertem Wasserstoff und Helium führt zu H- bzw. He-Versprödung und – durch die Ausbildung von Gasblasen – zu einem Schwellen des Materials. [8, 9, 12]

---

[5]*atomic parts per million*

2.2 Materialanforderungen und -auswahl

Die Eigenschaften der im Kraftwerk verbauten Materialien haben essentiellen Einfluss auf dessen Wirkungsgrad. Je größer die Spanne zwischen Ein- und Austrittstemperatur des zirkulierenden Kühlmediums, desto effizienter sind Energieumwandlung und Stromproduktion [4, Kap. 10]. So richten sich die konventionellen Werkstoffanforderungen an einen sicheren Einsatz in einem möglichst breiten Einsatztemperaturbereich. Entscheidend hierfür sind die Parameter Zugfestigkeit, Bruchzähigkeit, Kriech- und Ermüdungs- eigenschaften, Temperaturwechselbeständigkeit, Korrosionsbeständigkeit und Versprödung bei allen zu erwartenden Betriebstemperaturen. [7, 9]

Durch ihr besonderes Einsatzgebiet werden an die Strukturmaterialien des Fusionsreaktors weit mehr Anforderungen gestellt. Die Werkstoffe für plas- manahe Komponenten müssen eine möglichst hohe Resistenz gegen die in Kap. 2.1 beschriebenen Arten der Materialschädigung aufweisen; ihre Ei- genschaften sollen sich durch die Bestrahlung möglichst nicht verändern. Nur so lässt sich ein wirtschaftlicher Betrieb mit moderaten Wartungs- und Austauschintervallen für Bauteile wie Erste Wand, Divertor und Blanket realisieren. Zudem ist es erklärtes Ziel der Fusionsforschung, die Abkling- zeit der bestrahlten Materialien so zu reduzieren, dass sie nach spätestens 100 Jahren aus der Strahlenschutz-Überwachung entlassen und einer kon- ventionellen Wiederverwertung zugeführt werden können[6]. Im Vergleich zu Abfällen aus der Kernspaltung entsteht somit kein Bedarf für eine Endla- gerstätte. Auch das Spektrum der aktivierten Elemente, das – im Gegensatz zur Kernspaltung – keine aktiven α- oder Neutronenemitter enthält, erlaubt deutlich geringere Strahlenschutzmaßnahmen.

Diese Prämisse bedeutet den Verzicht auf Elemente, die durch Bestrahlung zu langlebigen radioaktiven Isotopen mutieren, wie Nickel, Niob, Molyb- dän. Die Auswahl beschränkt sich folgend auf die Elemente Eisen, Chrom,

---

[6]Erste Überlegungen hierzu finden sich in [13].

Zirkon, Tantal, Titan, Wolfram, Vanadium, Silizium und Kohlenstoff zur Konstruktion plasmanaher Strukturen [9, 14]. Hieraus müssen, unter Verzicht auf erprobte Einsatzmaterialien und Legierungen, neue Werkstoffe kreiert werden.

Aus diesen speziellen Anforderungen haben sich die drei Werkstoffgruppen

- Reduziert-aktivierbare ferritisch-martensitische (RAFM) Stähle

- Legierungen der Refraktärmetalle Wolfram und Vanadium

- SiC-faserverstärkte SiC-Keramiken

als Kandidaten für Strukturwerkstoffe zum Bau von Divertor, Erster Wand und Blanket von DEMO herauskristallisiert. [7, 9, 12]

Da die RAFM-Stähle am weitesten entwickelt sind [9, 15, 16], sind sie als Strukturmaterial für die im Fusionsreaktor ITER geplanten *Test Blanket Module* vorgesehen [15]. In diesen Modulen wird die Erbrütung von Tritium in der Ersten Wand des Fusionsreaktors DEMO getestet (vgl. Kap. 1.2).

2.3 Materialforschung: Bestrahlungsprogramme und Materialuntersuchungen

Um die Folgen der Materialschädigung an den Strukturkomponenten abschätzen zu können, ist eine Nachbildung der im Fusionsreaktor herrschenden Betriebsbedingungen notwendig. Da diese Bedingungen aufgrund fehlender adäquater Neutronenquellen mit einem fusionsrelevanten Neutronenspektrum noch nicht kumulativ aufgebracht werden können [17], lässt sich die Schädigung durch Neutronen nur mittels unterschiedlicher Bestrahlungsprogramme in weltweit aufgestellten Versuchsreaktoren nachstellen [18]. Beispiele hierfür sind die im europäischen *HFR – High Flux Reactor* durchgeführten Bestrahlungsexperimente, u. a. SPICE [19, 20], Bestrahlungsprogramme im russischen Versuchsreaktor *BOR60*, wie AR-

BOR [21] und andere [22, 23]. Die thermischen Belastungen lassen sich dabei durch Erhitzen bzw. Kühlen der Proben während der Bestrahlung überlagern.

Für die Materialcharakterisierung haben sich Varianten bekannter Prüfverfahren etabliert, die mit miniaturisierten Proben arbeiten. Die Dimensionen der Proben werden unter Beibehaltung der geometrischen Ähnlichkeit verkleinert. Vier Gründe sprechen für eine Miniaturisierung der Proben:

1. Die Temperaturgradienten innerhalb der Probe, die durch bestrahlungsbedingte Eigenerhitzung und Probenkühlung entstehen, sind bei einem kleinen Probenvolumen geringer. Es wird eine gleichmäßige Probentemperatur erreicht.

2. Die Bestrahlungsprogramme sind mit einem hohen Aufwand und langen Bestrahlungsdauern verbunden, was hohe Kosten für das bestrahlte Probenmaterial nach sich zieht.

3. Die begrenzten Kapazitäten der Bestrahlungsprogramme erfordern eine möglichst hohe Ausnutzung des Bestrahlungsraums sowie eine möglichst vielseitige Charakterisierung der bestrahlten Proben.

4. Durch eine Miniaturisierung der Proben wird die Menge bestrahlten und aufwändig zu handhabenden und zu entsorgenden Materials reduziert.

Die Aktivität der bestrahlten Proben erfordert die Durchführung der Untersuchungen in strahlungsabschirmenden Bereichen. Die mechanischen Untersuchungen umfassen hauptsächlich Zug-, Kerbschlagbiege-, Kriech- und Ermüdungsversuche. Um die Materialbelastung so gut wie möglich nachzustellen, wird angestrebt, die Versuche bei der entsprechenden Bestrahlungstemperatur T_{irr} durchzuführen.

2.4 Eurofer

Bei den reduziert aktivierbaren ferritisch-martensitischen (RAFM) Stählen handelt es sich um hochwarmfeste Edelstähle (8-12CrMoVNb) mit modifizierter Zusammensetzung. Die Legierungselemente Mo, Nb, Ni werden aufgrund der langen Halbwertszeiten ihrer radioaktiven Isotope durch die reduziert aktivierbaren Elemente W,V und Ta substitutiert.

Neben dem japanischen *F82H* ist der *Eurofer* genannte Stahl der bevorzugte Werkstoff hierfür. Dieser 9CrWMnVTa RAFM-Stahl ist eine maßgeblich vom heutigen Karlsruher Institut für Technologie (KIT) getriebene, europäische Entwicklung [24].

2.4.1 Chemische Zusammensetzung

Die Legierungszusammensetzung für Eurofer (vgl. Tab. 2.1) erfolgte auf Basis der an vorangegangenen Versuchsschmelzen gewonnenen Erfahrung [24].

Tabelle 2.1: Spezifizierte chemische Zusammensetzung für Eurofer nach [8, 25]

Element	C	Cr	W	Mn	V	Ta	Si
Gew.-%	0,11	9,0	1,1	0,4	0,2	0,12	< 0,05
Element	Nb	Mo	Al	Co	Ni	Cu	Fe
Gew.-%	< 0,001	< 0,005	< 0,01	< 0,005	< 0,005	< 0,005	Rest

Mit einem Chrom-Gehalt von 9 Gew.-% lassen sich eine möglichst tiefe Temperatur des Spröd-duktil-Übergangs *DBTT* (*ductile to brittle transition temperature*) sowie ein hoher Korrosionswiderstand realisieren. Der Wolfram-Anteil (ca. 1 Gew.-%) ist einer Verbesserung der mechanischen Eigenschaften Zug- und Kriechfestigkeit sowie Dehnung bei gleichzeitig geringer Aktivierung sowie *DBTT* geschuldet. Tantal (0,12 Gew.-%) dient durch die Bildung von Karbiden der Korngrößenstabilität und wirkt sich positiv auf Festigkeit und *DBTT* aus. [8, 24]

Die Herstellung erfordert ein Reinstprodukt gemäß der engen Toleranzen der Spezifikation. Jegliche Verunreinigungen oder Spuren von Nb, Mo, Ni, Cu, Al führen zu einer signifkanten Verlängerung der Abklingzeiten des Materials (vgl. Abb. 2.2) [15, 24].

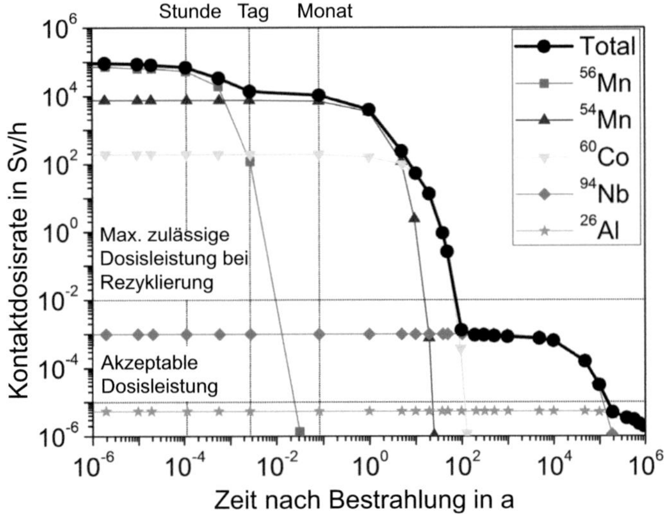

Abbildung 2.2: Darstellung der aus der Aktivität berechneten Dosisleistung für Bestandteile von Eurofer nach einer Bestrahlung, die einem 2,3-jährigen Einsatz in der Ersten Wand des Fusionsreaktors DEMO entspricht, nach [26]

2.4.2 Charakterisierung

Das Versuchsmaterial wurde in mehreren Chargen industriell hergestellt und zur Charakterisierung in Form von Brammen, Knüppeln, Rohren und Drähten an europäische Institute und Forschungszentren ausgeliefert [16].

Die Untersuchungen beziehen sich gemäß der in Kap. 2.2 beschriebenen Anforderungen auf

- die konventionellen mechanischen Eigenschaften (Zugfestigkeit, Kriechen, Ermüdung, Kerbschlag- und Bruchzähigkeit) vor und nach Bestrahlung,

- die Durchführbarkeit diverser Fertigungsprozesse wie heiß-isostatisches Pressen und unterschiedliche Schweißverfahren,

- weiteres Materialverhalten (Korrosion, mechanische und chemische Wechselwirkungen mit anderen Materialien, strahlungsinduziertes Schwellen und Dimensionsstabilität bei hohen Temperaturgradienten) [12].

Im Folgenden soll nur auf die mechanischen Eigenschaften in Abhängigkeit der Parameter Bestrahlungsdosis und -temperatur sowie Prüftemperatur eingegangen werden.

Die strahlungsinduzierten Schäden im Gefüge wirken sich deutlich auf die Materialeigenschaften aus. Die Versuchsparameter Bestrahlungsdosis und -temperatur zeigen einen deutlichen Einfluss auf die Versuchsergebnisse. Diverse Untersuchungen [9, 19, 20, 23, 27, 28] zeigen, dass für Bestrahlungstemperaturen $T_{irr} < 400°C$ die Zugfestigkeit des geschädigten Materials steigt, während die Duktilität abnimmt; das Material versprödet. Die Versprödung wird durch die Erzeugung von Transmutations-Helium[7] verstärkt. Auch der Spröd-duktil-Übergang verschiebt sich bei Bestrahlungstemperaturen $T_{irr} < 350°C$ zu Temperaturen von $DBTT \approx 100°C$ (im Vergleich zu $DBTT < (-50°C)$ im unbestrahlten Zustand, vgl. Abb. 2.3) [28]. Ab einer Schädigung von $10 - 15$ dpa wird eine Sättigung des Versprödungseffekts beobachtet [19, 23, 27].

---

[7]Das durch die Fusionsneutronen erzeugte Transmutations-Helium kann in den Bestrahlungsprogrammen nur durch zuvor im Versuchsmaterial implantiertes Bor oder Nickel erzeugt werden. Ob die zusätzlich beobachtete Versprödung durch das Transmutations-Helium oder seine Edukte hervorgerufen wird, ist offen [19, 20, 27].

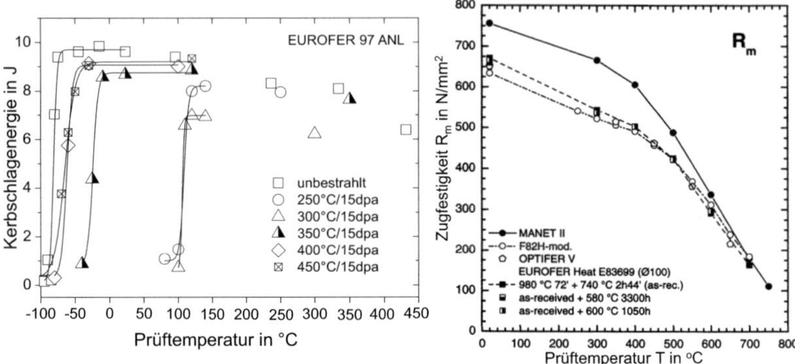

Abbildung 2.3: Kerbschlagenergie über der Prüftemperatur für Eurofer in verschiedenen Bestrahlungszuständen nach [28]

Abbildung 2.4: Temperaturabhängigkeit der Zugfestigkeit R_m unterschiedlicher RAFM-Stähle nach [24]

Auffällig ist, dass ab Bestrahlungstemperaturen $T_{irr} \geq 350°C$ die strahlungsbedingte Veränderung der Materialeigenschaften in weit geringerem Maße beobachtet wird. Eine nachfolgende Wärmebehandlung kann ebenfalls die aufgetretenen Strahlungsschäden eliminieren und die ursprünglichen mechanischen Eigenschaften wieder herstellen [29, 30]. In beiden Fällen ist dies auf Ausheileffekte innerhalb des Materials zurückzuführen; günstigere Diffusionsbedingungen bei erhöhten Temperaturen erlauben eine Annihilation der Frenkel-Paare (Leerstelle und Zwischengitteratom) [9, 19]. Auch eine vorhergehende Wärmebehandlung zur Reduktion der Versprödung bei geringen Bestrahlungstemperaturen wird diskutiert [9, 28].

Da, wie in Kap. 2.3 erwähnt, noch keine Strahlenquelle zur Verfügung steht, die das Fusionsneutronenspektrum nachbildet, kann mit diesen Ergebnissen der Einfluss der Neutronenbestrahlung nur abgeschätzt werden. Eine Verifikation wird z. T. im Fusionsreaktor ITER stattfinden können. [12]

Die stark temperaturabhängige Zugfestigkeit R_m des Eurofer (vgl. Abb. 2.4) setzt bereits im unbestrahlten Zustand einen oberen Grenzwert für dessen Einsatztemperatur bei $T \approx 550°C$ [24, 31]. Hinzu kommen sinkende Werte für Kriechbeständigkeit und Korrosionswiderstand bei diesen Temperaturen. Für die untere Betriebstemperatur sind die strahlungsinduzierte Verfestigung und Versprödung, ausgedrückt durch die Verschiebung des Spröd-duktil-Übergangs, ausschlaggebend. Je nach Einbauort und daraus resultierender Strahlenbelastung sind $250 - 350°C$ möglich. [12]

2.4.3 Weiterentwicklung

Zur Erhöhung der oberen Temperaturgrenze wurde Eurofer weiterentwickelt. Feinst-verteilte, nanoskalige Y_2O_3-Partikel ($\varnothing \approx 8 - 12$ nm) in der Ferritmatrix verhelfen dem sog. *EuroferODS* zu seinem Namen (ODS – *oxide dispersion strengthened* – oxidteilchenverfestigt) und einer maximalen Einsatztemperatur von $650°C$. Die unlöslichen oxidischen Dispersoide führen zu einer Teilchenverfestigung. Zudem dienen die Phasengrenzflächen zwischen den Oxiden und der Matrix als Senken für Strahlenschäden – insbesondere He-Bläschen und Frenkel-Paare, die hier rekombinieren. Daraus ergeben sich eine höhere Bestrahlungsresistenz und verbesserte mechanische Eigenschaften im Vergleich zu Eurofer. [9, 31, 32]

Der aufwendige Herstellungsprozess durch mechanisches Legieren und heiß-isostatisches Pressen sowie die Schwierigkeiten beim Verschweißen sind aktuell Gegenstand der Forschung.

3 Instrumentierte Eindringprüfung

Die Instrumentierte Eindringprüfung erlaubt – bei geringem Aufwand für Probenherstellung und Prüfung – eine umfassende Ermittlung mechanischer Werkstoffkennwerte. So bietet sie sich insbesondere zur Charakterisierung von Materialien mit begrenzter Verfügbarkeit an. Hierzu zählen u. a. die Materialien aus Bestrahlungsprogrammen (vgl. Kap. 2.3). Im Folgenden werden Durchführung und Auswertung des Verfahrens erläutert. Die Auswertung umfasst den elastischen wie auch den plastischen Bereich der Indentationskurve. Während für den elastischen Bereich ein analytisches Modell angewandt werden kann, ist dies für den plastischen Bereich nur eingeschränkt möglich. Hier werden empirisch und mittels Simulation bestimmte Korrekturfunktionen und -parameter für die Analyse verwendet.

3.1 Verfahren und Normung

Bei der Instrumentierten Eindringprüfung (auch: Indentation) wird ein Eindringkörper spezifischer Geometrie in ein zu prüfendes Material gedrückt [33]. Dies geschieht kraft- oder wegkontrolliert. Im Unterschied zu den meisten Härteprüfverfahren zeichnet diese Prüfmethode eine kontinuierliche Messung der Prüfkraft sowie der Indentationstiefe des Eindringkörpers während des gesamten Versuchs aus [33, 34]. Aus den gewonnenen Daten können die mechanischen Eigenschaften des Prüfkörpers ohne Betrachtung oder gar Vermessung des Eindrucks bestimmt werden [34]. Durch die kontinuierliche Messung von Kraft und Eindringtiefe entsteht für jeden Werkstoff eine charakteristische Kennlinie. Abb. 3.1 zeigt den typischen Kraft-

Weg-Verlauf einer Eindringprüfung in metallischen Werkstoffen sowie die ermittelten Versuchsgrößen. Hieraus lässt sich auf die mechanischen Eigenschaften schließen.

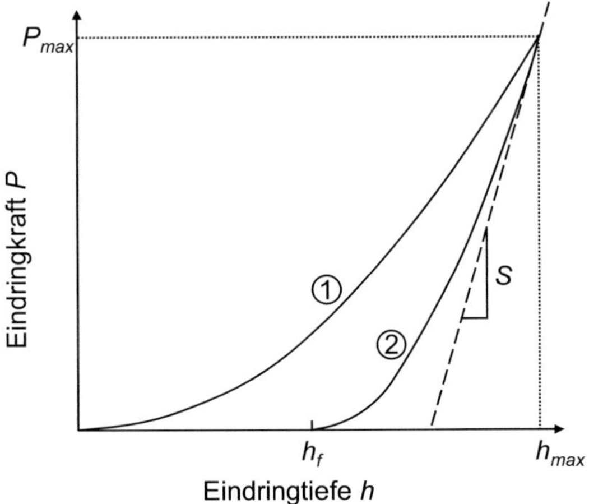

Abbildung 3.1: Typischer Kraft-Weg-Verlauf einer Eindringprüfung in Metallen, nach [34]. Über den gesamten Versuch wird die Eindringkraft über die Eindringtiefe gemessen. ① – Belastungszyklus, ② – Entlastungszyklus, h_f – finale, plastische Eindringtiefe, S – Kontaktsteifigkeit zu Beginn der Entlastung.

Das quasi-zerstörungsfreie Verfahren ist nach DIN-EN-ISO 14577 „Instrumentierte Eindringprüfung" genormt. Hier sind der Prüfablauf und die einzuhaltenden Prüfbedingungen sowie die Auswertung definiert [35]. Die Norm unterscheidet die in Tab. 3.1 aufgeführten drei Anwendungsbereiche der Indentation. Zur Abgrenzung dienen sowohl Kraft- als auch Eindringwerte.

Es sind diverse Prüfkörpergeometrien zugelassen, die eine Prüfung unterschiedlicher Werkstoffe und -kombinationen ermöglichen. Die von der Norm empfohlenen Eindringkörper sind in Tab. 3.2 bzw. Abb. 3.2 dargestellt.

Tabelle 3.1: Klassifizierung der Indentation nach [35]

Anwendungsbereich	Kriterium
Nanoindentation	Eindringtiefe $< 0,2\,\mu m$
Mikroindentation	$\Big\{$ Eindringtiefe $> 0,2\,\mu m$, zugleich Eindringkraft $< 2\,N$
Makroindentation	Eindringkraft $< 30\,kN$

Tabelle 3.2: Nach DIN-EN-ISO 14577 [35, 36] empfohlene Eindringkörper

Indenterspitze	Beschreibung
Vickers-Pyramide	Vierseitige Diamantpyramide mit einem Öffnungswinkel von $\varphi = 136°$ (vgl. Abb. 3.2a)
Berkovich-Pyramide	Dreiseitige Diamantpyramide mit einem Spitzenwinkel von $\varphi = 65,03°$ (vgl. Abb. 3.2b)
Kugel	Hartmetallkugel aus Wolframcarbid oder kegeliger *Rockwell*-Eindringkörper aus Diamant (HRC) mit einer definiert kugeligen Spitze (vgl. Abb. 3.2c)

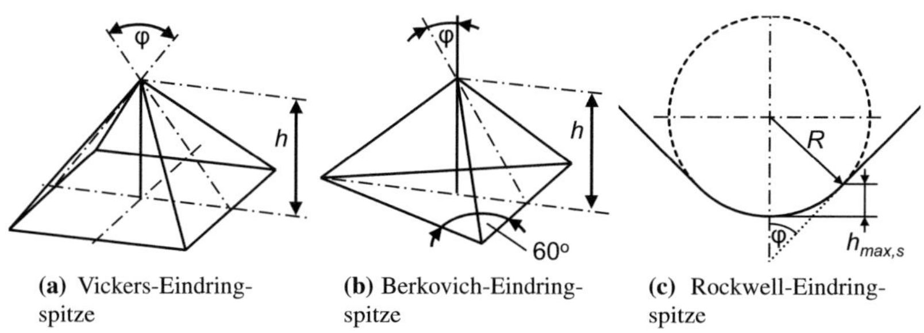

(a) Vickers-Eindringspitze

(b) Berkovich-Eindringspitze

(c) Rockwell-Eindringspitze

Abbildung 3.2: Nach DIN-EN-ISO 14577 [35, 36] empfohlene Eindringkörper

3.2 Einflussfaktoren und Genauigkeitsanforderungen

Die Instrumentierte Eindringprüfung ist einer Vielzahl störender Einflussfaktoren unterworfen, die das Messergebnis beeinflussen können. Zur Erzielung einer hohen Reproduzierbarkeit sind diese möglichst zu eliminieren bzw. zu minimieren. Im Folgenden wird insbesondere auf die Einflussfaktoren eingegangen, die bei Makro-Indentation und temperierter Eindringprüfung unter Verwendung eines sphärischen Eindringkörpers ausschlaggebend sind.

3.2.1 Einflusszone

Die durch die Indentation hervorgerufene Störung des Gefüges durch Plastifizierung und eingebrachte Spannungen wirkt sich in einem Bereich aus, der weit größer ist, als der Indentationsdurchmesser; Durst et al. sprechen von einem Faktor $2-3$ [37,38]. Aus diesem Grund sollte die Dicke der Probe laut Norm zumindest das Zehnfache der Eindringtiefe betragen. Der Abstand zum Probenrand ist auf den dreifachen Wert des Indentdurchmessers festgelegt; zwischen den einzelnen Eindrücken gilt der Faktor fünf [35].

3.2.2 Nullpunktbestimmung

Die Eindringtiefe ergibt sich aus der Messung der Indenterbewegung relativ zur Probenoberfläche. In Kombination mit den gemessenen Kräften erlauben zwei unterschiedliche Verfahren die Bestimmung des Aufsetzpunkts des Eindringkörpers [33,35]:

1. Der Aufsetzpunkt wird durch das Überschreiten einer Kraftschwelle definiert.

   Für eine zuverlässige Determination des Aufsetzpunkts muss die Kraftschwelle über dem Rauschen des Kraftsignals liegen. Zugleich sollte sie möglichst klein sein, um die Abweichung vom tatsächlichen Aufsetzpunkt gering zu halten. Die Norm empfiehlt einen Wert von $0,1\% P_{max}$ [35].

2. Der Aufsetzpunkt wird durch Extrapolation der Indentationskurve zurück zu Null ermittelt.

   Dieses Verfahren basiert auf der Anpassung einer Polynomfunktion an die aufgezeichneten Wertepaare von Kraft und Eindringtiefe bei sehr geringen Eindringtiefen. Es eignet sich insbesondere bei geringen Indentationskräften [33] und findet auch Anwendung in der Auswertung von Indentationsexperimenten mittels neuronaler Netze (vgl. Kap. 3.5.3).

Eine Unsicherheit bei der Bestimmung des Nullpunkts überträgt sich auf die gesamte Indentationskurve und die ermittelten Ergebnisse. Nach DIN-EN-ISO 14577 muss die Nullpunktbestimmung mit einer relativen Messunsicherheit von $< 1\%$ erfolgen [35]. Dies lässt sich über Parameter wie Annäherungsgeschwindigkeit und Datenerfassungsrate steuern [33]. Auch die Oberflächenrauigkeit der Probe hat Einfluss auf die Definition des Nullpunkts der Eindringtiefe [33]. Wie bei anderen Eindringversuchen, kann eine metallographische Präparation der Probenoberfläche notwendig sein, um die Mittenrauheit R_a an die geforderte Normbedingung $h \geq 20 R_a$ anzupassen [35].

3.2.3 Steifigkeit

Da die an der Indentation beteiligten Komponenten (Prüfmaschine, Indenter, Probe, Probenhalter und weitere) nicht unendlich steif sind, ist im Indentationssystem eine Nachgiebigkeit enthalten. Diese führt zu einer fehlerhaften Messung der Eindringtiefe durch zusätzliche Deformationen, die vom Wegmesssystem aufgezeichnet werden:

$$h^* = h + \frac{1}{S}P \tag{3.1}$$

$$
\begin{aligned}
h^* &\quad - \quad \text{gemessene Eindringtiefe} \\
h &\quad - \quad \text{tatsächliche Eindringtiefe} \\
S &\quad - \quad \text{Steifigkeit} \\
P &\quad - \quad \text{Eindringkraft}
\end{aligned}
$$

Die Steifigkeit setzt sich aus den Beiträgen aller Komponenten zusammen:

$$\frac{1}{S} = \frac{1}{S_{Maschine}} + \frac{1}{S_{Indenter}} + \frac{1}{S_{Probe}} + \dots \tag{3.2}$$

Zur korrekten Auswertung der Eindringtiefe h ist eine Bestimmung der Steifigkeit notwendig, um sie bei der Messung der Eindringtiefe zu berücksichtigen. Hierfür stehen mehrere Methoden zur Auswahl:

Methode nach Ullner [33]

1. Aus einem multizyklischen Indentationsexperiment wird für jeden Entlastungszyklus die Steigung der elastischen Rückverformung bestimmt (vgl. auch Kap. 3.3.1, Gl. (3.11)). Damit ist S für jede zugehörige Kraft P bekannt.

2. Die Wertepaare werden in einem Diagramm in der Form $1/S$ über $\sqrt{1/P}$ aufgetragen (vgl. Abb. 3.3).

3. Die Extrapolation der Ausgleichsgeraden bis hin zu $\sqrt{1/P} = 0$ ergibt den Kehrwert der Maschinensteifigkeit.

Diese Methode sollte an mehreren Proben aus unterschiedlichen Werkstoffen durchgeführt werden.

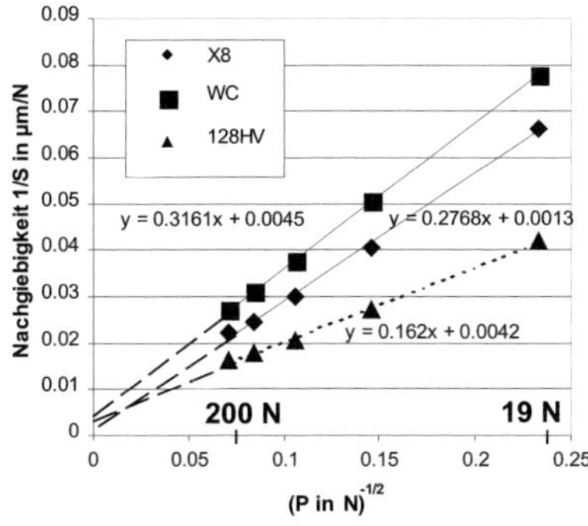

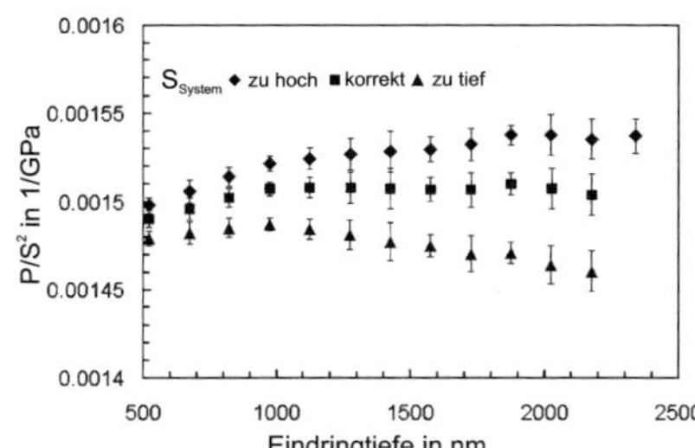

Abbildung 3.3: Bestimmung der Maschinensteifigkeit nach Ullner [33]

Abbildung 3.4: Bestimmung der Maschinensteifigkeit nach Oliver et Pharr [39]

Methode nach Oliver et Pharr [39, 40]

Dieser Methode liegt die Überlegung zugrunde, dass sich weder die Härte H noch der Elastizitätsmodul E (repräsentiert durch den aus der Indentation bestimmbaren reduzierten Elastizitätsmodul[8] E_r) des Materials über die Eindringtiefe ändern [41]. Wie im Anhang B.1 gezeigt wird, kann der Quotient E_r^2/H durch S^2/P repräsentiert werden. Damit lassen sich die experimentell bestimmbaren Größen S und P zur Bestimmung der Maschinensteifigkeit nutzen [39].

1. Aus einem multizyklischen Indentationsexperiment wird für jeden Entlastungszyklus die Steigung der elastischen Rückverformung bestimmt (vgl. auch Kap. 3.3.1, Gl. (3.11)). Alternativ nutzen Oliver et Pharr das Verfahren des *Continuous Stiffness Measurement*. Die Steifigkeit bestimmt sich aus der Änderung der Oszillation einer aktiv angeregten Indenterspitze [39]. Damit ist S für jede zugehörige Kraft P bekannt.

---

[8]auch: effektiver Elastizitätsmodul

2. Die Wertepaare werden in einem Diagramm in der Form (P/S^2) über h aufgetragen (vgl. Abb. 3.4).

3. Die Maschinensteifigkeit wird so angepasst, dass die Ausgleichsgerade eine Waagrechte bildet, d. h. P/S^2 – und damit auch E_r^2/H – ist konstant über der Eindringtiefe.

Methode nach Reimann [42]

1. Aus einem multizyklischen Indentationsexperiment in ein Referenzmaterial wird für jeden Entlastungszyklus die Härte gemäß Gl. (3.14) bestimmt.

2. Die Härtewerte werden über der Indentationstiefe aufgetragen.

3. Aus der Annahme, dass die Härte konstant sein muss, ergibt sich der kraftabhängige Wert der Maschinensteifigkeit.

E-Modul-Methode

Die Maschinensteifigkeit wird so gewählt, dass der bekannte E-Modul E des Probenmaterials errechnet wird. Hierfür müssen die Poissonzahl ν des Materials sowie die Kontaktfläche zwischen Indenter und Probe exakt bekannt sein, um die Gl. (3.12) und (3.13) nutzen zu können. Sind die letzteren Werte unbekannt, kann nur mit einer Maschinensteifigkeit gerechnet werden, die den Einfluss sämtlicher Faktoren berücksichtigt; diese Zahl muss für jeden Versuch neu bestimmt werden.

Fazit

Die Methoden nach Reimann und Ullner gelten nur für selbstähnliche Indenter (Vickers, Berkovich), bei denen das Verhältnis von Eindringtiefe zu

-fläche konstant ist. Für sphärische Indenter lassen sich diese Verfahren nicht einsetzen [40, 43].

Eine Möglichkeit, den Einfluss der Maschinensteifigkeit zu beschränken, besteht in der Bestimmung der Eindringtiefe aus der Relativbewegung zwischen Indenter und Probe. Hierdurch werden die Steifigkeiten der meisten Komponenten ausgeklammert; lediglich die Steifigkeiten von Indenter und Probe zwischen den Messpunkten haben weiterhin Einfluss auf die Messung.

3.2.4 Flächenfunktion des Eindringkörpers

Aufgrund der Fertigungsmöglichkeiten und Verschleiß weichen die Indenterspitzen von der geometrischen Idealform ab; insbesondere spitze Indenter weisen eine gewisse Spitzenverrundung auf. Dies verändert die Kontaktfläche und ihre Abhängigkeit von der Eindringtiefe vor allem bei geringen Eindringtiefen. Um diese Abhängigkeit zu spezifizieren, ist die Kenntnis der genauen Geometrie des Eindringkörpers notwendig. Hierzu werden, je nach Größe des Eindringkörpers, taktile Messverfahren bis hin zum Rasterkraftmikroskop genutzt [44]. Die Abweichungen von der Idealform lassen sich mathematisch mithilfe einer Flächenfunktion beschreiben [39] (vgl. Kap. 3.3.2).

Da die direkte Messung der Spitzengeometrie aufwendig und nicht immer möglich ist [45], kann die Flächenfunktion auch aus Eindruckversuchen in Referenzmaterialien mit bekannten Parametern wie Quarzglas, Saphir, Polycarbonat abgeleitet werden. Die Kalibrierung sollte mittels zwei Materialien geschehen, wobei eines (z. B. Quarzglas) zur Bestimmung der Flächenfunktion, und ein anderes (z. B. Saphir) zur Bestimmung der Steifigkeit zu nutzen ist. Metalle sind hierfür ungeeignet, da sie zumeist ein Aufwurfverhalten zeigen, das die Flächenfunktion verfälscht [46, 47]. Die

Flächenfunktion muss so definiert werden, dass die gemessenen Werte den nominellen Härten und E-Moduli der Referenzmaterialien entsprechen.

Die Norm zur Instrumentierten Eindringprüfung DIN EN ISO 14577 verlangt die Bestimmung einer exakten Flächenfunktion für $h < 6\,\mu m$ [35].

3.2.5 Einfluss und Berücksichtigung der plastischen Verformung am Indenterrand

Je nach Materialeigenschaften wirkt sich die plastische Verformung am Indenterrand auf die Kontaktfläche zwischen Indenter und Probe aus. Sie kann – im Vergleich zur angenommenen Fläche – größer oder kleiner ausfallen. Ursachen, Einfluss sowie Möglichkeiten der Berücksichtigung dieses Effekts werden im Folgenden diskutiert.

Grundsätzliches Verhalten

Die Indentation eines Prüfkörpers führt zu einer lokalen Plastifizierung und zum Fließen des Materials an der Indentationsstelle. Je nach Zustand der Probe geschieht dies auf unterschiedliche Weise. Tritt keine Kaltverfestigung auf, bzw. ist die Probe bereits kaltverfestigt, d. h. Verfestigungsexponent $n < 0,3$ [48, 49], fließt das verdrängte Material direkt entlang des Indenterrandes und bildet einen Aufwurf. Im weichgeglühten Zustand, wenn Kaltverfestigung möglich ist ($n > 0,3$), verfestigt zuerst der durch die Indentation plastifizierte Bereich. Die benachbarten Bereiche, deren Fließspannung nun geringer ist, werden an einer Bewegung Richtung Oberfläche gehindert. Vielmehr fließen sie nach außen und der verfestigte Bereich versinkt in der Probe. [39, 47, 49–52]

Geometrische Verhältnisse

Abb. 3.5 zeigt die geltenden geometrischen Zusammenhänge zwischen maximaler Eindringtiefe h_{max} und der Kontakttiefe h_c für einen sphärischen Indenter bei Aufwurf und Einsinken des indentierten Materials. Es gilt

$$h_s = h_{max} - h_c \qquad (3.3)$$

Damit ist für einen Aufwurf $h_s < 0$. Als weitere Größen ergeben sich h_e - der elastische Anteil der Eindringtiefe, die finale, plastische Eindringtiefe nach Entlastung h_f und die Höhe des residuellen Aufwurfs nach Entlastung h_a.

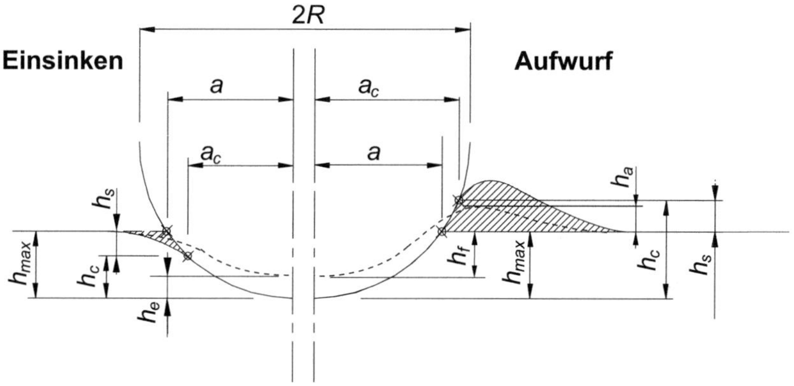

Abbildung 3.5: Schematische Darstellung des Materialverhaltens bei Aufwurf und Einsinken und die dabei verwendeten Größen nach [53]. Die linke Bildhälfte zeigt die geometrischen Verhältnisse beim Einsinken, rechts bei einem Materialaufwurf. Die unterbrochene Linie stellt den Zustand nach Entlastung dar.

Einfluss auf die Kontakttiefe

Tritt der Effekt des Einsinkens auf, liegt h_c zwischen der maximalen Eindringtiefe h_{max} und der Eindringtiefe nach Entlastung h_f (vgl. Abb. 3.1, Abb. 3.5 links). Zeigt das Material hingegen ein Aufwurfverhalten, ist die Kontakttiefe h_c größer als h_{max} (vgl. Abb. 3.5 rechts). Dies wirkt sich gravierend auf die in Kap. 3.3.2 vorgestellte Methode zur Bestimmung der Kontakttiefe nach [34] aus.

Definition des Aufwurffaktors

Um einen Materialaufwurf bei der Bestimmung der Kontakttiefe zu berücksichtigen, wird der sog. Aufwurffaktor (*pile-up-factor*) c^2 eingeführt. Er hält das Verhältnis der Kontakttiefe h_c zur gemessenen Eindringtiefe h fest

$$c^2 = \frac{h_c}{h} \tag{3.4}$$

Damit gilt

$$
\begin{aligned}
c^2 > 1 \quad &- \quad \text{Aufwurf} \\
c^2 = 1 \quad &- \quad \text{Grenzfall für } h_c = h \\
c^2 < 1 \quad &- \quad \text{Einsinken}
\end{aligned}
$$

Berücksichtigung bei der Bestimmung der Kontakttiefe

Zur Korrektur der gemessenen Eindringtiefe definierten Norbury et Samuel [54] c^2 als Konstante, die sich aus dem Verhältnis von Kontaktradius a_c und dem Durchmesser des Eindringkörpers $2R = D$ sowie der gemessenen

Eindringtiefe h (vgl. Abb. 3.5) zusammensetzt [54–56]

$$c^2 = \frac{a_c^2}{Dh} \tag{3.5}$$

Die Größen der Radien a_c erhielten Norbury et Samuel durch Vermessung der plastischen Eindrücke aus ihren Versuchen.

Für geringe Eindringtiefen h_c gilt die Näherung $h^2 \approx 0$, womit gilt

$$c^2 = \frac{a_c^2}{Dh} = \frac{\left(\sqrt{2Rh_c - h_c^2}\right)^2}{2Rh + \underbrace{\left(-h^2\right)}_{\approx 0}} \approx \frac{a_c^2}{a^2} \tag{3.6}$$

Ebenso gilt $h_c^2 \approx 0$, sodass

$$c^2 = \frac{a_c^2}{Dh} = \frac{2Rh_c - h_c^2}{2Rh} \approx \frac{h_c}{h} \tag{3.7}$$

Hieraus ergibt sich die Übereinstimmung mit Gl. (3.4).

Spätere numerische Analysen [48, 49, 56] befassten sich anhand der Ergebnisse aus [54] mit der Abhängigkeit des Aufwurffaktors vom Verfestigungsexponent n. Hill et al. [48] wählten die Funktionsanpassung

$$c^2 = \frac{5}{2} \times \left(\frac{2-n}{4+n}\right) \tag{3.8}$$

Jüngere Erkenntnisse [53, 57] zeigen, dass die Ausbildung des Aufwurfs zusätzlich von der Eindringtiefe abhängt. Habbab et al. [53] liefern – basierend auf eigenen Finite-Elemente-Berechnungen – eine erweiterte Formel zur Berechnung des Aufwurffaktors, die die Eindringtiefe mit einbezieht

$$\left(\frac{a_c}{a}\right)^2 = c^2 \sqrt{\gamma \left(\frac{h_f}{h_{max}}\right)^z + \left(\frac{h_e}{h_{max}}\right)^z} \tag{3.9}$$

Hierin ist c^2 definiert nach Gl. (3.8), die Konstanten γ und z werden empirisch ermittelt[9]. Zur Bestimmung von a_c werden die Eindringtiefen h_{max} und h_f aus der Kraft-Eindringtiefen-Kurve entnommen und – ausgehend vom idealen Radius a – die Parameter a sowie c^2 iterativ bis zur gewünschten Genauigkeit angepasst.

Taljat et Pharr [57] diskutieren weitere Einflussfaktoren auf die Ausbildung eines Aufwurfs. Mit zunehmender Eindringtiefe durchläuft der Aufwurf die drei Phasen elastischer, elasto-plastischer und vollkommen plastischer Verformung [50]. Dabei bestimmen die Anteile elastischer und plastischer Verformung, ausgedrückt durch E/k_f (k_f – Fließspannung), und der Verfestigungsexponent n die Gestalt des Aufwurfs. Sind diese Materialeigenschaften – und zusätzlich das Verhältnis von h/a – bekannt, lässt sich das Verhältnis h_c/a_c und damit anhand Abb. 3.6 die Größe des Aufwurffaktors abschätzen.

Oliver et Pharr [39] diskutieren eine Methode, E und H ohne Kenntnis der Kontaktfläche zu berechnen. Stattdessen wird die geleistete Indentationsarbeit und ihre elastischen und plastischen Anteile betrachtet.

Es lässt sich zusammenfassen, dass der Aufwurffaktor von mehreren Werkstoffparametern beeinflusst wird, die ohne weiteres Wissen oder zusätzliche Experimente nicht bestimmt werden können. Die vorgestellten Funktionen für c^2, die alle auf numerischen Rechnungen basieren, können das reale Verhalten lediglich annähern. Genaue Ergebnisse lassen sich nur durch Vermessung der Kontaktfläche erzielen. Alternativ könnte ein Zusammenhang zwischen dem Aufwurf nach Entlastung h_a und der Kontakttiefe h_c hergestellt werden. Hier ist jedoch zu beachten, dass eine starke elastische Rückverformung zu unterschiedlichen geometrischen Verhältnissen der be- und entlasteten Eindrücke führt. Dies gilt v. a. für ein niedriges Verhältnis von E/k_f. Bei starker Rückverformung sind somit keine Rückschlüsse aus dem gemessenen Aufwurf auf h_c und a_c bei Last möglich [57].

---

[9]Für den untersuchten Baustahl geben Habbab et al. $\gamma = 1,125$, $z = 3$ an [53].

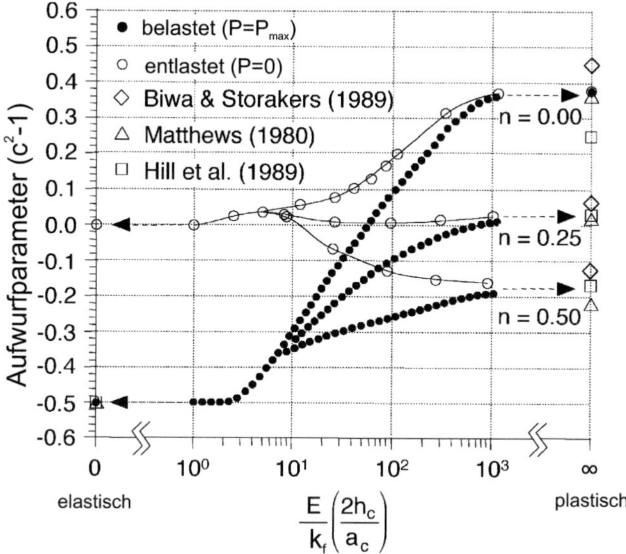

Abbildung 3.6: Abhängigkeit des Aufwurffaktors c^2 von Materialparametern und Eindringtiefe nach [57]

3.2.6 Thermische Drift

Die sog. thermische Drift bezeichnet eine unerwünschte Bewegung des Indenters während eines kraftkontrollierten Versuchs aufgrund thermisch bedingter Längenänderungen im Indentationssystem (vgl. Abb. 3.7).

Bei einem kraftkontrollierten Versuch regelt die Prüfmaschine die Position der Quertraverse, an der der Eindringkörper befestigt ist, kontinuierlich nach, um die definierte Kraft bzw. Kraftrate einzuhalten. Diese Bewegung wird vom Wegmesssystem aufgezeichnet. Kommt es zu einer thermisch bedingten Dehnung oder Kontraktion des Eindringkörpers sowie weiterer im Kraftfluss liegender Elemente, führt dies zu einer Änderung der gemessenen Kraft und damit zu Adaptionen der Quertraversenposition, die sich auf die Messung der Eindringtiefe auswirken kann. Abb. 3.8 verdeutlicht diesen Effekt.

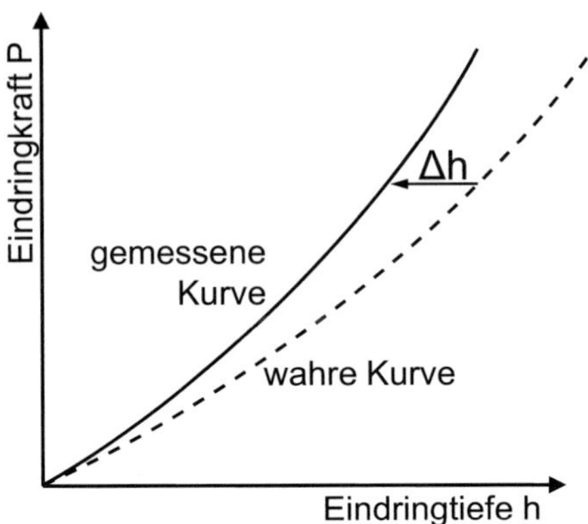

Abbildung 3.7: Auswirkung der thermischen Drift auf die Indentationskurve. Die Ausdehnung des Eindringkörpers Δh führt zu einem Messfehler, der sich bei kraftkontrollierter Prüfung in einer zu gering gemessenen Eindringtiefe äußert.

Zur Bestimmung der thermischen Drift wird der Entlastungszyklus der Probe bei 10% − 20% der maximalen Prüfkraft für eine Haltephase mit konstanter Kraft unterbrochen. Die hierbei gemessene Bewegungsrate des Indenters entspricht der thermischen Driftrate während des Versuchs [33,46]. Die Indentationskurve ist anhand dieses ermittelten Wertes der Driftrate zu korrigieren.

Die Verwendung von Konstruktionsmaterialien mit niedrigen thermischen Ausdehnungskoeffizienten hilft, die thermische Drift zu minimieren. Ebenso kann die Wahl des Wegmesssystems die Auswirkungen der thermischen Drift begrenzen; bei einer Bestimmung der Eindringtiefe über die Messung der Relativbewegung zwischen Eindringkörper und Probe ist der Einfluss der thermischen Drift auf die Strecke zwischen den Messpunkten auf Indenter und Probe beschränkt.

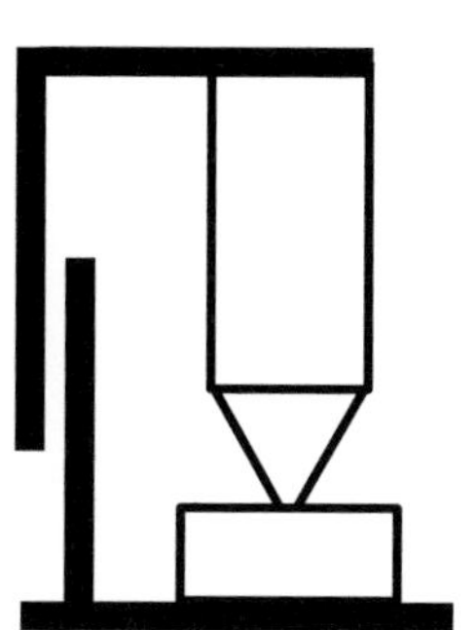

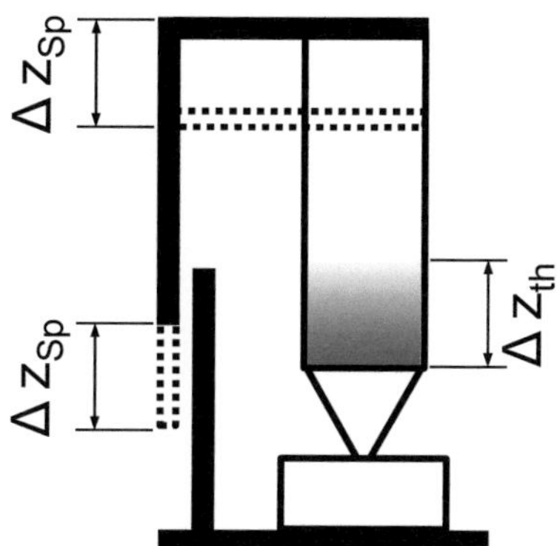

(a) Die Prüfmaschine fährt an eine für den vorgegebenen Kraftwert notwendigen Ort.

(b) Aufgrund einer thermischen Ausdehnung z_{th} korrigiert die Prüfmaschine den Ort um die Strecke z_{Sp}, um den vorgegebenen Kraftwert einzuhalten.

Abbildung 3.8: Auswirkung der thermischen Drift auf die kraftkontrollierte Bewegung der Prüfmaschine

3.2.7 Messgenauigkeit und -unsicherheit

Messabweichungen können sowohl bei der Tiefen- wie auch bei der Kraftmessung auftreten. Beide lassen sich durch Messungen an Referenzmaterialien bestimmen, sofern eine Vermessung des Eindrucks möglich ist. Die Norm für die Instrumentierte Eindringprüfung verlangt eine Berechnung bzw. Abschätzung der Messunsicherheit [35].

3.3 Klassische Auswertung

Die klassische Auswertung der Indentationskurve basiert auf einer analytischen Lösung. Sie ermöglicht die Bestimmung von Elastizitätsmodul und Härte des untersuchten Materials.

3.3.1 Elastizitätsmodul

Die während der Entlastung aufgezeichneten Kraft-Weg-Daten können gemäß dem Modell der Deformation zweier elastischer Körper nach Hertz [58] ausgewertet werden. Zur Darstellung der Entlastungskurve eignet sich nach [34] eine Potenzfunktion der Form

$$P = \alpha\left(h - h_f\right)^m \tag{3.10}$$

mit den Parametern

$$\alpha \quad - \quad \text{materialabhängige Konstante}$$
$$1 < m < 2 \quad - \quad \text{materialabhängiger Exponent}$$

die die Last in Abhängigkeit der Eindringtiefe darstellt. Hierin ist die Steifigkeit S definiert als das Verhältnis zwischen aufgebrachter Kraft und resultierender Verschiebung [59, Kap. 5]. Somit ergibt sich S aus der Differenzierung der anfänglichen Entlastung [34]:

$$S = \left.\frac{dP}{dh}\right|_{h_{max}} \tag{3.11}$$

Sie kann experimentell aus der Kraft-Eindringtiefen-Kurve bestimmt werden (vgl. Abb. 3.1). Dabei ist eine eventuelle Zunahme der Eindringtiefe zu Beginn der Entlastung zu berücksichtigen. Dies beruht auf dem Effekt des Materialkriechens, der gegenüber der elastischen Kontraktion dominieren kann [40, 45, 60] (vgl. Kap. 3.5.1).

Sneddon et al. [61] bestimmten aus der Kontaktmechanik nach Hertz die Steifigkeit aus den Versuchsgrößen (vgl. auch [39] [59, Kap. 5])

$$S = \beta\,\frac{2}{\sqrt{\pi}}E_r\sqrt{A} \tag{3.12}$$

$$1 < \beta < 1,034 \quad - \quad \text{von der Kontaktgeometrie abhängige Konstante}$$

$$A \quad - \quad \text{projizierte Fläche des elastischen Kontakts}$$

Hieraus kann – bei bekannter Kontaktfläche A (vgl. Kap. 3.2.4) – der reduzierte E-Modul E_r des elastischen Kontakts bestimmt werden. Dieser setzt sich zusammen aus den E-Moduli und den Poissonzahlen v der Kontaktpartner:

$$\frac{1}{E_r} = \underbrace{\frac{1 - v^2}{E}}_{Probe} + \underbrace{\frac{1 - v_I^2}{E_I}}_{Indenter} \tag{3.13}$$

Damit wird der Einfluss eines endlich steifen Eindringkörpers berücksichtigt. Für Diamant, der bei Indenterspitzen zumeist eingesetzt wird, gilt $E_I = 1141\,{}^{kN}\!/_{mm^2}$, $v_I = 0,07$ [34, 45].

3.3.2 Härte

Zur Bestimmung der Härte des Materials wird – wie von Meyer bereits 1908 [62] vorgeschlagen – die maximal erreichte Last P_{max} auf A, die projizierte Kontaktfläche unter Last, bezogen (vgl. z. B. [34, 35]):

$$H = \frac{P_{max}}{A} \tag{3.14}$$

Voraussetzung hierfür ist eine exakte Kenntnis der Kontaktfläche A. Sie lässt sich jedoch nicht direkt bestimmen; bei einer optischen Vermessung der Eindrücke kann lediglich die Fläche des verbliebenen plastischen Eindrucks vermessen werden. Nur mit der Annahme, dass die elastische Rückverformung des Eindrucks hauptsächlich in der vertikalen Richtung stattfindet, kann auf die Kontaktfläche geschlossen werden [57, 63]. Zudem ist die optische Vermessung, je nach Größe der Eindrücke, mit Unsicherheit behaftet.

Alternativ lässt sich die Kontaktfläche in Abhängigkeit von der Geometrie des verwendeten Indenters sowie der Kontakttiefe h_c abschätzen bzw. mittels einer Korrekturfunktion ermitteln. Oliver et Pharr [34] nutzen eine Polynomfunktion der Form

$$A = \sum_{n=0}^{8} C_n \left(h_c\right)^{2^{(1-n)}} \tag{3.15}$$

womit sich die projizierten Kontaktflächen gängiger Eindringkörper (*Berkovich*-Spitze, Kegel und Kugel) darstellen lassen. Die Konstanten $C_n = C_0 - C_8$ werden an die Kontaktfläche angepasst. Für die Indentation mit einer idealen Kugel mit Radius R und einem Kontaktradius a_c des Indents (vgl. Abb. 3.5) gilt

$$\begin{aligned} A &= \pi a_c^2 & (3.16)\\ A &= \pi \underbrace{\left(2Rh_c - h_c^2\right)}_{a_c^2} \\ A &= -\pi h_c^2 + 2\pi R h_c \\ C_0 &= -\pi \quad , \quad C_1 = 2\pi R & (3.17) \end{aligned}$$

Mit den höherwertigen Konstanten C_n werden Imperfektionen der Indenterspitze abgebildet.

Zur Bestimmung der Kontakttiefe h_c aus der Indentationskurve schlagen Oliver et Pharr [34] folgende Gleichung vor:

$$h_c = h_{max} - h_s = h_{max} - \epsilon \frac{P_{max}}{S} \tag{3.18}$$

ϵ ist ein geometrischer Parameter, der abhängig vom verwendeten Eindringkörper Werte von $\epsilon = 0,72 - 1$ einnimmt; für einen sphärischen Indenter gilt $\epsilon = 0,75$ [34]. Damit liegt die Kontakttiefe h_c zwischen der maximalen Eindringtiefe h_{max} und der Eindringtiefe nach Entlastung h_f (vgl.

Abb. 3.1). Da $\epsilon \leq 1$, gilt bei Verwendung von Gl. (3.18) stets $h_c \leq h_{max}$. Dadurch wird im Falle eines Aufwurfs (vgl. Abb. 3.5) die Kontakttiefe und damit auch die Kontaktfläche um bis zu 60% unterschätzt [47]. Dies wirkt sich unmittelbar auf die mittels Gl. (3.14) kalkulierte Härte des Materials aus. Damit ist die Ermittlung der Kontakttiefe nach [34] nur für Materialien gültig, die kein Aufwurfverhalten zeigen.

3.3.3 Weitere Werkstoffkennwerte

Zusätzlich zu den Werkstoffparametern E-Modul und Härte beziffert die Norm weitere Eigenschaften des Materials, wie Eindringmodul und -härte sowie, je nach Versuchsablauf, Eindringkriechen oder -relaxation, die aus der Indentation ermittelt werden können [35].

Tabor [50] zeigte, dass es möglich ist, den bei der Indentation auftretenden mehrachsigen Spannungszustand auf einaxiale Spannungen und Dehnungen zu übertragen. Eine detailliertere Charakterisierung des elastisch-viskoplastischen Materialverhaltens erlaubt die Auswertung multizyklischer Indentationsexperimente mit sphärischem Eindringkörper (vgl. Kap. 3.5).

Mit einem sphärischen Indenter kann auch die Härte des Materials nach dem *Brinell*-Verfahren in Anlehnung an die Norm DIN-EN-ISO 6506 [64] ermittelt werden

$$\text{HBW} = 0,102 \frac{2P_{max}}{\pi D^2 \left(1 - \sqrt{1 - d^2/D^2}\right)} \tag{3.19}$$

mit

D –   Durchmesser des Eindringkörpers

d –   Durchmesser des verbleibenden Eindrucks

3.4 Sphärische Indentation

Grundsätzlich lässt sich die Indentation mit zwei unterschiedlichen Typen von Eindringkörper-Geometrien durchführen. Bei pyramidenförmigen, selbstähnlichen Eindringkörpern (*Vickers, Berkovich*) ist das Verhältnis von Eindringtiefe (und damit Eindringfläche) und Eindringkraft stets gleich, d.h. die Flächenpressung ist konstant. Im Gegensatz dazu verändert sich bei der Verwendung eines kugeligen Eindringkörpers kontinuierlich das Verhältnis von Eindringtiefe zur Eindringkraft. Basierend auf der Aussage von Tabor [50] lässt sich dieses Phänomen nutzen, um die Spannungs-Dehnungs-Abhängigkeit des Materials nicht nur an einem Lastpunkt, sondern in einem Lastbereich zu untersuchen.

Meyer, der die Methoden zur Härtemessung nach Brinell untersuchte [62], schlug als erster die Bestimmung der Härte als Last P bezogen auf die projizierte Fläche $A = \pi a^2$ vor [50]. Sie wird heutzutage nach ihm als Meyers-Härte p_m bezeichnet.

$$p_m = \frac{P}{\pi a^2} \tag{3.20}$$

Zudem fand er für sphärische Indentation im Bereich $0,1 < a/D < 0,5$ [50, 55] den exponentiellen Zusammenhang

$$P(d) = kd^m \tag{3.21}$$

Die beiden Konstanten k und m sind materialabhängig. Während der Meyer-Index m die Steigung der Kurve $[\log p_m\text{-}\log(a/D)]$ darstellt, errechnet sich k für einen Eindruck mit Durchmesser $d = 1\,\text{mm}$. Damit ist dieses Potenzgesetz klar abhängig vom Durchmesser D des Indenters. Jedoch fand Meyer ebenso, dass

$$kD^{m-2} = const \tag{3.22}$$

Tabor [50] nutzte die Analogie von Gl. (3.21) zum Potenzgesetz

$$\sigma = k_f \times \varepsilon^n \tag{3.23}$$

Dieses beschreibt für plastisch verfestigende Materialien im Bereich plastischer Dehnungen ε die Spannungen σ mithilfe der Fließspannung k_f und dem Verfestigungsexponenten n. Er führte repräsentative Spannungen σ_r und Dehnungen ε_r ein, die er mithilfe von Indentationsgrößen ausdrückte.

$$\sigma_r = \frac{p_m}{\psi} \tag{3.24}$$

$$\varepsilon_r = \delta \frac{a}{D} \tag{3.25}$$

Die Funktionsparameter bestimmte er empirisch zu $\psi = 2,87$ und $\delta = 0,4$ [50, 65]. Ebenso konnte er zeigen, dass ein Zusammenhang zwischen Meyer-Index m und dem Verfestigungsexponenten n der Fließkurve besteht

$$n \approx m - 2 \tag{3.26}$$

Damit können die wahren Spannungen σ und Dehnungen ε aus dem mehrachsigen Spannungszustand der Indentation gewonnen werden[10] [50]. Zusammen mit der Auswertung des E-Moduls (vgl. Kap. 3.3.1) kann somit die gesamte Spannungs-Dehnungs-Kurve aus dem sphärischen Indentationsexperiment gewonnen werden. Unterschiedliche Ansätze [55, 56, 66] greifen dies auf.

3.5 Multizyklische Indentation nach Tyulyukovskiy et Huber

Multizyklische Indentation beschreibt Eindringversuche, bei denen der Eindringkörper mehrmals hintereinander an der gleichen Stelle in das Material

---

[10]Der Zusammenhang zwischen Gl. (3.21) und Gl. (3.23) wird im Anhang B.2 dargestellt.

eindringt. Tyulyukovskiy et Huber kombinierten die sphärische Indentation mit einem multizyklischen Versuchsablauf für eine tiefergehende Analyse des Materialverhaltens.

3.5.1 Viskoplastisches Materialmodell

Bei der Indentation der meisten Metalle trägt neben dem elastischen und plastischen auch ein viskoser Anteil zur gesamten Eindringtiefe bei. Durch die viskoplastische Eigenschaft stellt sich während aller Versuchsphasen mit Lastrate $\dot{P} \neq 0$ bei Überschreiten der Fließspannung k_f eine Überspannung f ein. Bei geringen Belastungsgeschwindigkeiten wird die generierte Überspannung f sofort durch plastisches Fließen abgebaut. Wird hingegen das Material bei hohen Lastraten über dessen Fließgrenze k_f hinaus belastet, wird das viskose Verhalten sichtbar; die Überspannung f kann erst durch nachträgliches Kriechen – einer weiteren plastischen Verformung bei konstanter Last ($\dot{P} = 0$) – abgebaut werden. Den Gleichgewichtszustand erreicht das Material erst nach unendlich langem Kriechen[11] (vgl. Abb. 3.9).

Das viskoplastische Materialverhalten lässt sich – alternativ zum Potenzgesetz (3.23) – in die Bereiche

- elastische Verformung

- geschwindigkeitsunabhängige, nichtlineare isotrope und kinematische Verfestigung nach Armstrong-Frederick

- geschwindigkeitsabhängige viskose Überlastung

unterteilen und beschreiben.

Zur vollständigen Berücksichtigung der Viskoplastizität eines Materials sind mehrere Kriechphasen notwendig; dies entspricht mehreren Lastzyklen

---

[11]Dies erklärt die Beobachtung eines Materialkriechens bei Beginn der Entlastung (vgl. Kap. 3.3.1).

44

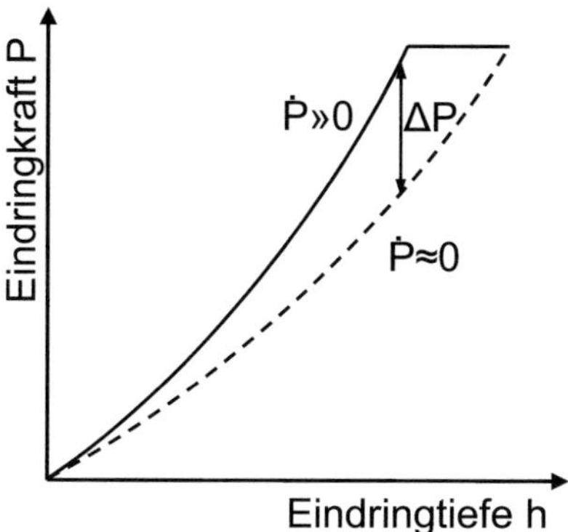

Abbildung 3.9: Einfluss der Lastrate $\dot{P}$ auf die Eindringkurve. Für die Überspannung gilt nach Gl. (3.20) $f = \frac{\Delta P}{\pi a^2}$

pro Eindruck. So können die geschwindigkeitsunabhängigen plastischen Verformungen von den geschwindigkeitsabhängigen viskosen getrennt werden. Zudem kann die durch Entlastung und anschließende Neubelastung aufgetretene Hysterese zur Bestimmung der kinematischen sowie der isotropen Verfestigung herangezogen werden. [60, 67–71]

3.5.2 Versuchsablauf

Zur Identifikation der Materialparameter für das viskoplastische Modell mit Indentationsexperimenten haben Tyulyukovskiy et Huber einen komplexen, multizyklischen Lastverlauf für kugelige Indenter entwickelt [60, 67–70] (vgl. auch Tab. D.1). Dieser kraftgeregelte, multizyklische Versuch besteht aus fünf Zyklen, die jeweils in die drei Phasen Belastung, Kriechen, Entlastung unterteilt werden. Die ersten drei Zyklen enthalten Kriechphasen à 100 s bei $0,25 P_0$, $0,5 P_0$, $0,75 P_0$, der vierte Zyklus eine Kriechphase von 600 s bei P_0. Der letzte Zyklus belastet die Probe mit $1,25\,P_0$ ohne nennenswerte Kriechphase (2 s). Zur Bestimmung der Normlast P_0 muss die Abhängigkeit $P(h)$ für das zu testende Material bekannt sein.

P_0 bestimmt sich aus

$$P(h = 0,08R) \leq P_0(h_0) \leq P(h = 0,12R) \tag{3.27}$$

Die Lastrate $\dot{P}$ ist so zu wählen, dass gilt

$$10\,\text{s} \leq t_0 = \frac{P_0}{\dot{P}} \leq 60\,\text{s} \tag{3.28}$$

Die Zeit t_0 beschreibt die Zeit, die notwendig ist, um P_0 in einem einfachen Indentationsversuch zu erreichen. Abb. 3.10 zeigt den geforderten Kraftverlauf über der Prüfzeit für den multizyklischen Versuch.

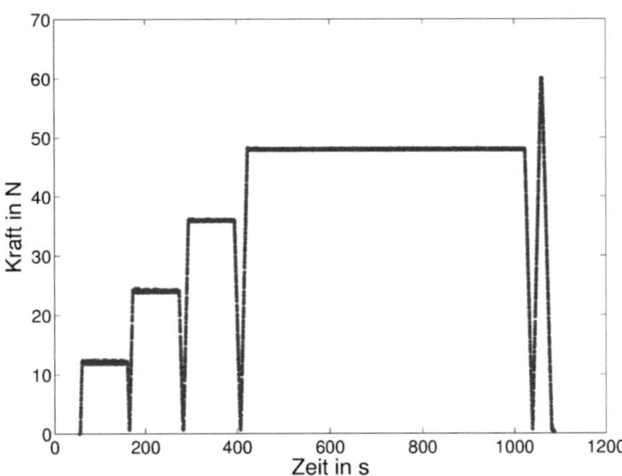

Abbildung 3.10: Kraftverlauf eines fünfzyklischen Indentationsversuchs in Eurofer für eine Auswertung nach [60]

Auf die viskosen Eigenschaften kann aus den ersten drei Haltephasen geschlossen werden. Die vierte Kriechphase bei $P = P_0$ gibt Aufschluss über den Gleichgewichtszustand der Probe. Der letzte Belastungszyklus bei $1,25\,P_0$ dient der klassischen Auswertung der Entlastungssteifigkeit S zur Bestimmung von E_r nach [34] (vgl. Kap. 3.3.1). [60, 70]

3.5.3 Auswertung mit neuronalen Netzen

Für eine schnelle, reproduzierbare Identifikation der viskoplastischen Materialeigenschaften aus dem multizyklischen Indentationsversuch haben Huber, Tyulyukovskiy et al. eine Folge neuronaler Netze erstellt und trainiert [60, 67, 68, 72].

Künstliche neuronale Netze

Mit künstlichen neuronalen Netzen versucht man, die komplexen Korrelationsprozesse des menschlichen Gehirns nachzubilden. Von außen betrachtet ist ein neuronales Netz ein flexibler Operator, der die Eingabedaten $\mathbf{x}$ (der Dimension B_1) auf einen Vektor $\mathbf{y}$ (der Dimension B_2) über angelernte bzw. gespeicherte Transformationskriterien abbildet [68]. Die Struktur eines neuronalen Netzes besteht aus vielen, miteinander verbundenen, einfachen Prozessen, den Neuronen (vgl. Abb. 3.11). Diese lokalen Prozesse

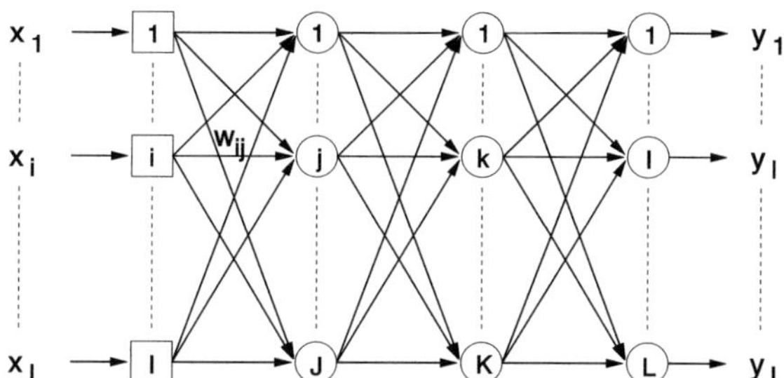

Abbildung 3.11: Darstellung eines mehrschichtigen neuronalen Netzes nach [72]

arbeiten koordiniert zusammen. Pro Neuron werden mehrere Eingaben x_i bearbeitet und ein Ausgabewert w_{ij} an Neuronen weiterer Schichten weitergegeben, bis hin zur Ausgabe y_i [73] (vgl. Abb. 3.11). Die Transformationskriterien für

$$\mathbf{x} \rightarrow \mathbf{y}$$

werden durch Wertepaare bekannter Ein- und Ausgabedaten in einem iterativen Prozess „antrainiert" [60]. Abweichungen zwischen den Ergebnissen werden durch eine Anpassung der Gewichtung einzelner Knoten korrigiert [73]. Diese Methode erlaubt prinzipiell keine Extrapolation, sodass die Auswahl der Trainings-Wertepaare den nutzbaren Wertebereich bestimmt. Dennoch lässt eine Einführung und Rechnung mit dimensionslosen Kennzahlen in gewissem Maße eine Extrapolation zu [60]. Im Einsatz des neuronalen Netzes erfolgt bei unbekannten Eingabewerten eine Anpassung an bekannte Wertepaare unter Minimierung des Wertes einer Fehlerfunktion [60].

Training

Für das Training der neuronalen Netze simulierten Tyulyukovskiy et Huber die Indentation mittels *Finite Elemente Methode* (FEM) [60]. Die Materialparameter wurden im Bereich metallischer Werkstoffe variiert, um eine Bandbreite möglicher Versuche abzubilden. Die damit bestimmten Materialantworten in Form von Last-Eindringtiefen-Kurven dienen den neuronalen Netzen als Eingabeparameter, die nun aus Indentationsexperimenten hervorgehen. Auf deren Basis werden die viskoplastischen Materialparameter (die in der FEM-Simulation die Eingabewerte stellten) ausgegeben. Abb. 3.12 verdeutlicht diese Lösung des inversen Problems.

Auswertung

Die Bestimmung der Materialparameter aus einem Indentationsexperiment an Hand der neuronalen Netze erfolgt schrittweise, jeweils bezogen auf einzelne bzw. zusammengehörende Materialparameter. Abb. 3.13 zeigt den Ablauf schematisch, die Vorgänge der Berechnungen der einzelnen neuronalen Netze werden gemäß [60, 68] im Folgenden erläutert. Als Ein-

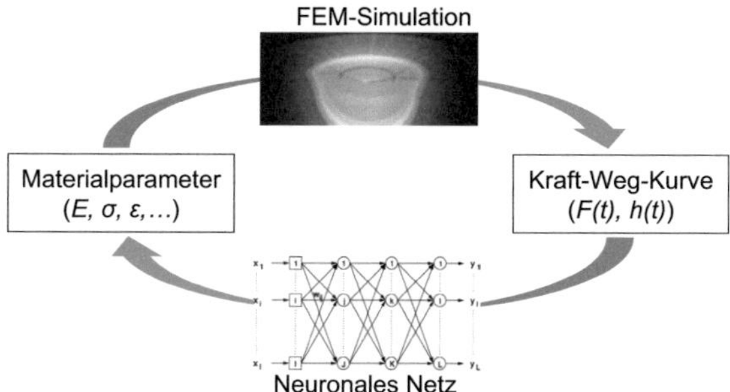

Abbildung 3.12: Schema zur Bestimmung von Materialparametern aus der Instrumentierten Eindringprüfung mittels neuronaler Netze. Für das Training der neuronalen Netze erzeugt die FEM-Simulation Indentationskurven aus bekannten Materialparametern. Im Betrieb verknüpfen die neuronalen Netze die eingegebenen Indentationskurven mit zugehörigen Materialparametern.

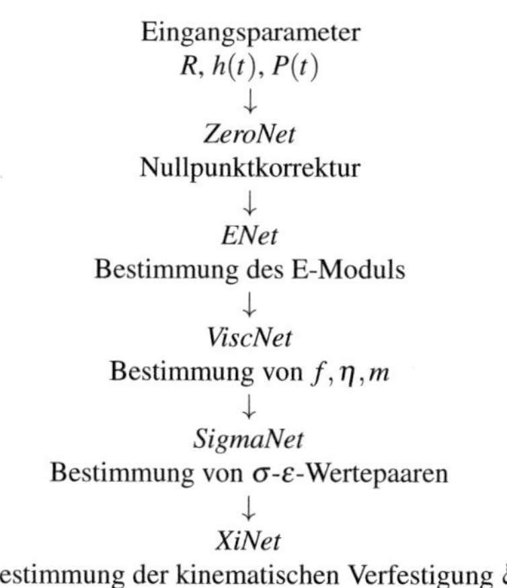

Abbildung 3.13: Ablauf der Berechnung mittels neuronaler Netze nach [69]

gangsparameter werden 16 Datenpunkte aus der Kraft-Eindringtiefen-Kurve extrahiert (vgl. Abb. 3.14).

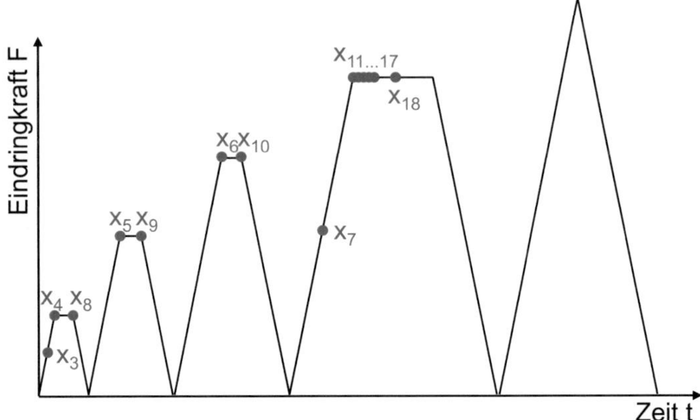

Abbildung 3.14: Für Eingangsneuronen verwendete Datenpunkte der multi-zyklischen Indentationskurve nach [68]

ZeroNet Der Beginn der Indentationskurve wird im Bereich $-5 \times 10^{-3} < h/R < 5 \times 10^{-3}$ variiert und mit den Ergebnissen idealer FEM-Simulationen verglichen, um den tatsächlichen Aufsetzpunkt des Indenters zu definieren.

ENet Die maximale Eindringtiefe h_{max}, die Steifigkeit S sowie der Verlauf der Belastungskurve, ausgedrückt durch Kraft-Eindringtiefen-Wertepaare, korrelieren über *ENet* mit dem Aufwurffaktor c^2. Anhand der Gl. (3.6) und (3.12) lässt sich der E-Modul in Abhängigkeit von c stellen.

$$E_r = \frac{S}{2ca} = \frac{S}{2c\sqrt{2Rh - h^2}} \tag{3.29}$$

Der Aufwurffaktor c^2 wird gemäß Gl. (3.8) nach [48] berechnet, wozu der Verfestigungsexponent n des Probematerials bekannt sein muss. Zu beachten ist, dass der damit bestimmte Aufwurffaktor die in Kap. 3.2.5 diskutierte Abhängigkeit von der Eindringtiefe nicht aufgreift.

ViscNet Aus dem Vergleich der Eindringtiefen zu Beginn und Ende der Kriechphasen sowie der viskoplastischen Dehnrate bestimmt *ViskNet* die Überspannung f wie auch die Viskositätsparameter m und η, die die Geschwindigkeitsabhängigkeit der Verformung charakterisieren.

SigmaNet *SigmaNet* greift die Ergebnisse von *ENet* und *ViscNet* auf, um die Spannungswerte der nichtlinearen Verfestigung nach Armstrong-Frederick für sieben diskrete Dehnungen ε zu berechnen. An diese Datenpaare wird eine Funktion angepasst. Aus den Funktionsparametern (u. a. k_f) wird zusammen mit den Datenpunkten x_i der Indentationskurve (vgl. Abb. 3.14) nachfolgend die Gesamtspannung σ_r gemäß Gl. (3.24), unter Berücksichtigung des Aufwurffaktors c^2 aus *ENet*, für die diskreten Dehnungen ε berechnet.

XiNet Die kinematische Verfestigung ξ ist über *XiNet* mit der Gestalt der Hysteresekurve gekoppelt, sodass sich hieraus deren Anteil an der gesamten Verfestigung ergibt.

Den Zusammenhang der errechneten Größen zeigt Abb. 3.15.

3.5.4 Bewertung der Güte

Die Güte der neuronalen Netze von Huber et Tyulyukovskiy ist nach [69] gut im elastischen Bereich, die Materialparameter E und k_f werden mit befriedigender Genauigkeit bestimmt. Bei viskosem Verhalten (größere Dehnungen ε) zeigen die ermittelten Werte starke Schwankungen. Dies führen

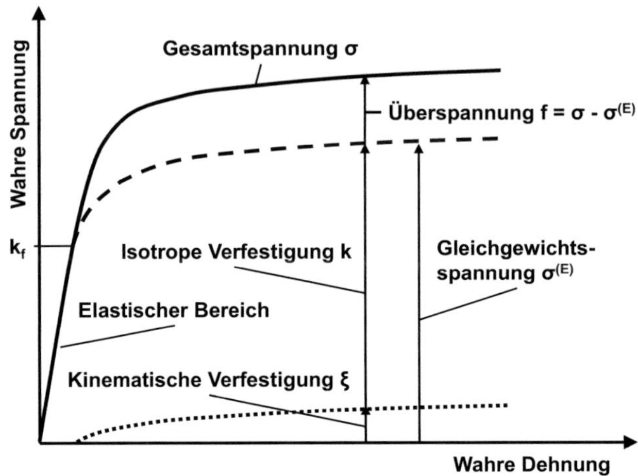

Abbildung 3.15: Zusammenhang zwischen den konstitutiven Größen, die mittels neuronaler Netze ermittelt werden, nach [71]

Klötzer et al. auf die Auswertung mittels der neuronalen Netze oder aber Imperfektionen des Eindringkörpers zurück [69].

4 Motivation

Die Instrumenentierte Eindringprüfung ist zur mechanischen Charakterisierung von Strukturmaterialien für den Fusionsreaktor besonders geeignet. Um den gesamten Temperaturbereich abzudecken, den die zu prüfenden Materialien während des Betriebs im Fusionsreaktor erfahren, und damit eine Materialprüfung bei Betriebsbedingungen zu ermöglichen, ist eine Ausweitung der Indentation auf Hochtemperatur notwendig. Hieraus wird das Ziel der vorliegenden Arbeit definiert.

4.1 Charakterisierung bestrahlter Materialien mittels Indentation

Die für die Erste Wand von DEMO und folgenden Fusionsreaktoren geplanten Strukturmaterialien müssen besonderen Belastungen standhalten. Neben einer kombinierten thermomechanischen Beanspruchung werden sie den Fusionsneutronen ausgesetzt sein (vgl. Kap. 2.1). Die Kenntnis der Auswirkungen dieser Belastungen auf die Werkstoffe ist essentiell für die Auslegung der Strukturkomponenten. Für eine Nachbildung der Materialschädigung durch die Fusionsneutronen werden Materialproben in Bestrahlungsprogrammen schnellen Neutronen ausgesetzt. Die mechanische Charakterisierung ist Teil der anschließenden Nachbestrahlungsuntersuchungen (vgl. Kap. 2.3). Die Aktivität der bestrahlten Proben erfordert, dass die Untersuchungen fernhantiert in strahlungsabschirmenden Bereichen durchgeführt werden. Das Fusionsmateriallabor (FML) des Instituts für Angewandte Materialien (IAM) am Karlsruher Institut für Technologie (KIT) ist mit der entsprechenden Infrastruktur, sog. Heißen Zellen, ausgestattet. Hier wurde, neben den klassischen Prüfverfahren wie Zugversuch, Kerbschlagbiegeversuch oder Ermüdungsversuch, auch die Instrumentierte Eindringprüfung an bestrahlten Materialien etabliert. Dieses Verfahren eignet sich in besonderem Maße für die Extraktion der mechanischen Eigenschaften bestrahlter Werkstoffe aus einem minimalen Probenvolumen, wie es für Nachbestrahlungsuntersuchungen notwendig ist.

Die in Kap. 2.3 geforderte maximale Ausnutzung des Materials wird durch eine Indentation an Proben, die bereits mit anderen Prüfverfahren getestet wurden, erreicht. Am Fusionsmateriallabor wird die Indentation u. a. an geprüften miniaturisierten Kerbschlagbiegeproben durchgeführt [30]. Durch die quasi zerstörungsfreie Prüfung, die lediglich lokal das Material beeinträchtigt (vgl. Kap. 3.2.1), sind mehrere Messungen an der gleichen Probe möglich. Ein weiterer Vorteil der Indentationsprüfung ist die im Vergleich zu anderen Prüfverfahren einfache Probenpräparation – ein wichtiger Aspekt beim fernhantierten Betrieb. Zur Vorbereitung der Prüfung muss lediglich die Rauigkeit der zu indentierenden Oberfläche einer bereits vorhandenen Probe durch Schleifen und Polieren eingestellt werden. Bei Bedarf kann eine Messreihe durch erneutes Schleifen der Probe wiederholt werden.

Dabei bietet die Indentation, wie in Kap. 3 dargestellt – trotz ihres einfachen Prüfablaufs – die Möglichkeit, das elastische wie auch das plastische Materialverhalten zu charakterisieren. Eine Substitution aufwendigerer Prüfverfahren mit der Indentation erleichtert die Gewinnung von Materialparametern, insbesondere für begrenzt verfügbare Materialien, wie den Proben aus den Bestrahlungsprogrammen.

4.2 Problemstellung

Im Rahmen der Nachbestrahlungsuntersuchungen von Eurofer (vgl. 2.4.2) wurde die Indentation bereits angewandt [30, 71]. Dabei stand der Einfluss der Bestrahlungstemperatur T_{irr} auf die Änderung der Materialeigenschaften im Vordergrund. Die mit der in Kap. 3.5 beschriebenen multizyklischen Indentationsmethode gewonnenen Materialparameter wurden mit Ergebnissen aus Zugversuchen verglichen. Die Zugversuche wurden bei Temperaturen durchgeführt, die mit der jeweiligen Bestrahlungstemperatur übereinstimmen. Die Indentationsversuche hingegen erfolgten – mangels einer geeigneten Prüfeinrichtung – bei Raumtemperatur.

Bis zu einer Bestrahlungstemperatur von 350°C zeigen die Ergebnisse aus beiden Versuchsmethoden eine gute Übereinstimmung. Bei höheren Temperaturen sind systematische Abweichungen erkennbar; ab 400°C Bestrahlungstemperatur wird die zugehörige Festigkeit des Materials unter Einsatzbedingungen durch die Indentation überschätzt (vgl. Abb. 4.1).

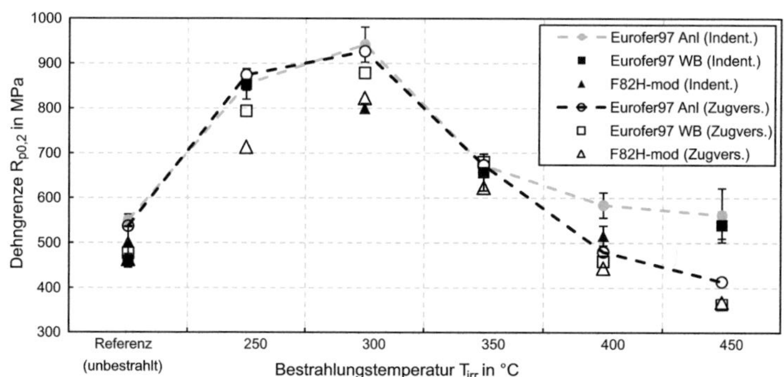

Abbildung 4.1: Vergleich der aus Zug- und Indentationsversuch ermittelten Dehngrenze von bis 15 dpa bestrahlten RAFM-Stahlproben aus dem Bestrahlungsprogramm SPICE nach [30]. Die Zugversuche erfolgten bei der entsprechenden Bestrahlungstemperatur T_{irr}, während die Indentationsversuche nur bei Raumtemperatur durchgeführt werden konnten.

Die Abweichung erklärt sich aus den unterschiedlichen Prüfbedingungen. Die Zugversuche bei Bestrahlungstemperatur ermöglichen eine vollständige (wenn auch zeitlich getrennte) Nachbildung der erwarteten thermomechanischen Belastung der Materialien im Fusionsreaktor. Die durchgeführte Indentationsprüfung hingegen kann die Betriebsbedingungen nicht vollständig nachstellen; die Ergebnisse beschreiben die Materialantwort bei Raumtemperatur und müssen auf die entsprechende Bestrahlungstemperatur extrapoliert werden. Dies jedoch hat abweichende Ergebnisse zur Folge. Diese Feststellung führt zu dem Schluss, dass die multizyklische Indentation auf temperierte Experimente erweitert werden muss, um das Materialverhalten bei fusionsrelevanten Umgebungsbedingungen korrekt wiederzugeben.

Im Vergleich zu Experimenten bei Raumtemperatur gelten für die Indentation bei erhöhten Temperaturen erweiterte Anforderungen und Einflussfaktoren. Zu nennen sind die Heizung der Proben, deren Schutz vor Oxidation mittels Vakuum oder inerter Atmosphäre, die Beherrschung der thermischen Drift sowie die Wahl eines geeigneten Spitzenmaterials. Dementsprechend werden nur wenige Systeme kommerziell angeboten. Diese sind auf Temperaturen $< 500\,^{\circ}\mathrm{C}$ beschränkt [74, 75]. Mehrere Arbeitsgruppen haben Laboranlagen für Hochtemperatur-Indentationsversuche mit Temperaturen $\geq 500\,^{\circ}\mathrm{C}$ geschaffen, u. a. [76–78]. Die besonderen Bedingungen jedoch, die bei der Prüfung bestrahlter Materialien gelten, erfordern eine Anlage, die auf individuelle Anforderungen abgestimmt ist. Eine solche Anlage steht nicht zur Verfügung. Hieraus ergibt sich das Ziel der Arbeit:

Für eine korrekte Wiedergabe des Materialverhaltens bei fusionsrelevanten Umgebungsbedingungen muss die multizyklische Indentation auf temperierte Experimente erweitert werden. Hierfür ist die Realisierung einer neuartigen, anforderungsspezifischen Anlage zur Instrumentierten Eindringprüfung bei Hochtemperatur erforderlich.

4.3 Anforderungen

Kap. 4.2 verdeutlicht die Notwendigkeit einer Neuentwicklung einer Anlage zur temperierten Instrumentierten Eindringprüfung. Um die für den Fusionsreaktor DEMO vorgesehenen Strukturmaterialien bei den erwarteten Betriebsbedingungen – Materialschädigung durch Bestrahlung bei gleichzeitiger thermischer Belastung – prüfen zu können, ergeben sich besondere Anforderungen:

1. Mit der Anlage sollen bestrahlte Materialien charakterisiert werden. Die Untersuchung radioaktiver Materialien ist nur innerhalb eines strahlungsabschirmenden Bereichs, einer sog. Heißen Zelle, möglich. Dies erfordert für die Anlage

   - einen fernhantierten Betrieb sämtlicher zur Bedienung notwendiger Komponenten,

   - eine weitgehende Strahlungsresistenz der verbauten Komponenten und

   - einen möglichst wartungsfreien Betrieb.

2. Die Anlage soll die thermischen Belastungen, die im Fusionsreaktor auf die Strukturkomponenten wirken werden, nachbilden. Somit ist eine Beheizung der Proben notwendig. Die maximale Betriebstemperatur von EuroferODS (vgl. Kap. 2.4.3) legt den Einsatztemperaturbereich der Anlage auf Raumtemperatur (RT) $-$ 650°C fest.

3. Mit der Anlage sollen die in Kap. 4.1 vorgestellten Materialuntersuchungen bei Hochtemperatur fortgesetzt werden. Folglich orientieren sich die Prüfparameter der neuen Anlage an den Versuchsreihen von [30, 60, 71]. Dies beinhaltet Indentergeometrie, Eindringkräfte und -tiefen sowie die Möglichkeit multizyklischer Indentation.

Eine detaillierte Spezifikation der Anlage wird in Kap. 5.1 vorgenommen.

4.4 Vorgehensweise zur Lösung

Die folgenden Kapitel widmen sich der Erfüllung des in Kap. 4.2 gesetzten Ziels. Kap. 5 beschreibt Auslegung und Aufbau der neu geschaffenen Karlsruher Hochtemperatur-Indentationsanlage *KAHTI* gemäß den Anforderungen aus Kap. 4.3; es wird auf die einzelnen Komponenten der Anlage, ihre Funktionsweise und ihren Beitrag zur Durchführung von Hochtemperatur-Indentationsexperimenten eingegangen. Kap. 6 setzt sich mit der Inbetriebnahme der Anlage zur Hochtemperatur-Indentation auseinander; dies beinhaltet eine experimentelle Verifikation ihrer Funktionsfähigkeit sowie eine Validierung der Messergebnisse. In Kap. 7 werden experimentelle Untersuchungen an Eurofer, Wolfram und Tantal, sowohl an KAHTI als auch an anderen Indentationsanlagen beschrieben; sie zeigen die Breite der Anwendungsfelder der Instrumentierten Eindringprüfung unter Hinzunahme des Parameters Prüftemperatur sowie die Vielfalt der Analysemöglichkeiten auf. Die Ergebnisse werden diskutiert und in den allgemeinen Stand des Wissens eingeordnet. In Kap. 8 werden die Schlussfolgerungen der Arbeit zusammengefasst.

5 Aufbau der Karlsruher Hochtemperatur-Indentationsanlage KAHTI

Wie in den vorangegangenen Kapiteln ersichtlich wurde, ist es notwendig, die Indentation auf Temperaturen deutlich oberhalb von Raumtemperatur zu erweitern. In diesem Kapitel wird der Aufbau der **KA**rlsruher **Hoch**Temperatur Indentationsanlage **KAHTI** geschildert. Es werden die einzelnen Baugruppen der fernhantierten Versuchseinrichtung zur Hochtemperatur-Indentation und ihre Funktionsweise beschrieben sowie die Mess- und Regelprinzipien der Prüfparameter Kraft, Eindringtiefe, Temperatur und Kammerdruck vorgestellt.

5.1 Spezifikation und erstes Konzept

Die Spezifikation zur Realisierung einer neuartigen Anlage zur Hochtemperatur-Indentation richtet sich nach den in Kap. 4.3 gestellten Anforderungen. Die für KAHTI geltenden Spezifikationsparameter gemäß Tab. 5.1 basieren u. a. auf Parameterstudien aus [75].

Um diese Anforderungen zu erfüllen, wurde ein Konzept für eine Anlage zur fernhantierten Hochtemperatur-Indentation vorgeschlagen [75], das durch folgende wesentliche Merkmale charakterisiert wird:

- Zwick *Z 2.5* Universal-Prüfmaschine zum Aufbringen der erforderlichen Kräfte

- Optisches Wegmesssystem zur Bestimmung der Eindringtiefe

- Lokale Heizung von Probe und Eindringkörper

- Vakuumkammer zum Schutz der Proben und des Eindringkörpers vor Oxidation

Diese Merkmale wurden als Basis übernommen, um das Konzept weiter zu entwickeln und eine betriebsfähige Anlage zur fernhantierten Hochtemperatur-Indentation zu realisieren. Die hierfür notwendigen Schritte sind im Folgenden dokumentiert.

Tabelle 5.1: Spezifikationsparameter für die fernhantierte Hochtemperatur-Indentationsanlage KAHTI

Temperaturbereich	$20 - 650\,°C$
Indentationskraft	$2 - 200\,N$
Messgenauigkeit	1%
Indentationstiefe	$1 - 30\,\mu m$
Wegauflösung	$\leq 100\,nm$
Probenabmessungen	$4\,mm \times 3\,mm \times 13,5\,mm$
Eindringkörper	Rockwellkegel mit sphärischer Spitze – Kugelradius $R = 200\,\mu m$
Kammerdruck	$\leq 1,5 \times 10^{-5}\,mbar$
Bedienung	Fernhantiert innerhalb einer Heißen Zelle
Versuchsablauf	Freie Gestaltung multizyklischer Prüfabläufe

5.2 Universal-Prüfmaschine

Ausgehend von der bereits in der Heißen Zelle verwendeten Indentations-Prüfmaschine [71], basiert KAHTI auf einer Universal-Prüfmaschine *Zwicki*

Z 2.5 TS der Firma ZWICK GMBH & CO KG. Sie dient zum Aufbringen der erforderlichen Prüfkraft. Diese mechanische Spindel-Prüfmaschine ermöglicht zusammen mit der Steuerungseinheit *testControl* kraft-, weg- und dehnungskontrollierte Versuche mit Kräften bis zu 2500 N und Geschwindigkeiten zwischen $0,001\,\mathrm{mm/min}$ und $2000\,\mathrm{mm/min}$, bei einer Wegauflösung des Antriebs von $0,0996\,\mathrm{\mu m}$. Die Steuerung der Maschine erfolgt über die ZWICK-eigene Software *testXpert II* [79, 80].

Die Prüfmaschine ist über einen Lastarm (Ⓐ in Abb. C.1) querkraftfrei mit der Hochtemperatur-Vakuum-Prüfkammer verbunden. Der Lastarm wurde konstruktiv angepasst, um den vorhandenen Prüfraum zu vergrößern und die erwarteten Kräfte biegungsfrei aufzunehmen. Die Verdoppelung des Prüfraums reduziert die Maximalkraft der ZWICK-Prüfmaschine um die Hälfte auf 1250 N. Die Wahl einer Prüfmaschine mit höherem Prüfraum schied aufgrund des verfügbaren Raums innerhalb der Box 4 der Heißen Zellen des Fusionsmateriallabors aus (vgl. [79] und Kap. 5.12.1).

Prüfvorschrift

Zur Steuerung der ZWICK-Universalprüfmaschine ist eine sog. Prüfvorschrift für das *testControl*-Steuerungsmodul notwendig. Diese wurde in Zusammenarbeit mit der Fa. ZWICK auf Basis eines vorgelegten Lastenhefts erstellt. Bei der Erstellung wurde auf maximale Flexibilität geachtet, sodass die Prüfvorschrift zyklische, kraftkontrollierte Druckversuche mit frei einstellbaren Kraftstufen, Zeitintervallen, Be- und Entlastungsgeschwindigkeiten sowie Aufsetzgeschwindigkeiten erlaubt.

Der Prüfablauf gestaltet sich wie folgt:

1. Der Indenter nähert sich lagegeregelt mit definierter Geschwindigkeit der Probe.

2. Über eine frei einstellbare Kraftschwelle erfolgt die Erkennung des Aufsetzpunkts.

3. Die Fahrweise der Maschine wird auf kraftgeregelt umgeschaltet und die eigentliche Prüfung beginnt.

4. Sobald der vorgegebene Prüfzyklus beendet und eine definierte Kraftschwelle unterschritten ist, wird der Indenter lagegeregelt in seine Ausgangsposition verfahren.

Wie in Kap. 5.4 beschrieben, dient eine Kraftmessdose, die im Inneren der Vakuumkammer installiert ist, zur Messung der Indentationskräfte bis 200 N.

Die Auswertung der multizyklischen Indentationsversuche mit den neuronalen Netzen nach [60, 68] (vgl. Kap. 3.5) erfordert einen präzisen Wechsel von Belastungs- zu Haltephasen (vgl. Abb. 3.14). Aus dem Zielkonflikt einer zuverlässigen Erkennung des Aufsetzpunkts und einem schnellen Phasenwechsel ergeben sich geschwindigkeitsabhängige Regelparameter (vgl. Tab. D.2), die vor der Prüfung angepasst werden müssen. Für die Versuchsauswertung erfolgt die Definition des Aufsetzpunkts erneut mittels des neuronalen Netzes *ZeroNet* (vgl. Kap. 3.5.3) bzw. durch Vorgabe von Kraftschwellen und Kraftanstiegen (vgl. Kap. 5.11.2).

5.3 Hochtemperatur-Vakuum-Prüfkammer

Zur Realisierung der Anforderungen aus Kap. 5.1 wurde gemäß dem in [75] beschriebenen Konzept eine Hochtemperatur-Vakuum-Prüfkammer entworfen. Konstruktion und Auslegung fanden in Zusammenarbeit mit der Firma HKE GMBH statt. In mehreren Iterationsschleifen galt es, die teilweise konkurrierenden Anforderungen der Teilsysteme miteinander zu vereinbaren.

Die Hochtemperatur-Vakuum-Prüfkammer umschließt die für die Hochtemperatur-Indentation notwendige sauerstoffreduzierte Atmosphäre. Sie ist als zweiteilige, horizontal teilbare Schweißkonstruktion ausgeführt. Damit wird der Zugriff auf das Indentationssystem zum Wechseln von Proben und Eindringkörpern – auch mit fernhantierten Manipulatoren innerhalb der Heißen Zellen – gewährleistet. Ein möglichst großer Zugriffsraum steht im Konflikt mit dem zu evakuierenden Volumen sowie einer möglichst geringen Wirkfläche des atmosphärischen Drucks (vgl. Kap. 5.4.2).

Am oberen Part, der Glocke (Ⓑ in Abb. C.1), sind fünf Flansche angebracht. Sie stellen die Schnittpunkte für Hilfs-, Peripheriegeräte und Zubehör bei geschlossener Kammer dar und ermöglichen den Anbau weiterer Komponenten. Im Vergleich zum Ausgangskonzept [75] wurde die Größe, Anzahl und Anordnung der Flansche an die Anforderungen der installierten Komponenten angepasst. Alle Flanschverbindungen sind vom Typ CF, einer lösbaren Verbindung mit Cu-Dichtung (vgl. z. B. [81,82]), die die Anforderungen an ein Hochvakuum und einen Betrieb in einer Heißen Zelle erfüllt. Das notwendige Öffnen der Prüfkammer zum Einlegen einer neuen Probe verhindert die Verwendung einer CF-Flanschausführung an der horizontalen Trennstelle; stattdessen ist diese mit einem O-Ring gedichtet. Die Dichtwirkung wird durch das Gewicht der Glocke sowie zusätzliche Anpresskraft bei der Vakuumerzeugung unterstützt. Ein anfänglich konzipiertes Bajonett-Verschlusssystem erwies sich als nicht notwendig. Die Glocke wird über eine Quertraverse und zwei beidseitig neben der Prüfkammer angebrachte Säulen Ⓒ vertikal geführt. Oberhalb der Glocke stellt ein Membranbalg Ⓔ mittels CF-Flansch die Verbindung zur oberen Quertraverse Ⓕ her. Diese bildet den Schnittpunkt zwischen Universal-Prüfmaschine und Hochtemperatur-Vakuum-Prüfkammer. Der Eindringkörper (Ⓠ in Abb. C.3*f*) wird von der Indentationssäule (Ⓟ in Abb. C.4) geführt, die an der oberen Quertraverse befestigt ist. Durch die vertikale Ausgleichsbewegung des Membranbalgs lässt sich die Indentationssäule unabhängig von der Position der Glocke bewegen.

Zum Öffnen und Schließen der Hochtemperatur-Vakuum-Prüfkammer dienen zwei pneumatische Zylinder (Ⓓ in Abb. C.1), die oberhalb der Glocke jeweils auf den Säulen Ⓒ montiert sind. Deren Hohlkolben sind mit der Quertraverse der Glocke verbunden; sie heben bzw. senken die Glocke entsprechend der Be- und Entlüftung der Zylinder. Zudem kompensieren sie den fehlenden Ausgleich des Atmosphärendrucks bei evakuierter Kammer (vgl. Kap. 5.4.2). Das im Ausgangskonzept vorgesehene Öffnen und Schließen der Glocke mithilfe der Universal-Prüfmaschine wird durch das Glockengewicht verhindert. Zudem hätte dies eine Kopplung der Maschinenbewegung an die Bewegung der Glocke zu Folge.

Nach unten wird die Hochtemperatur-Vakuum-Prüfkammer von einem X-Y-Kreuztisch Ⓗ – gebildet aus zwei motorisierten Schlitten und einem aufgeschweißten CF-Flansch – abgeschlossen. Die Verfahrschlitten und ihre Antriebsmotoren sind außerhalb des Vakuums positioniert, um eine kompaktere Bauform der Vakuumkammer realisieren zu können. Dies verringert das zu evakuierende Volumen. Im Inneren der Kammer ist auf dem X-Y-Kreuztisch der Probentisch montiert. Der untere Membranbalg Ⓖ, der den CF-Flansch mit der unteren Traverse Ⓘ verbindet, sorgt für einen Ausgleich der horizontalen Bewegung zwischen den beiden Komponenten. So entsteht eine flexible Vakuumkammer. Die untere Traverse, die an den beiden Führungssäulen fixiert ist, bietet die Dicht- und Auflagefläche für die Glocke oberhalb.

Leistungs- und Signalkabel zur Versorgung der elektrischen und elektronischen Systeme sowie die Versorgungsanschlüsse Ⓩ für die Wasserumlaufkühlung innerhalb der Vakuumkammer werden über harz-vergossene, gasdichte Vakuumdurchführungen geführt.

5.3.1 Probenaufnahme und -positionierung

Die Hochtemperatur-Indentationsanlage ist primär für die Untersuchung miniaturisierter Kerbschlagbiegeproben ausgelegt, die im FML geprüft wurden (vgl. Kap. 4). So ist die Probenaufnahme an quaderförmige Probenabmessungen

$$B \times H \times T = 3\,\text{mm} \times 4\,\text{mm} \times 13,5\,\text{mm} \tag{5.1}$$

– entsprechend einer halben Kerbschlagbiegeprobe – angepasst.

Ein aus Edelstahl gefertigter, rechtwinkliger Anschlag mit Freistichbohrung in der Anschlagecke (siehe Abb. C.2, Ⓙ) positioniert die Probe auf dem Probentisch. Mit dem federkontrollierten Probenspanner Ⓚ wird die Probenposition eindeutig und reproduzierbar eingestellt. Die Probe liegt direkt auf einer keramischen Heizplatte Ⓛ aus Si_3N_4. Die Heizplatte ist in einem Probentisch Ⓜ aus Edelstahl eingelassen, der von einer isolierenden Aluminiumoxid-Keramik (Ⓝ in Abb. C.3) umgeben ist. Die Probenaufnahme ist so zum Sichtflansch (Ⓞ in Abb. C.2) ausgerichtet, dass der Anschlag im rechten Winkel zur Sichtachse steht. Für eine optimale Ausleuchtung und Beobachtung der Indentationsstelle liegt die Mittelachse des Sichtflansches 1 mm oberhalb des Probenanschlags.

Der gesamte Probentisch ist auf dem X-Y-Kreuztisch Ⓗ angebracht (vgl. Kap. 5.3). Damit lassen sich unterschiedliche Probenpositionen anfahren. Die Ausgleichsbewegung des unteren Membranbalgs erlaubt Verfahrwege innerhalb eines Kreises mit Radius 9 mm. Zwei ringförmige, überlappende Bleche, die auf Höhe der Isolationskeramik zwischen Probentisch und mittlerer Traverse installiert sind, verhindern einen Verlust der Probe innerhalb der Vakuumkammer.

Die Schwalbenschwanzführung der zwei ERO *SM 150.210.50* Schlitten, die den Kreuztisch bilden, ermöglicht präzises Verfahren unabhängig von der aufgebrachten Last. Die Wegauflösung der JETTER-Verfahrmotoren vom Typ *JH2-0026-21* in Verbindung mit einem dreistufigen *LPK$^+$ 050*-Getriebe von WITTENSTEIN mit einer Übersetzung von $i = 100$ erlaubt eine Wegauflösung von 1 µm. Im Betrieb ist das vorhandene Umkehrspiel zu beachten.

5.3.2 Indentationssystem

Kern von KAHTI ist das Indentationssystem (vgl. Abb. C.3). Es besteht aus dem Probentisch Ⓜ und der sog. Indentationssäule Ⓟ. Die Indentationssäule Ⓟ (vgl. Abb. C.4) führt den Eindringkörper Ⓠ, der durch den Spindelantrieb der Universal-Prüfmaschine bewegt wird. Damit lässt sich eine Probe, die auf dem Probentisch Ⓜ liegt, indentieren. Der Eindringkörper wird über ein keramisches Heizelement Ⓡ beheizt (vgl. Kap. 5.7.3). Die um die Indenter-Aufnahmehülse Ⓢ angebrachte Aluminiumoxid-Keramik Ⓣ dient der thermischen Isolation.

5.4 Messung der Eindringkraft

Die Durchführung der Eindringprüfung im Vakuum bedingt eine zweistufige Überprüfung der wirkenden Kräfte. Während die Messung der Eindringkraft innerhalb der Hochtemperatur-Vakuum-Prüfkammer erfolgt, werden die an der Universal-Prüfmaschine anliegenden Kräfte von einer weiteren Kraftmessdose oberhalb der Prüfkammer registriert. Letztere dienen als Regelsignal für einen Ausgleich der auftretenden Vakuumkräfte.

5.4.1 Messprinzip

Die Eindringkraft, die auf den Eindringkörper Ⓠ wirkt, wird mit einer Kraftmessdose *GTM XForce HP 200 N* (Ⓤ in Abb. C.4) der Fa. GTM (siehe Datenblatt F.1) gemessen. Deren Betriebsbereich von 0 N bis $\pm200\,$N begrenzt die maximale Prüfkraft von KAHTI. Um einen Einfluss variierender Druckdifferenzen zwischen Atmosphären- und Kammerdruck auf die Kraftmessung zu minimieren, ist die Kraftmessdose innerhalb der Prüfkammer an der Indentationssäule und oberhalb des Eindringkörpers angeordnet.

5.4.2 Vakuumkraft-Ausgleichsregelung

Bei der Erzeugung eines Hochvakuums in der Prüfkammer stehen dem atmosphärischen Außendruck nur noch Drücke von $p = 5 \times 10^{-6}$ mbar entgegen. Der fehlende Druckausgleich führt zu einer resultierenden Zugkraft F_{vac} am Lastarm der Universal-Prüfmaschine. Aus der allgemeinen Druckformel wird ersichtlich, dass die Kraft F proportional mit dem Quadrat des Durchmessers der Prüfkammer steigt.

$$p = \frac{F}{A} \rightarrow F = \Delta p \times \left(\frac{d}{2}\right)^2 \pi \tag{5.2}$$

So wurde ein möglichst geringer Durchmesser der Vakuumglocke angestrebt (vgl. Kap. 5.3). Mit einem effektiven Glockendurchmesser von 152,5 mm (Innendurchmesser eines DN160CF-Flanschs) ergibt sich nach Gl. (5.2)

$$F_{vac} = \left(1 \times 10^3 \, \text{mbar} - \underbrace{5 \times 10^{-6} \, \text{mbar}}_{\approx 0}\right) \times \left(\frac{152{,}5 \, \text{mm}}{2}\right)^2 \pi = 1826{,}5 \, \text{N} \tag{5.3}$$

Mit dieser Kraft wird die Kraftobergrenze der Universal-Prüfmaschine von 1250 N (vgl. Kap. 5.2) überschritten. Da aufgrund der Bauraumbeschränkungen in der Heißen Zelle nur die Universal-Prümaschine *Z 2.5 TS* mit nachträglich vergrößertem Prüfraum zur Verfügung steht (vgl. Kap. 5.2), wurde eine konstruktive Lösung zum Ausgleich der Vakuumkraft geschaffen.

Funktionsweise

Abb. 5.1 verdeutlicht das Wirkprinzip der Vakuumkraft-Ausgleichsregelung. Die zwischen Hochtemperatur-Vakuum-Prüfkammer und Lastarm wirkende Kraft F_{vac} wird mit einer Kraftmessdose vom Typ *8524-6001* der Firma BURSTER (zulässige Maximalkraft 1000 N) registriert (vgl. Ⓧ in Abb. C.4). Der gemessene Wert stellt die Belastung der Universal-Prüfmaschine dar. Bei belüfteter Kammer stellt sich ein natürliches Gleichgewicht ein (vgl. Abb. 5.1a). Sobald in der Kammer ein Unterdruck herrscht, versorgt eine PD-Regelung[12] die pneumatischen Zylinder mit einem Druck von bis zu 5 bar. Damit wird der fehlende Atmosphärendruck in der Hochtemperatur-Vakuum-Prüfkammer ausgeglichen (vgl. Abb. 5.1b).

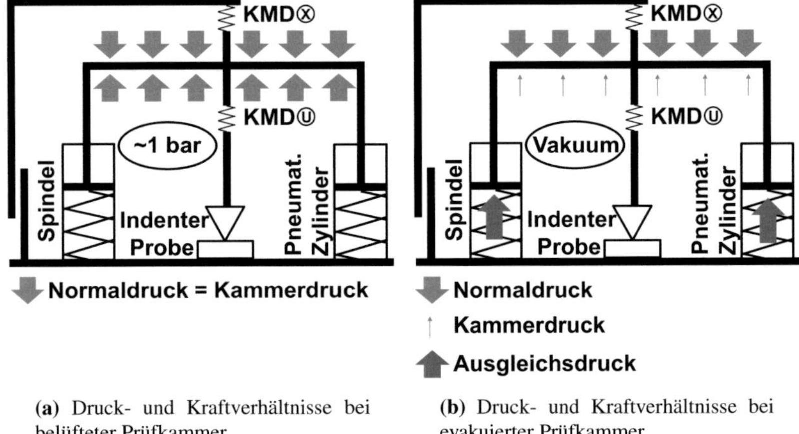

(a) Druck- und Kraftverhältnisse bei belüfteter Prüfkammer

(b) Druck- und Kraftverhältnisse bei evakuierter Prüfkammer

Abbildung 5.1: Wirkprinzip der Vakuumkraft-Ausgleichsregelung

Der Ausgleichsdruck in den Pneumatikzylindern ist so zu wählen, dass während des gesamten Versuchs eine resultierende Druckkraft auf die ZWICK-Prüfmaschine wirkt; so wird sichergestellt, dass die Universal-Prüfmaschine

---

[12]Regelung mit proportionalem und differenzierendem Anteil

eine der Indentationsprüfung entsprechend gerichtete Belastung erfährt. Ein Kraft-Nulldurchgang und eine damit verbundene Lastumkehr werden vermieden. Das dabei auftretende Umkehrspiel könnte sich störend auf die Kraftregelung der Indentationsprüfung auswirken.

5.5 Indenter

Für den Eindringkörper müssen die besonderen Anforderungen an fernhantierte Hochtemperatur-Indentation berücksichtigt werden. Dies gilt ebenso für die Werkstoffauswahl der Komponenten Indenterschaft und Indenterspitze, wobei sich beide gegenseitig bedingen.

5.5.1 Anforderungen

Die Gestaltung des Indenters wurde in Zusammenarbeit mit dem Lieferanten SYNTON MDP im Vergleich zum Erstentwurf (vgl. [75]) weiterentwickelt und an folgende Anforderungen angepasst:

- Fixierung des Indenters in der Indentationssäule

- Auswechselbarkeit des Indenters

- Zuverlässige Heizung der Indenterspitze, um die gewünschte Versuchstemperatur zu erreichen

- Integration der Beobachtungsfläche zur optischen Messung der Eindringtiefe (vgl. Kap. 5.6.4) und deren exakte Ausrichtung zum optischen System (vgl. Kap. 5.6.5)

- Fernhantierte Handhabung und Montage des Eindringkörpers

5.5.2 Auslegung des Indenterschafts

Durch die Integration mehrerer Funktionen auf dem Indenterschaft geschah dessen Auslegung in einem iterativen Prozess, während dessen Erkenntnisse aus Vorversuchen und Inbetriebnahme einflossen.

Materialauswahl

Im Ausgangskonzept [75] wird für den Indenterschaft Molybdän (Mo) vorgeschlagen sowie ein separates Element aus Siliziumnitrid (Si_3N_4), das die Markierungen zur Beobachtung der Indenterbewegung trägt.

Die Integration der Reflexionsfläche für die optische Wegmessung auf dem Indenterschaft führt zu einer Erweiterung der Kriterien für die Auswahl des geeigneten Konstruktionswerkstoffs für den Indenterschaft. Neben physikalischen und mechanischen sind auch optische Eigenschaften relevant (vgl. Tab. 5.2). Aus diesem Grund wurde die Materialauswahl erneut aufgegriffen.

Tabelle 5.2: Kriterien für die Materialauswahl des Indenterschafts

Optisch	Reflektivität, Aufbringen von Markern, Bearbeitbarkeit
Physikalisch	Thermischer Ausdehnungskoeffizient α_T, Wärmeleitfähigkeit λ
Mechanisch	E-Modul, Festigkeit, Temperaturstabilität, Bearbeitbarkeit

Aufgrund der Verwendung keramischer Heizpatronen aus Si_3N_4 (vgl. Kap. 5.7.3) wurde dieses auch als Konstruktionswerkstoff für den Indenterschaft in Erwägung gezogen sowie das vorgeschlagene Molybdän mit der Legierung TZM (Mo, 0,5% Ti, 0,08% Zr, 0,01 - 0,04% C [83, 84]) verglichen.

Trotz des mit der Heizpatrone kompatiblen thermischen Ausdehnungskoeffizienten α_T von Si_3N_4 sprechen die einfacheren Fertigungsmöglichkeiten für die Molybdän-Produkte. Die starke Oxidationsneigung von Molybdän in Sauerstoffatmosphäre ab 400°C stellt aufgrund der Durchführung der Indentationsexperimente im Vakuum keine Einschränkung dar. TZM zeigt eine höhere Festigkeit als reines Molybdän, insbesondere bei Hochtemperatur. Die angestrebte maximale Betriebstemperatur von 650°C liegt weit unterhalb der Rekristallisationstemperatur von 1400°C, was sich positiv auf Duktilität und Kriechverhalten des Werkstoffs auswirkt. [83, 84]

Konstruktion

Der Indenter (vgl. Abb. C.3) wird von der Aufnahmehülse Ⓢ axial geführt. Die bei der Indentation auftretenden Kräfte werden über den Kragen des Eindringkörpers in die Aufnahmehülse geleitet und damit an die Indentationssäule Ⓟ weitergegeben. Im hohlen Schaft des Indenters findet die keramische Heizpatrone Ⓡ Platz; sie dient der radialen Führung (vgl. Abb. 5.2). Die Bohrung im Indenterschaft ist an den vorgegebenen

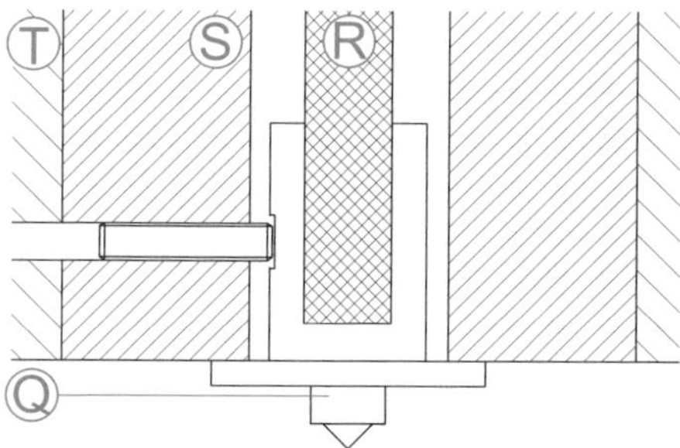

Abbildung 5.2: Schematische Darstellung der Fixierung des Indenters in der Aufnahmehülse

Durchmesser der Heizpatrone $\varnothing = 6,26^{H7}$ (vgl. Datenblatt F.2) angepasst. Der Kontakt zwischen Heizpatrone und Indenterschaft ist essentiell für den

Wärmeübergang, um die Indenterspitze zu beheizen; zugleich muss die gewählte Passung eine kraftfreie fernhanierte Montage des Indenters ermöglichen. Um den Wärmeübergang beider Elemente über den gesamten Temperaturbereich aufrecht zu erhalten, gleichzeitig jedoch keine thermischen Spannungen zu verursachen, sind die auftretenden thermischen Dehnungen beider Komponenten zu berücksichtigen. Der Einsatz von Wärmeleitpasten, die den Kontakt beider Komponenten über einen weiten Temperaturbereich herstellen könnten, ist nicht möglich[13]. Für den Innendurchmesser des Indenterschafts wurden $6,56^{+0,01/0}$ mm festgelegt. Dies ergibt ein Spiel von 0,285 mm bei Raumtemperatur, das notwendig ist, um den Indenter kraftfrei einbauen zu können. Bei 800°C ist weiterhin ein Spiel von 0,269 mm vorhanden (vgl. Tab. 5.3). Die durchgeführten Heizversuche

Tabelle 5.3: Bestimmung der thermisch bedingten Änderung der Passungstoleranz zwischen Indenterschaft und Heizpatrone. Für die Berechnung wurde jeweils der für die Passung ungünstigste Durchmesser der Toleranz gewählt.

| | Maße bei RT | | therm. Dehnung | | Maße bei 800°C | |
| | ø | Spiel | $\alpha_{T,max}$ | Δx | ø | Spiel |
	in mm	in mm	in 10^{-6}/K	in μm	in mm	in mm
Heizpatrone	6,275	0,285	3,9 [85]	19,57	6,295	0,269
Indenterschaft	6,56		5,7 [83]	7,84	6,564	

(vgl. Kap. 6.5.3) bestätigen, dass die gewählte Passung den Kontaktanforderungen über den gesamten Einsatztemperaturbereich entspricht und die Heizleistung über den gesamten Einsatztemperaturbereich an den Indenter weitergegeben wird.

Die Fixierung des Indenters in der Aufnahmehülse erfolgt mit einer Innen-Sechskantschraube, die an die Fläche ⏎ A ⏎ (vgl. Abb. 5.3) angedrückt wird. Diese Fixierung gewährleistet zugleich die reproduzierbare radiale Ausrichtung des Indenters; die für die optische Wegmessung erforderliche Flä-

---

[13] Wie alle anderen kohlenstoffhaltigen Feststoffe und Fluide verflüchtigen diese im Vakuum durch Ausgasen und verlieren somit ihre Wirkung. Das Kondensat beeinträchtigt die Funktion der Vakuumkomponenten wie Vakuumpumpen, Sichtflansche und Messgeräte.

che auf der Indenterhülse steht parallel zum Sichtflansch ⓞ und damit im rechten Winkel zur Sichtachse des optischen Systems.

Zur Befestigung der Indenterspitze wurde die formschlüssige Lösung der Firma SYNTON MDP aus [75] übernommen. Das Diamantprisma ist in eine viergliedrige Spannzange des Indenterschafts gelegt; die auf die Spannzange gepresste Hülse drückt die Spannzange zusammen und fixiert damit den Diamanten (vgl. Abb. 5.3).

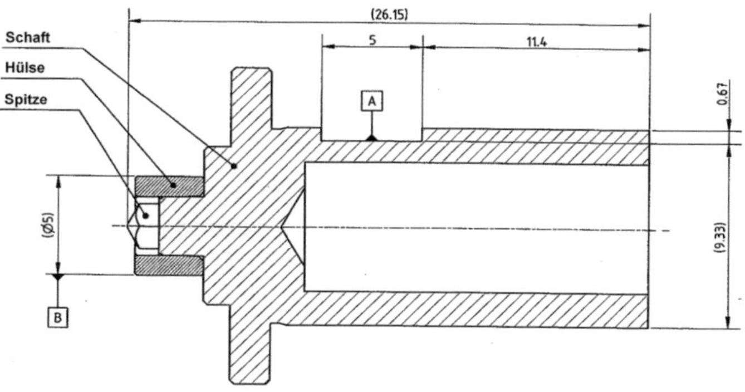

Abbildung 5.3: Dreiteiliger Eindringkörper mit Diamantspitze

5.5.3 Materialauswahl für die Indenterspitze

Als Material für die Indenterspitze wurde im Entwurfskonzept – analog zu den bei Raumtemperatur genutzten Indenterspitzen – Diamant ausgewählt [75]. Zum Schutz des Diamanten vor Oxidation bei Temperaturen bis zu 650°C wird die Indentationsprüfung im Vakuum durchgeführt (vgl. Kap. 5.3). Diverse Erfahrungen zeigen jedoch, dass eine Diamantspitze bei der Hochtemperatur-Indentation insbesondere von Eisen und Eisenlegierungen v.a. aufgrund von Diffusion des Kohlenstoffs erodiert [40, 86–89]. Aus diesem Grund wurden Materialalternativen eruiert.

Die nächst härteren Werkstoffe nach Diamant (mit einer Härte von 9000 HK nach Knoop, 10 auf der Mohsskala [86, 89]) wurden als Alternativmaterialien in Betracht gezogen. Hierzu zählen kubisches Bornitrid c-BN, Bor- und Siliziumcarbid (B_4C bzw. SiC) sowie Saphir Al_2O_3 (vgl. Abb. 5.4). Desweiteren wurden Siliziumnitrid Si_3N_4 und Titanborid TiB_2 auf ihre mögliche Verwendung als Indenterspitze geprüft (vgl. Tab. D.3). Als

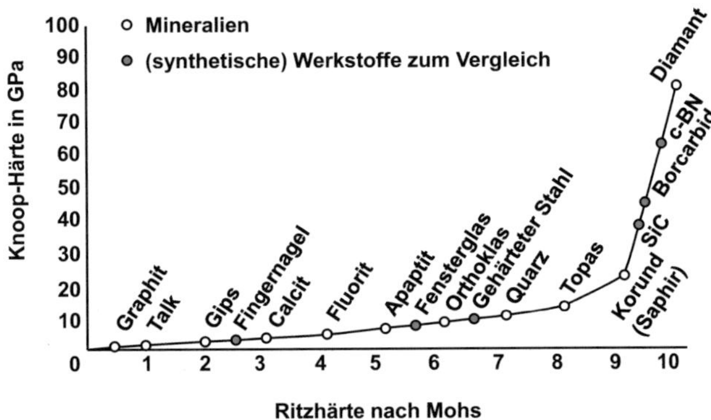

Abbildung 5.4: Korrelation zwischen Mohsscher Ritzhärte und Knoophärte nach [90, Kap. 5]

Auswahlkriterien dienten das chemische, mechanische und physikalische Verhalten der Materialien, insbesondere bei Hochtemperatur. Da die Härte der Materialien temperaturabhängig ist, muss der gesamte Temperatureinsatzbereich betrachtet werden (siehe Abb. 5.5). Hieraus geht hervor, dass – neben Diamant – Borcarbid und Siliziumnitrid verlässliche hohe Härten über den gesamten Temperaturbereich bis 650°C bieten, während die anfänglich hohe Härte von kubischem Bornitrid wie auch des Siliziumcarbids stark abfällt. Deutlich unterhalb von Bor- und Siliziumcarbid, weist Titanborid eine relativ gleich bleibende Härte über die Temperatur auf. Die Härte von Saphir liegt bei Raumtemperatur im Bereich von Titanborid, sinkt aber mit steigender Temperatur.

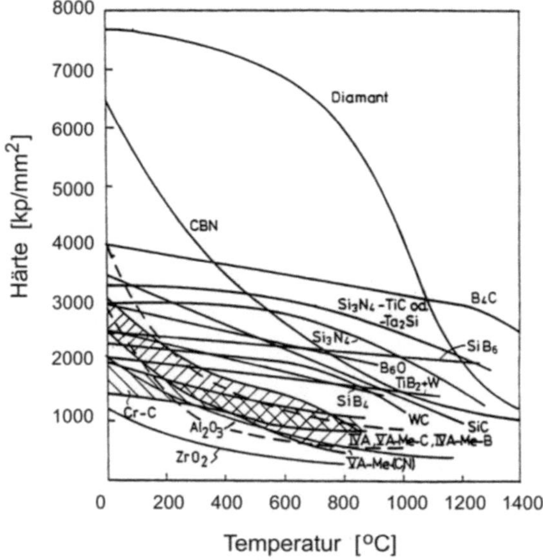

Abbildung 5.5: Hochtemperaturhärte einiger keramischer Werkstoffe nach [90, Kap. 5]

Neben der Härte wird die Eignung der Werkstoffe maßgeblich von der Beständigkeit der Materialien in einer für die Hochtemperatur-Indentation notwendigen Umgebung beeinflusst. Aus [90, Kap. 10] geht hervor, dass die meisten betrachteten Werkstoffe bei Hochtemperatur chemisch unbeständig sind. Der bei der Indentation aufgebrachte Druck scheint diesen Effekt zu verstärken [91]. In Sauerstoffatmosphäre oxidiert SiC zum Oxid SiO_2, zudem reagiert das Silizium mit Eisen. Bei B_4C ist eine starke Oxidation bei Temperaturen oberhalb 500°C zu beobachten; zudem zeigt sich B_4C bei diesen Temperaturen chemisch reaktiv mit Metallen. Nitride im allgemeinen werden als weniger chemisch beständig beschrieben als Karbide. Zudem zeigen sie ebenfalls starke Oxidationsneigung. Saphir hingegen erweist sich als oxidische Verbindung auch bei hohen Temperaturen inert sowohl gegenüber sauerstoffhaltiger Atmosphäre, als auch gegenüber Metallen. [90, Kap. 10]

Die Fertigungsmöglichkeiten schränken die Materialauswahl weiter ein. c-BN lässt aufgrund seiner kubischen Gitterstruktur keine Bearbeitung auf sphärische Formen zu, für TiB_2 sind keine Einkristalle zur Herstellung einer Indenterspitze verfügbar. [92]

Das chemisch reaktive Verhalten der Mehrzahl der alternativen Materialien führt zur Wahl von Diamant als härtestem Spitzenmaterial. Dessen Reaktivität muss bei den Indentationsexperimenten, insbesondere bei hohen Versuchstemperaturen, berücksichtigt werden. Eine zweite Indenterspitze aus dem chemisch beständigen Saphir erlaubt den Einsatz über den gesamten Temperaturbereich, wenn auch Indentation an hochfesten Materialien wie W (Härte nach Mohs 7,5) bei Raumtemperatur auszuschließen ist. Zur korrekten Auswertung der Versuche müssen der temperaturabhängige E-Modul mittels Gl. (3.13) sowie die abnehmende Härte berücksichtigt werden.

Abschließend lässt sich feststellen, dass kein universelles Spitzenmaterial für Hochtemperatur-Indentation zur Verfügung steht. Das verwendete Spitzenmaterial muss an die Prüfumgebung (-temperatur, -atmosphäre), Spitzengeometrie und Probenmaterial angepasst sein.

Eingesetzte Diamantspitze

Die Indenterspitze, ein Rockwellkegel, ist aus einem Diamantprisma mit quadratischer Grundfläche gefertigt. Bei einem Öffnungswinkel des Kegels von $120°$ und einem Kugelradius von $R = 200\,\mu m$ ergibt sich der Übergang von Kugel zu Kegel bei einer Höhe von $26,79\,\mu m$; dieser Wert limitiert die maximale Eindringtiefe für sphärische Indentation $h_{max,s}$ (vgl. Abb. 3.2c). Der dabei maximal erreichbare Durchmesser des Eindrucks beträgt $d = 200\,\mu m$.

5.5.4 Weiterentwicklung des Eindringkörpers

Die im Betrieb gesammelten Erfahrungen aus der Verwendung des Diamantindenters (vgl. Kap. 7.4) flossen bei der Konstruktion des Saphir-Indenters ein. Dessen Schaft ist ebenfalls aus TZM hergestellt. Im Unterschied zum Diamantindenter ist der Schaft einteilig ausgeführt, die Saphirspitze mit Keramikkleber befestigt. Die Spitzengeometrie blieb unverändert, geringe Gestaltveränderungen am Schaft verbessern die fernbediente Handhabung (vgl. Abb. 5.6).

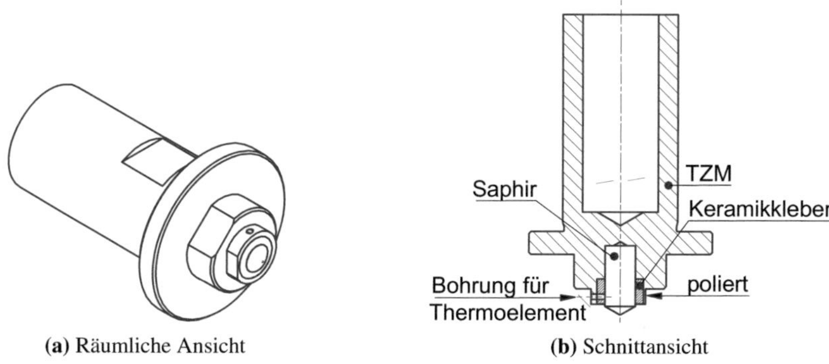

(a) Räumliche Ansicht   (b) Schnittansicht

Abbildung 5.6: Eindringkörper mit eingeklebter Spitze aus Saphir.
Die Abflachung am Schaft dient der Fixierung des Indenters, die polierte Fläche direkt oberhalb der Spitze der Beobachtung der Indenterbewegung mit dem optischen System (vgl. Kap. 5.6.5).

5.6 Optische Messung der Eindringtiefe

Im Folgenden wird die Konzeption, Entwicklung und Realisierung einer optischen Methode zur Messung der Eindringtiefe vorgestellt. Die anfänglich gewählte Methode, mit einem Laser beleuchtete diskrete Strukturen zu verfolgen, wurde auf Grund der Unvereinbarkeit der Anordnung einer

Beleuchtung mit der Geometrie der Hochtemperatur-Vakuum-Prüfkammer modifiziert. In der resultierenden Methode erlaubt der Einsatz einer Korrelationsrechnung die Verfolgung beliebiger Muster, die durch eine Weißlichtquelle beleuchtet werden.

5.6.1 Motivation und Prinzip

Im Gegensatz zu den anderen Eindringprüfverfahren (Vickers, Brinell) verzichtet die registrierende Härteprüfung auf die Vermessung der indentierten Flächen. Stattdessen stützt sich die Versuchsauswertung auf die kontinuierliche Messung der Eindringtiefe (vgl. Kap. 3.1). Dementsprechend müssen Zuverlässigkeit und Genauigkeit der verwendeten Methode gewährleistet sein. Neben klassischen Methoden zur Bestimmung der Bewegung wie z. B. Dehnmessstreifen und Extensiometer lassen sich durch den Fortschritt bei Soft- und Hardware auch bildbasierte Methoden zur Bewegungsverfolgung einsetzen. [93]

In der am FML eingesetzten *Zwicki ZHU*-Prüfmaschine wird die Eindringtiefe aus der relativen Verschiebung des Indenters zu einem sog. Tastfuß ermittelt. Dieser setzt vor dem Indentationsexperiment auf der Probe auf und definiert somit über den gesamten Prüfablauf die Probenoberfläche. Die erreichbare Messgenauigkeit liegt bei 20 nm [80].

Dieses taktile Messverfahren scheidet für Hochtemperatur-Anwendungen im Bereich $500°C - 650°C$ aus. Die im Messkopf verbaute Elektronik ist für Temperaturen bis max. $35°C$ zugelassen [80]. Zudem verfälschte die thermische Ausdehnung der Elemente des Messkopfs die Messung. Andere Messverfahren auf induktiver oder kapazitiver Basis wurden im Konzept für eine Hochtemperatur-Indentationsanlage [75] aufgrund der thermisch induzierten Dehnungen in den Messsystemen ausgeschlossen. Zudem lässt sich die temperaturbedingte Ausdehnung von Indenterschaft und

Probe nicht registrieren (vgl. Kap. 3.2.6), eine Aussage über die Bewegung der Eindringspitze relativ zur Probenoberfläche ist nicht möglich.

Aus diesem Grund wurde ein optisches System zur berührungslosen Messung der Eindringtiefe entwickelt. Mit einer Digitalkamera wird – analog zum taktilen Messsystem der *Zwicki ZHU*-Prüfmaschine – die relative Bewegung zwischen Eindringkörper und Probe erfasst. Die anschließende Bildverarbeitung interpretiert die gespeicherten digitalen Bilder als $m \times n$-Matrizen, deren Elemente die Grauwert-Information der einzelnen Pixel enthalten. Unterschiedliche Ansätze ermöglichen hieraus die Detektion einer Bewegung der Oberfläche des beobachteten Objekts; sie basieren stets auf einem Vergleich der Grauwerte aufeinander folgender Bilder [93, Kap. 14]. Zwei Methoden, die differentielle Bildverfolgung und die Digitalbild-Korrelation, bildeten die Grundlage für die Entwicklung einer Eindringtiefen-Messung.

Kommerzielles System *laserXtens*

Optische Systeme zur Wegmessung werden auch kommerziell angeboten. Ein Beispiel hierfür ist das von der Firma ZWICK angebotene System *laserXtens*, das als berührungsloses Extensiometer entwickelt wurde. Ein Laser beleuchtet die Probe flächig, woraus sich aufgrund der Oberflächenrauigkeit des beleuchteten Materials ein Speckle-Muster ergibt. Die Probe wird von einer Kamera mit einer Bildfrequenz von 70 - 100 Hz betrachtet. Die Verwendung von Subpixel-Interpolation in der Auswertung ermöglicht eine Messgenauigkeit von 40 nm, die Obergrenze der Einsatztemperatur wird mit 1600°C angegeben. [94–96]

5.6.2 Anforderungen

Das System *laserXtens* eignet sich grundsätzlich für einen Einsatz an der Hochtemperatur-Indentationsanlage. Eine Eigenentwicklung des Systems zur optischen Wegmessung hingegen erlaubt eine vollständig an die Anforderungen angepasste Anlage und Software zur Bildaufzeichnung sowie einen uneingeschränkten Zugriff, Kontrolle und Verständnis der Algorithmen zur Bildauswertung.

Die Anforderungen an das optische System ergeben sich zum einen aus dem Einsatzzweck von KAHTI, zum anderen aus der gewünschten Funktion einer Bewegungsverfolgung von Indenter und Probe; nicht zuletzt spielen der Einsatzort und die daraus folgende Konstruktion von KAHTI eine Rolle. Das Wegmesssystem muss in der Lage sein, die Eindringtiefe zuverlässig und korrekt wiederzugeben. Hierzu sind im Einzelnen notwendig:

- Eignung des Verfahrens im Temperaturbereich von KAHTI ($T = 20 - 650°C$)

- Messbereich von $1 - 30\,\mu m$.

- Messgenauigkeit von $\leq 100\,nm$. Dies zieht Anforderungen an Orts- und Zeitauflösung nach sich.

- Sichtbarmachung der Oberflächen(strukturen) von Indenter und Probe. Das bedeutet Materialien bzw. Oberflächenbearbeitungen, die adäquate optische Eigenschaften besitzen.

- Konstruktive Anpassung an die Hochtemperatur-Vakuum-Prüfkammer

- Entwurf bzw. Anpassung bestehender Auswerte-Algorithmen der digitalen Bildverarbeitung

- Fernbedienbarkeit der Komponenten mit Parallelmanipulatoren innerhalb einer Heißen Zelle

Ein optisches System zur Messung der Eindringtiefe an KAHTI, das sämtliche Anforderungen erfüllt, wurde in einem iterativen Entwicklungsprozess entwickelt und realisiert. Für die Entwicklung wurde z. T. auf bereits vorhandene Komponenten aus [75] zurückgegriffen.

5.6.3 Differentielle Bildverfolgung

Eine Möglichkeit der optischen Wegmessung basiert auf einer Verschiebungsverfolgung definierter Reflexionsflächen, die über eine indirekte Beleuchtung sichtbar werden. Diese in [75] vorgeschlagene Lösung wurde weiter entwickelt, sodass sie erfolgreich zur Messung von Bewegungen, die für die Indentation relevant sind, eingesetzt werden kann.

Funktionsprinzip

Die differentielle Bildverfolgung *Differential Digital Image Tracking* (DDIT) arbeitet mit diskreten Markierungen, die die Bewegung des zu verfolgenden Objekts repräsentieren. Die Prinzipskizze in Abb. 5.7 stellt den Aufbau dar und erläutert das Funktionsprinzip der Methode. Das bewegte Objekt wird mit einer Digitalkamera beobachtet. Auf dem Objekt sind diskrete Marker angebracht, die durch eine indirekte Beleuchtung – im Gegensatz zur restlichen Probe – reflektieren. Diese Kontrastunterschiede werden in einer Serie aufgenommener digitaler Bilder identifiziert. Aus dem Vergleich ihrer Positionen in jedem aufgenommenen Bild ergibt sich deren Verschiebung. Unter der Annahme, dass die Marker stabil und starr im Vergleich zum verfolgten Objekt sind, kann deren Verschiebung mit der Bewegung des Objekts gleichgesetzt werden.

Die Identifikation der Objektmarkierungen in den digitalen Bildern kann auf unterschiedliche Weise erfolgen. Zum einen können statistische Verfahren genutzt werden. Die Summation der Zeilen- bzw. Spaltenwerte der

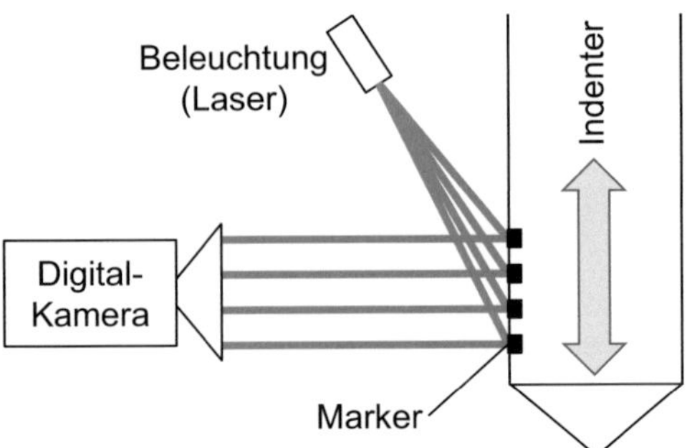

Abbildung 5.7: Prinzip der Bewegungsmessung mit indirekter Beleuchtung

Bildmatrix zeigt die Intensitätsmaxima auf. Alternativ lassen sich die Maxima als *Gauß*-Kurven interpretieren und deren charakteristische Parameter Mittelwert und Standardabweichung (entsprechend der Position und Breite der Kurve) ermitteln. Dies wird in der MATLAB-Routine *Differential Digital Image Tracking* nach [97] genutzt.

Die differentielle Verfolgung diskreter Marker bietet den Vorteil einer schnellen Bildauswertung, da die Identifikation der Maxima mittels Anpassung von Funktionsparametern bzw. statistischer Auswertung geschieht. Die Berechnungszeit hängt ab von der PC-Leistung und der Abrufdauer der Bilder von der Festplatte.

Die in [75] beschriebene Methode der differentiellen Bildverfolgung nach [98] nutzt als zu verfolgende Objekte die Reflexionen der mit einem Laser ausgeleuchteten Marker. Zur Messung der relativen Bewegung zwischen Probe und Indenter müssen beide beobachtet und deren Bewegungen analysiert werden. Durch eine Verfolgung der Bewegung des Eindringkörpers in unmittelbarer Nähe zur Eindringspitze lassen sich Messfehler durch Nachgiebigkeiten oder thermische Dehnungen minimieren. Eine hierfür entsprechende Fläche am Indenterschaft ist in der Konstruktion des Indenters zu berücksichtigen (vgl. Kap. 5.5). Eine Anbringung von Markern an bestrahlten Proben, die nur fernhantiert werden können, ist aufwendig und z. T.

nicht möglich. Alternativ dazu wird die Reflexion der ausgeleuchteten Probenkante zur Beobachtung vorgeschlagen [75]. Hieraus ergibt sich für die Marker am Eindringkörper eine linienförmige Geometrie.

Untersuchte Materialien und Marker

Materialwahl Zur Beobachtung der Bewegung des Eindringkörpers ist es notwendig, an oder auf ihm Markierungen anzubringen. Dies erweitert die Kriterien zur Materialauswahl, je nach gewählter konstruktiver Lösung. Bei einer Funktionsintegration – die Marker befinden sich direkt auf dem Indenterschaft – sind neben physikalischen und mechanischen auch optische Eigenschaften zu beachten (vgl. Tab. 5.2); bei differentieller Bauweise, bei der ein am Indenter montiertes zusätzliches Bauteil die Marker trägt, müssen Fügemöglichkeiten beachtet werden.

Herstellbarkeit und Funktionalität der Marker wurden auf mehreren Trägermaterialien getestet; neben der in [75] vorgeschlagenen Keramik Si_3N_4 die Molybdän-Legierung TZM [83], die als Konstruktionsmaterial für den Indenterschaft zur Auswahl stand, ein Si-Wafer mit geätzten Strukturen und Eurofer. Letztgenannter wurde zu Refenrenzzwecken untersucht sowie um die Möglichkeit einer ggf. benötigten Markierung der Proben zu überprüfen.

Die Übertragung der Marker auf den Indenter in differentieller Bauweise zeigte sich nicht als zielführend. Hiergegen sprechen Inkompatibilitäten der thermischen Ausdehungskoeffizienten α_T von Indenterschaft und markertragendem Bauteil, die Herausforderungen an die Fügetechnik auf minimalem Raum und die geforderte Hitze- und Temperaturwechselbeständigkeit der Fügestelle.

Markerherstellungsverfahren Grundsätzlich können Erhebungen und Vertiefungen für diskrete optische Markierungen genutzt werden. Für die

Erstellung von Vertiefungen bieten sich unterschiedliche Methoden an. Vorrangig wurden die Reflexionsflächen in Form von Liniengravuren mittels erosivem Laserstrahl in polierte Proben eingebracht. Durch Veränderung der Betriebsparameter des Lasers lassen sich Linien unterschiedlicher Dicke und Güte erstellen. Daneben dienten Indentation mit einer Vickers-Pyramide, Ritzen sowie Materialabtrag mittels fokussierten Ionenstrahls (*Focused Ion Beam* – FIB) zur Herstellung diskreter Markierungen auf der Probenoberfläche. Erhabene Marker lassen sich durch Abscheidung von Platin oder Wolfram mittels FIB realisieren. Einen Überblick über die verwendeten Verfahren und ihre Anwendung an den getesteten Materialien zeigt Tab. 5.4, Abb. C.5 eine Auswahl von Markern auf unterschiedlichen Materialien.

Tabelle 5.4: Übersicht der getesteten Materialien und Markierungen zur Entwicklung der optischen Wegmessung mittels DDIT

Verfahren	Si-Wafer	Si_3N_4	TZM	Eurofer
Ätzen	X			
Lasergravur		X		
Einritzen			X	X
Vickers			X	
FIB-Gravur		X	X	
FIB-Abscheidung		X	X	

Die Dimensionen der Linienmarker liegen in der Größenordnung $B \times H \times T = 60\,\mu m \times 1000\,\mu m \times 50\,\mu m$ beim Lasergravieren sowie beim Ritzen; die FIB-Gravuren und -Abscheidungen hingegen belaufen sich auf $20\,\mu m \times 5\,\mu m \times 3\,\mu m$ (vgl. Abb. C.5).

Thermische Stabilität Zur Überprüfung der thermischen Haltbarkeit der mittels FIB aufgebrachten Marker diente ein Versuch, der die Umgebungsbedingungen der Hochtemperatur-Indentation simulierte. In einem evakuierten Rohrofen wurde an der markierten Probe für 100 h eine Temperatur von 700 °C gehalten. In der Auswertung zeigten sich die W-Abscheidungen thermisch resistent; sie blieben vollständig erhalten. Die Pt-Abscheidungen hingegen waren vollständig wegdiffundiert, sodass sich diese als ungeeignet für die Anwendung erwiesen.

Ausleuchtungsversuche

Zur Überprüfung der Eignung der Kombination aus Markern und Trägermaterial waren Vorversuche notwendig, die die Wegmessung an KAHTI simulieren. Mit dem beschriebenen Versuchsaufbau wurden Bilderserien bewegter wie auch ruhender Proben ausgewertet. In einem iterativen Prozess wurden die gewonnenen Erkenntnisse auf die folgende Markerherstellung übertragen.

Versuchsaufbau und -ablauf Genutzt wurde ein Versuchsaufbau in Anlehnung an [75]. Er enthält bereits die später genutzten Komponenten und berücksichtigt die einzuhaltenden Randbedingungen von KAHTI (vgl. Abb. 5.8). Die beobachtete Probe ist auf einem Lineartisch *MTS50/M* der

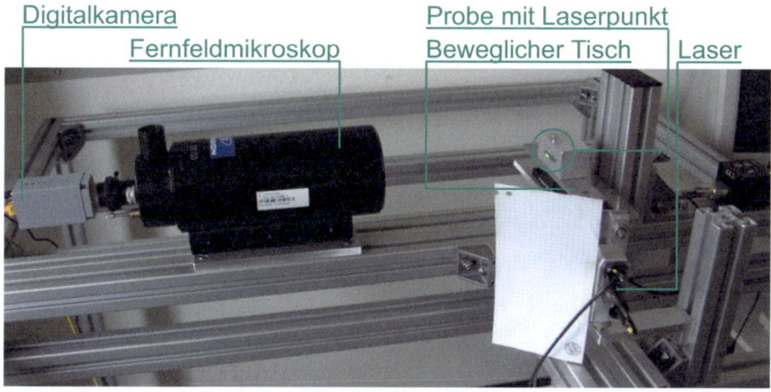

Abbildung 5.8: Versuchsaufbau zur Entwicklung eines optischen Verfahrens zur Messung der Eindringtiefe

Fa. THORLAB montiert. Dieser lässt sich über den angeschlossenen Controller bewegen. Alternativ können Bewegungsabläufe über die Steuerungssoftware *APT User* programmiert werden. Ein grüner Laser beleuchtet die Probe seitlich in einem verstellbaren Winkel. Dabei wird die Probe so justiert, dass die Linienmarkierungen senkrecht oder parallel zur Bewegungsrichtung stehen. Zur Beobachtung wird eine PIXELINK-Kamera *PL-B782G* eingesetzt. Das Fernfeldmikroskop QUESTAR *QM-100* stellt das Teleobjektiv der Kamera dar. Aus dem Gesichtsfeld der Kamera von 3 mm in Kombination mit einem Kamerachip mit 3000 Pixel (px) Bildauflösung ergibt sich eine theoretische Auflösung des optischen Systems von 1 $\mu m/px$.

Der iterative Eintwicklungsprozess der optischen Wegmessung hatte eine mehrfache Modifikation des Versuchsaufbaus zur Folge (z. B. Einbau und Test zusätzlicher Linsen in die Lichtstrecke, direkte Beleuchtung mit Weißlichtquelle). Zur Reduktion eingebrachter Störungen wurde der massive Tisch passiv und anschließend aktiv vibrationsgedämpft (vgl. Kap. 5.10).

Die Aufnahme der Bilder erfolgt mit der von PIXELINK bereitgestellten Software *PixeLink Capture OEM*. Hier lassen sich u. a. die Aufnahmeparameter wie Bildausschnitt (*region of interest* ROI), Belichtungsdauer, Bildfrequenz und Farbwerte einstellen.

Auswertung in MATLAB

Ein in [97] zur Verfügung gestellter MATLAB-Code ermöglicht die Bildauswertung nach dem Prinzip der differentiellen Bildverfolgung in MATLAB bei Verwendung der Zusatzapplikation *Digital Image Toolbox*. Damit lässt sich die Bewegung zweier Marker in horizontaler Richtung verfolgen. Dieser Code wurde so angepasst, dass die Bewegung einer beliebigen Anzahl von Markern verfolgt werden kann (vgl. Quellcode E.1).

Das Digitalbild wird als Grauwertmatrix interpretiert. Die Höhe dieser Bildmatrix (vgl. Abb. 5.9a) wird über manuelle Selektion eines Bildausschnitts und Mittelwertbildung auf einen Vektor reduziert (vgl. Abb. 5.9b). Innerhalb dieses Vektors werden die Intensitätsmaxima der reflektierenden Marker identifiziert. Dies kann mittels unterschiedlicher, in MATLAB implementierter Funktionen geschehen. Die Position der Maxima wird über den Mittelwert-Parameter einer angepassten Gauß-Kurve festgehalten (vgl. Abb. 5.9c). Mit dieser Subpixelinterpolation lässt sich die Position der Marker mit einer Genauigkeit unterhalb 1 px errechnen. Die Anpassung der Gauß-Kurven erfolgt für jedes Bild (vgl. Abb. 5.9d). Die Verschiebung der Pixelpositionen der Gaußkurven in x-Richtung über der Bildserie gibt die Verschiebung der Marker und damit die Bewegung des verfolgten Objekts wieder (vgl. Abb. 5.10).

Ergebnisse

Optische Eignung der Marker   Aus zahlreichen Versuchen mit unterschiedlichen Kombinationen von Markern, Trägermaterialien, Bewegungsabläufen und Belichtungsparametern können folgende Erkenntnisse gewonnen werden

1. Die Markergeometrie ist nicht auf Linien festgelegt. Sie ermöglichen allerdings, als konstante Muster, zusätzlich eine Bestimmung von Dehnung, Verdrehung etc. bei Auswertung des gesamten Bildbereichs.

2. Eine ungleichmäßige Ausleuchtung der Marker beeinflusst die Messgenauigkeit und erschwert die Identifizierung und Verfolgung der Marker; die zugehörigen Intensitätsmaxima verändern im Laufe der Bewegung ihre Gestalt und Höhe.

3. Die Veränderung des Einfallswinkels der Beleuchtung führt bei gravierten Markern zu einer Verschiebung der reflektierenden Bereiche und damit zu einer virtuellen Verschiebung (vgl. Abb. 5.11). Aus dem Grund sollten Aufwürfe vorgezogen werden.

(a) Digitale Aufnahme reflektierender Markierungen in einer Si_3N_4-Keramik

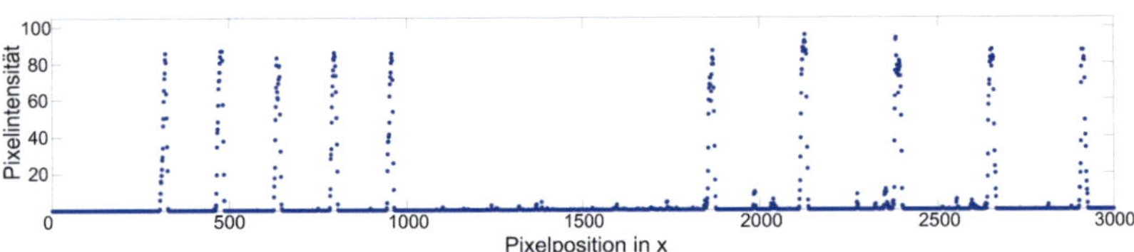

(b) Darstellung der Pixelintensität über der Pixelposition der Digitalaufnahme (a)

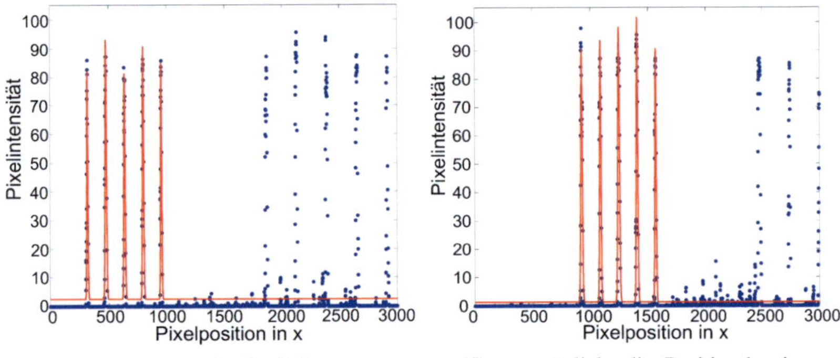

(c) Die Anpassung der Gauß-Kurven an ausgewählte Intensitätsmaxima...

(d) ...ermöglicht die Positionsbestimmung der Marker in jedem Bild

Abbildung 5.9: Bestimmung der Markerposition aus Digitalbildern mittels DDIT

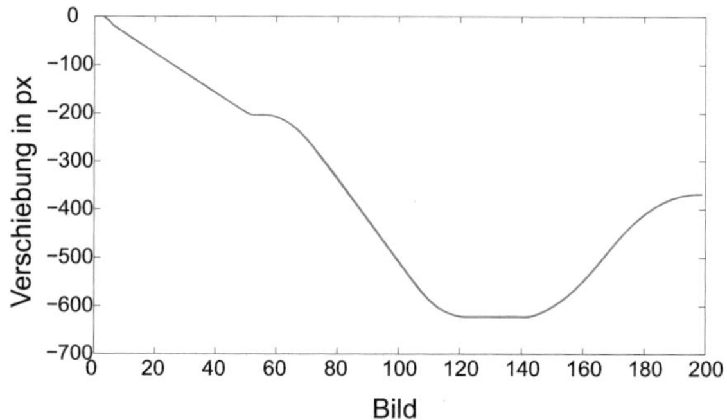

Abbildung 5.10: Durch DDIT ermittelte Bewegung eines Objekts

Für die getesten Materialien und Verfahren zeigt sich

- Der geätzte Si-Wafer ermöglicht durch die klaren Kontraste eine gute Verfolgbarkeit bei einem Lichteinfall senkrecht zu den Markierungen. Die fehlende Fügemöglichkeit am Indenterschaft verhindert seine Nutzung.

- Die Lasergravuren in der Si_3N_4-Keramik sind stets am deutlichsten sichtbar. Jedoch sind sie zu groß und zu grob, um eine Indenterbewegung im Bereich von $20\,\mu m$ darzustellen (Messrauschen $0,6 - 1,2\,\mu m$). Benötigt werden feinere Markierungen in Form dünnerer, gerader Linien.

- Die Ritzmarker sind im Allgemeinen schlechter sichtbar als die Lasergravuren.

- Die mittels Vickers-Indenter gesetzten Markierungen sind bei einer indirekten Laser-Ausleuchtung nicht sichtbar.

- Bei einer Ausleuchtung parallel zu den Linienmarkern ist eine diffuse Rückstreuung des Gravurgrunds bzw. des Aufwurfs notwendig; dies lässt sich mit einer rauen Oberfläche realisieren. Deswegen sind der geätzte Si-Wafer sowie die geritzten Marker auf Eurofer und TZM nicht sichtbar, während poliertes und lasergraviertes TZM einsetzbar und das lasergravierte Si_3N_4 gut sichtbar ist.

- Die als Markierungen fungierenden W-Abscheidungen im TZM haben sich als zuverlässig erwiesen. Folglich kann der Indenterschaft direkt als Referenzfläche genutzt werden. Eine weitere, mit Markern versehene Komponente ist nicht notwendig. Dadurch entfällt die differentielle Bauweise mit einer Trennung der Funktionen.

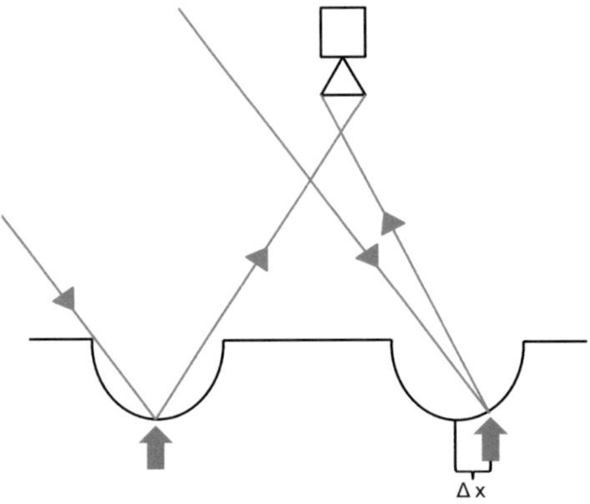

Abbildung 5.11: Entstehender Messfehler bei Betrachtung von Reflexionen eines rund vertieften Markers

Messgenauigkeit Die theoretische Auflösung des optischen Systems errechnet sich bei einem Gesichtsfeld der Kamera von 3 mm, einem Kamerachip mit 3000 px Breite und einer Subpixelinterpolation (SPI) mit 8 bit Genauigkeit zu

$$\frac{3\,\mathrm{mm}}{3000\,\mathrm{px} \times 2^8} \approx 3,9\,\mathrm{nm} \tag{5.4}$$

Im Gegensatz dazu zeigten sich bei den Versuchen anfangs Abweichungen von mehreren Pixeln sowie ein Rauschen über mehrere Zehntel Pixel. Durch geeignete Wahl der Beleuchtungsparameter, Mittelwertbildung über mehrere Marker sowie Maßnahmen zur Schwingungsminimierung konnte das Messrauschen auf ca. 100 nm reduziert werden (vgl. Abb. 5.12). Die direkte Ausleuchtung mit Weißlicht führte zu Ergebnissen vergleichbarer Güte.

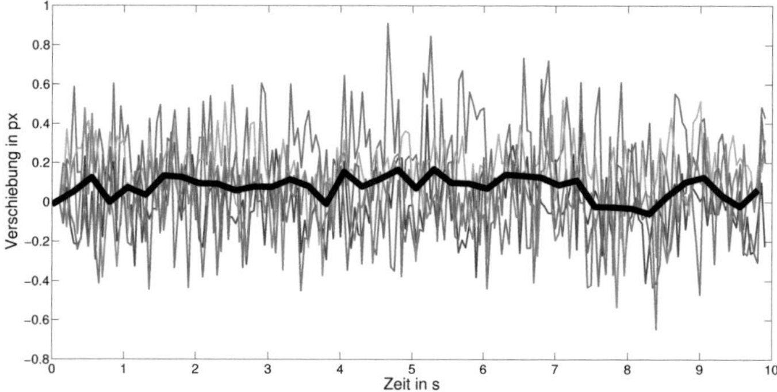

Abbildung 5.12: Aus DDIT erzeugte Pseudobewegungen einer ruhenden Probe. Einzelsignale der fünf Marker und Mittelwert (fette Linie). 1 px entspricht $0,69\,\mu m$.

Einfluss von Schwingungen Die Genauigkeit des Verfahrens wird stark von den auf das System wirkenden Vibrationen beeinflusst, die zu einer Relativbewegung zwischen Kamera und Probe führen. Eine durchgeführte Analyse mittels Fast-Fourier-Transformation zeigte Frequenzmaxima bei 3 Hz und 10 Hz. Diese tiefe Schwingung lässt sich Bodenschwingungen zuordnen. Mit einem aktiven Schwingungsdämpfungssystem können Schwingungen dieser Art ausgeglichen werden (vgl. Kap. 5.10). Das weitere Frequenzmaximum bei 10 Hz weist auf zusätzliche höhere Frequenzen hin. Diese konnten durch die limitierende Bildaufnahmerate von 10 Hz nicht spezifiziert werden. Sie müssen durch aktive Schwingungsdämpfung sowie eine Stabilisierung des Aufbaus reduziert werden, sodass keine Relativbewegung zwischen Kamera und Probe auftritt.

Eignung für KAHTI Obwohl die grundsätzliche Eignung des Verfahrens der differentiellen Bildverfolgung für einen Einsatz in KAHTI nachgewiesen wurde, kann es aufgrund geometrischer Inkompatibilitäten nicht eingesetzt werden. Es zeigte sich, dass die in [75] vorgeschlagene Anordnung nicht realisierbar ist; das zur Beleuchtung notwendige Laserlicht lässt sich im verfügbaren Bauraum nicht – bzw. nur mit aufwendigen Spiegelsystemen – an die Indentationsstelle führen. So können auf dem Indenter waagrecht angebrachte Marker nicht im benötigten steilen Einfallwinkel von oben oder unten beleuchtet werden. Lediglich eine Beleuchtung parallel zu den Linienmarkern im flachen Winkel wäre möglich (vgl. Abb. 5.13). Obwohl auch für diese Konstellation eine Oberflächen- bzw. Markergrund-

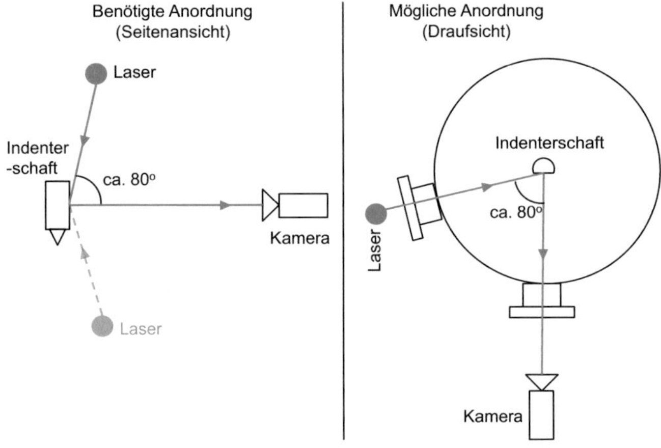

Abbildung 5.13: Benötigte und mögliche Anordnung des Lasers zur Beleuchtung der Indentationsstelle

bearbeitung eine zuverlässige Markerreflexion erzeugen könnte, lässt sich die Probenkante nicht ohne zusätzliche, aufwändige fernhantierte mechanische Bearbeitung illuminieren. Dadurch lässt sich das Verfahren für KAHTI nicht betriebssicher einsetzen.

5.6.4 Digitalbild-Korrelation

Als Alternative zum DDIT-Verfahren bietet sich das Verfahren der Digitalbild-Korrelation (*Digital Image Correlation* – DIC) an. Hier werden keine diskreten Marker benötigt; die Bewegungsinformation wird aus der Oberflächenstruktur des gesamten Bildes und Korrelationsrechnungen gewonnen.

Funktionsprinzip

Im Initialbild q werden einzelne Bildbereiche als Marker definiert (vgl. Abb. 5.14a). Diese Marker entsprechen Grauwertmatrizen, wie in Abb. 5.14b dargestellt. Im nachfolgenden Bild $q+1$ wird ein die Markerposition umgebendes Suchfeld auf Übereinstimmung mit der als Marker fungierenden Grauwertmatrix aus dem Bild q überprüft (vgl. Abb. 5.14c). Dies geschieht über die Bestimmung des Kreuzkorrelationskoeffizienten

$$C_{xy} = \frac{\sum\limits_{m}\sum\limits_{n}\left(A_{m,n} - \overline{A}\right) \times \left(B_{m,n} - \overline{B}\right)}{\sqrt{\left(\sum\limits_{m}\sum\limits_{n}\left(A_{m,n} - \overline{A}\right)^2\right) \times \left(\sum\limits_{m}\sum\limits_{n}\left(B_{m,n} - \overline{B}\right)^2\right)}} \qquad (5.5)$$

nach [98] mit

$\overline{A}$ –   arithmetisches Mittel der Werte in x-Richtung

$\overline{B}$ –   arithmetisches Mittel der Werte in y-Richtung

für jedes Pixel innerhalb des Suchfeldes. Die Position des Korrelationskoeffizientenmaximums gibt die identifizierte Position des Markers innerhalb des Suchfeldes an (vgl. Abb. 5.14d). Aus der Berechnung können sich auch zwischen den Pixeln interpolierte Positionen der Marker ergeben. Ein Vergleich der Position des Markerzentrums in Bild q und Bild

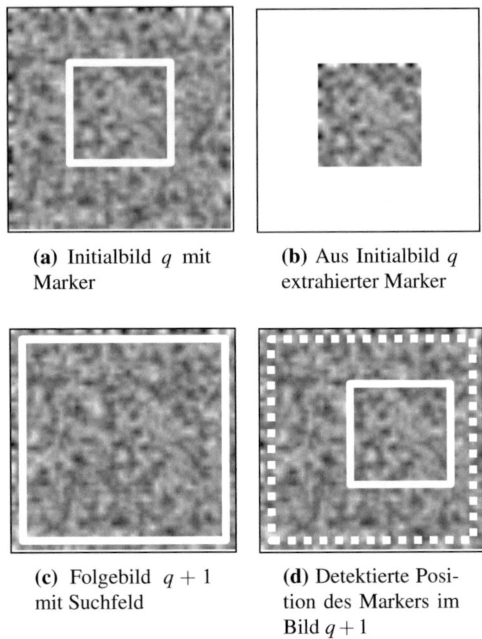

(a) Initialbild q mit Marker

(b) Aus Initialbild q extrahierter Marker

(c) Folgebild $q+1$ mit Suchfeld

(d) Detektierte Position des Markers im Bild $q+1$

Abbildung 5.14: Funktionsprinzip der Bildkorrelation

$q+1$ ergibt die Verschiebung des Markers in horizontaler und vertikaler Richtung [97–101].

Anforderungen

Die bei der Digitalbild-Korrelation verwendete Art der Markierung und Auswertung wirkt sich auf die Beleuchtung des Bildes sowie die Präparation des beobachteten Objekts aus. Statt der gezielten Reflexion einzelner Bildbereiche wie bei der differentiellen Bildverfolgung ist eine flächige Ausleuchtung des gesamten Bildes notwendig. Die gesetzten Marker müssen durch eindeutige Muster unverwechselbar sein. Dies wird entweder durch die natürliche Oberflächenstruktur des Objekts oder durch gezielt aufgebrachte, unregelmäßige Markierungen in Kombination mit einer geeigneten Ausleuchtung ermöglicht.

Messergebnis

Die Vielzahl verwendeter Marker gibt Aufschluss über die Bewegung des gesamten beobachteten Bildes. Aus der Bewegungsbeschreibung können anschließend Verschiebungen und Dehnungen berechnet werden. Auch lokale Veränderungen auf dem beobachteten Objekt lassen sich verfolgen und als lokale Dehnungen interpretieren. Abb. 5.15 zeigt die Bewegungsauswertung einer ruhenden Probe. Die im Vergleich zur differentiellen Bildauswertung hohe Anzahl an Markern ermöglicht eine präzise Wiedergabe der Bewegung eines Starrkörpers, sodass die Anforderung an die Genauigkeit von 100 nm (vgl. Tab. 5.1) erfüllt wird. Damit ist dieses Ver-

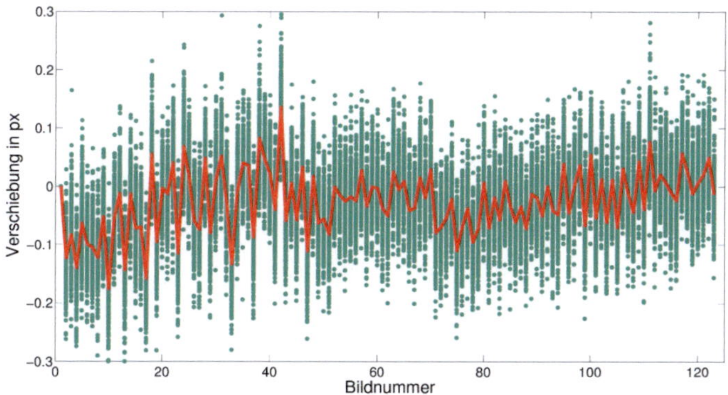

Abbildung 5.15: Aus DIC resultierende Pseudobewegung einer ruhenden Probe. Einzelsignale von 244 Markern und Mittelwert (fette Linie). 1 px entspricht 0,69 μm.

fahren ebenso für die optisch basierte Messung der Eindringtiefe bei der Hochtemperatur-Indentation geeignet.

5.6.5 Aufbau des optischen Systems

Für die Entwicklung eines Wegmesssystems nach dem Prinzip der Digital-bild-Korrelation wurde der in Kap. 5.6.3 beschriebene Versuchsaufbau modifiziert und im Laufe der Versuche an die Hochtemperatur-Vakuum-Prüfkammer adaptiert. Das hieraus hervorgegangene optische System ist ein essentieller Teil von KAHTI. Abb. 5.16 verdeutlicht dessen prinzipiellen Aufbau. Anstelle der indirekten Laserbeleuchtung (vgl. Kap. 5.6.3) wird

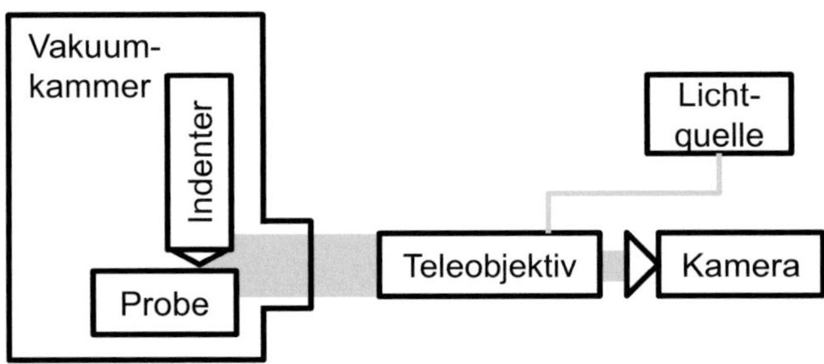

Abbildung 5.16: Schematische Darstellung des optischen Aufbaus zur Messung der Eindringtiefe

das Weißlicht eines LED-Punktstrahlers *HLV2-22-SW-3W* der Fa. CCS direkt in das Teleobjektiv eingekoppelt und über den dort installierten semitransparenten Spiegel auf die Probe gelenkt. So kann sie flächig ausgeleuchtet und deren Oberflächenstruktur sichtbar gemacht werden. Im Versuchsaufbau dienten Proben aus Eurofer und TZM als Beleuchtungsobjekte; ersterer repräsentiert das zumeist mittels KAHTI zu charakterisierende Material, während letztere dem Konstruktionsmaterial für den Indenterschaft entspricht (vgl. Kap. 5.5.4). Grundsätzlich können aufgrund der einstellbaren Lichtverhältnisse und Belichtungsparameter alle reflektierenden Oberflächen und deren Strukturen betrachtet werden.

Ein CF63-Sichtflansch in der Glocke der Hochtemperatur-Vakuum-Prüfkammer (⑩ in Abb. C.2) auf Höhe des Probentischs ermöglicht einen Blick auf die Indentationsstelle. Wesentliches Element des Sichtflanschs ist das CF-Quarz-Schauglas *VPZ63QS-MB-BBAR* (Fa. VACOM), das besondere Anforderungen an Ebenheit und optische Güte erfüllt; mit einer Antireflex-Beschichtung für den Bereich von 400 nm - 700 nm ist es optimiert für die Transmission weißen Lichts. Der Sichtflansch ist parallel zum Proben-anschlag ausgerichtet, sodass die Sichtachse im rechten Winkel auf eine eingelegte Probe trifft (vgl. Kap. 5.3.1). Die Reflexionsfläche des Indenters wird durch eine Innen-Sechskantschraube in der Aufnahmehülse justiert und damit auf die Sichtachse ausgerichtet (vgl. Kap. 5.5.2).

Die Bewegung der Probe und des Indenters wird von der PIXELINK-Kamera *PL-B782G* aufgezeichnet. Der installierte CMOS-Chip erlaubt eine Bild-aufnahmerate von max. 5 Hz bei Nutzung seiner gesamten Fläche von $2208\,\text{px} \times 3000\,\text{px}$; bei einer Reduktion des Bildausschnitts erhöht sich die Aufnahmegeschwindigkeit entsprechend (vgl. Datenblatt F.5 im Anhang). Als Teleobjektiv dient das Fernfeldmikroskop *QM-100* der Fa. QUESTAR; durch seine teleskopartige Konstruktion lässt sich der Arbeitsabstand von 102 mm bis 355 mm variieren. Seine Auflösung beträgt $1{,}1\,\mu\text{m}$ bei einem Arbeitsabstand von 150 mm. [102]

Zur Ausrichtung von Kamera und Objektiv in der Sichtachse Indentations-stelle - Sichtflansch wurde eine Aufnahmevorrichtung entwickelt und reali-siert [103] (vgl. Abb. C.6). Hierauf ist das optische System höhenverstellbar gelagert, um die Höhe der Sichtachse an variierende Probenhöhen anpassen zu können. Zur Fokussierung des optischen Systems ist eine manuelle Jus-tage entlang der Sichtachse vorgesehen. Die Lagerung der Aufnahmevor-richtung an einer zentralen Säule auf der Grundplatte von KAHTI erlaubt, das gesamte optische System nach dem Betrieb auszuschwenken. Damit werden die Anforderungen an einen Betrieb in der Box 4 der Heißen Zelle des FML erfüllt (vgl. Kap. 5.12).

Festlegung der Oberflächengüte

Die Struktur der betrachteten Oberfläche kann mit einer Oberflächenbearbeitung gezielt für das DIC-Verfahren optimiert werden. In einer Prüfserie wurden Reflexionsflächen mit unterschiedlicher Oberflächenbearbeitung schematisch untersucht (vgl. Abb. C.7). Die Versuche zeigten, dass eine mit 9 µm Feinheit ohne Vorzugsrichtung polierte Reflexionsfläche ein unregelmäßiges Muster aufweist, das sich am besten für eine Korrelationsrechnung eignet.

5.6.6 Auswertung in MATLAB

Die Auswertung der aufgenommenen Bildserien erfolgt in MATLAB auf Basis der *Image Processing Toolbox* und der in [97] zur Verfügung gestellten Programme zur Digitalbild-Korrelation. Der Quellcode wurde während der Auswertungen an die vorliegenden Randbedingungen angepasst und erweitert.

Berechnung der Bewegung aus den erfassten Bildern

Die Bestimmung der Bewegung der verfolgten Objekte umfasst mehrere Schritte (vgl. auch den Prüfablauf im Anhang A):

1. Im initialen Bild (vgl. Abb. 5.17a) werden mittels angepasstem Quellcode `grid.generator.m` (vgl. Quellcode E.2) die Marker individuell erzeugt (vgl. Abb. 5.17b).

2. `automate_image.m` verfolgt die gewählten Marker in der gesamten Bildserie (vgl. Abb. 5.17c). Ergebnis sind die Matrizen `validx.dat` und `validy.dat`, die die Bewegung jedes einzelnen Markers in Relation zur Initialposition über die gesamte Bildserie in x- bzw. y-Richtung enthalten (vgl. Abb. 5.18).

3. Im Anschluss ist die Qualität der Berechnung zu validieren. Aufgrund von Beleuchtungsunterschieden, Vibrationen oder einer Relativbewegung der Kamera zum Objekt kann es zu schlecht verfolgten Markern kommen, die das Ergebnis verfälschen. Diese Marker müssen manuell aus der Berechnung entfernt werden. Hierzu dienen mehrere Funktionen von `displacement.m` (vgl. Abb. 5.19).

4. Schließlich wird eine zu `displacement.m` hinzugefügte Funktion (vgl. Quellcode E.3) genutzt, um aus der Bewegung der einzelnen Marker die makroskopische Bewegung des als Starrkörper angenommenen verfolgten Objekts zu errechnen (vgl. Abb. 5.20).

Ermittlung der Eindringtiefe

Aus den Bewegungen der verfolgten Objekte Indenterschaft und Probe wird deren Relativbewegung bestimmt. In Verbindung mit einem Kriterium zur Oberflächendetektion lässt sich hieraus die Eindringtiefe ermitteln (vgl. Kap. 5.11.2).

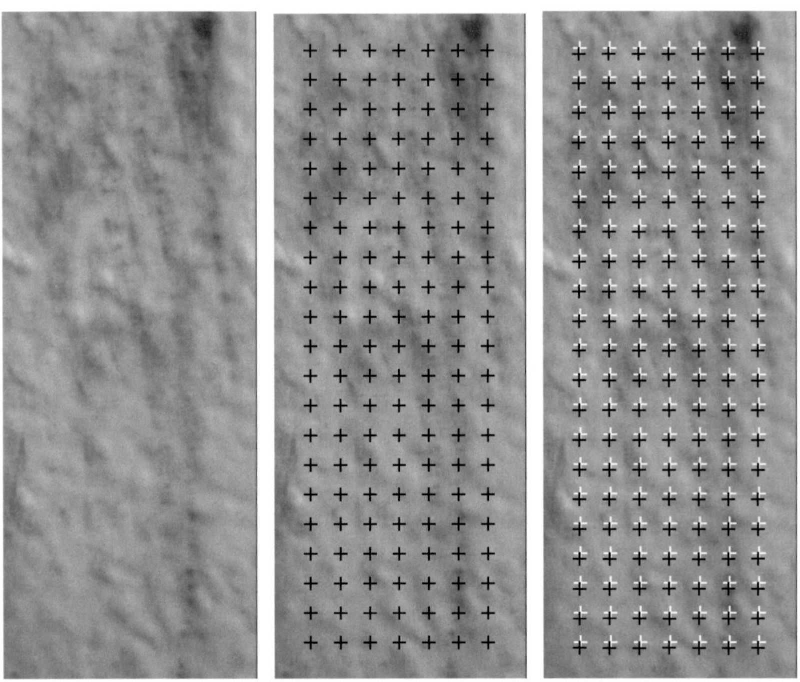

(a) Initialbild q mit strukturierter Oberfläche

(b) Initialbild q mit gesetzten Markern

(c) Folgebild $q + n$ mit initialen und aktuellen Positionen der Marker

Abbildung 5.17: Bestimmung der Markerposition aus Digitalbildern mittels DIC

Bildnummer 0...m →

0|0	1|0	2|0	...	m|0
0|1	1|1	2|1	...	m|1
0|2	1|2	2|2	...	m|2
⋮	⋮	⋮	⋮	⋮
0|n	1|n	2|n	...	m|n

0...n Marker ↓

Abbildung 5.18: Aufbau der Matrizen `validx` bzw. `validy`

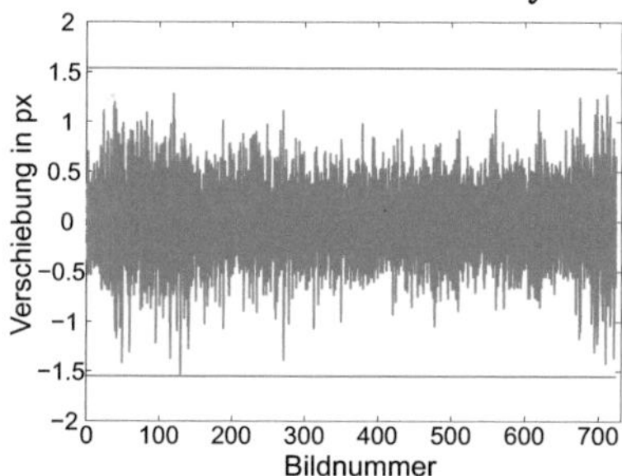

Abbildung 5.19: Relativbewegung der einzelnen Marker zueinander über die Bildserie. Marker mit zu großen Abweichungen werden ausgeschlossen.

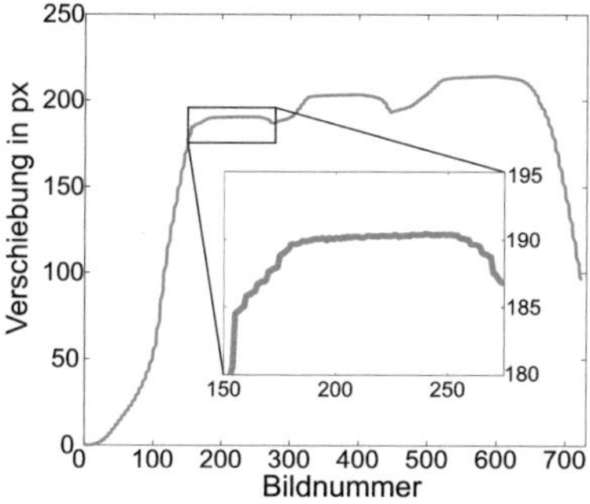

Abbildung 5.20: Bewegung des TZM-Indentermodells während eines dreistufigen Druckversuchs

5.7 Heizsystem

Um die Indentation bei Temperaturen bis 650°C durchführen zu können, ist es notwendig, sowohl die Probe, als auch den Eindringkörper zu beheizen. Beide werden direkt erwärmt und gewährleisten die gewünschte Temperatur an der Indentationsstelle.

5.7.1 Ursprüngliches Heizsystem

Das Konzept für die Hochtemperatur-Indentationsanlage [75] sieht eine lokale Probenheizung vor. Das Aufheizen der Probe soll über in der Probenaufnahme integrierte Heizpatronen geschehen. Eine weitere Heizpatrone ist im Indenterschaft platziert. Damit sollen an der Probe Temperaturen bis zu 650°C erreicht werden. Zum Schutz der mechanischen und v. a. elektronischen Komponenten vor Wärmeeinfluss sind der Indenter und die Heizplatte von Isolationskörpern aus Keramik umgeben. Eine Wasser-Umlaufkühlung unter- bzw. oberhalb der Heizplatte und des Indenters sollen für eine Wärmeabfuhr sorgen. Eine direkte Temperaturmessung an der Probe ist nicht vorgesehen, sondern lediglich eine Überwachung der Temperaturen der Heizpatronen. Somit ist eine Kalibrierung der Probentemperatur für die eingesetzte Probengeometrie notwendig.

Aufbau

Das vorgeschlagene Konzept wurde in Zusammenarbeit mit der Fa. HKE unter Berücksichtigung der in [75] ausgewählten *Firerod*-Heizpatronen (Fa. WATLOW) umgesetzt. Die Heizpatronen bieten eine Leistung von je 245 W; deren maximale Betriebstemperatur beträgt laut Herstellerangabe 870°C. In der Heizpatrone integrierte Thermoelemente vom Typ K sollen die Temperatur im Inneren der Heizpatronen erfassen. [104]

Beobachtungen aus Heizversuchen

Bei ersten Tests des installierten Heizsystems wurde eine Temperaturdifferenz von 400°C zwischen den Heizelementen und der Probe bzw. dem Eindringkörper festgestellt[14]. Zudem zeigten sich die Temperaturen an der Eindringstelle signifikant abhängig vom Kammerdruck, wobei ein steigender Kammerdruck die Probentemperatur ansteigen ließ (vgl. Abb. 5.21). Diese Beobachtungen weisen auf einen schlechten Wärmeübergang hin.

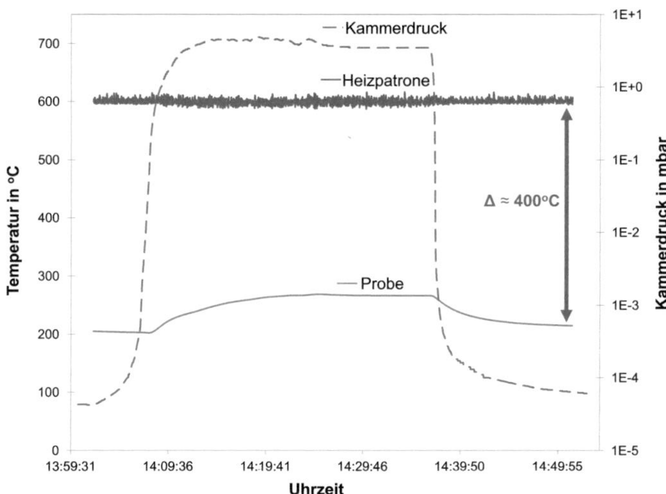

Abbildung 5.21: Temperatur der Probe und der Heizpatrone des ursprünglichen Heizsystems in Abhängigkeit des Kammerdrucks. Der Kammerdruck wurde durch Ab- und erneutes Zuschalten der Turbopumpe variiert.

Aufgrund fehlender Konvektion kann Wärme im Vakuum nur mittels Wärmestrahlung oder – bei direktem Kontakt zweier Körper – mittels Wärmeleitung übertragen werden [4, Kap. 10]. Demzufolge sind die starken Verluste beim Wärmeübertrag von den Heizelementen (Heizpatronen) über

---

[14]Die Temperaturmessung fand anhand einer mit einem Thermoelement versehenen Probe sowie dem Indentermodell aus TZM (vgl. Abb. C.15c) statt. Eine genaue Beschreibung der Temperaturmessung findet sich in Kap. 5.7.4.

die übertragenden Bauteile (Probenaufnahme bzw. Indenterschaft) bis hin zu den zu beheizenden Stellen (Probenoberfläche bzw. Indenterspitze) fehlendem Kontakt zwischen den Elementen der Heizkette zuzuschreiben. Eine zweiteilige Ausführung der Probenaufnahme, in der der Kontakt durch Klemmen der Heizpatronen hergestellt wird (vgl. Abb. C.8), konnte die Temperaturen an der Probe nicht bedeutend erhöhen.

Desweiteren erwies sich die integrierte Temperaturmessung der Heizpatronen als unzuverlässig und inkompatibel mit den restlichen Komponenten. Fehler in der Temperaturmessung oder -übermittlung führten zu Temperatursprüngen und unkontrolliertem Heizen (vgl. Abb. 5.22). Dies mündete

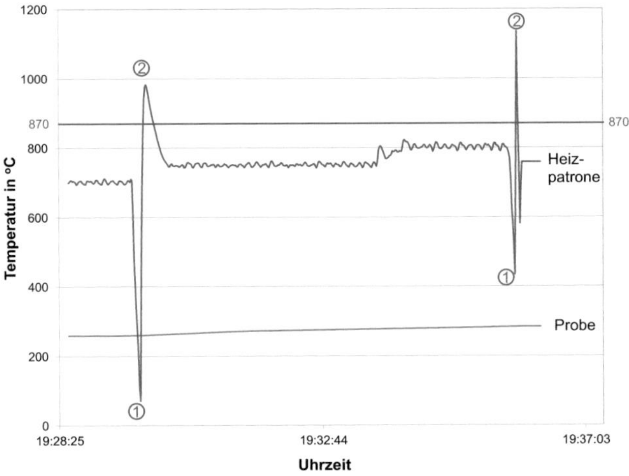

Abbildung 5.22: Artefakte der Temperaturmessung an den Heizpatronen. Bei aktiver Temperaturregelung führt ein falsch übermittelter plötzlicher Temperaturabfall an der Heizpatrone ① zu einem Übersteuern des Regelsignals, was einen unmittelbaren Temperaturanstieg auf Werte oberhalb der zulässigen Betriebstemperatur von 870°C zur Folge hat ②.

in der Überhitzung und Zerstörung mehrerer Heizpatronen. Trotz diverser Maßnahmen zur Fehlersuche und -behebung konnte dieser nicht lokalisiert werden.

5.7.2 Erweiterte Anforderungen an das Heizsystem

Die Erfahrungen mit dem ursprünglichen Heizsystem haben gezeigt, dass

1. die Temperatur der Heizelemente deutlich über der gewünschten Zieltemperatur an der Indentationsstelle liegen muss,

2. aufgrund fehlender konvektiver Wärmeübertragung im Hochvakuum und starker Strahlungsverluste der Wärmeübertrag hauptsächlich über direkten Kontakt erfolgt,

3. eine indirekte Bestimmung der Temperaturen an der Indentationsstelle zu ungenau ist.

Zur Steigerung der Effizienz der Heizung sind in der Übertragungskette von Heizpatrone bis hin zur Indentationsstelle die Reduktion von Wärmeübergangsstellen sowie ein stabiler Kontakt zwischen den beteiligten Komponenten essentiell. Eine direkte Temperaturmessung an der Probe und an der Indenterspitze erhöht die Genauigkeit der Temperaturbestimmung deutlich.

Beim Austausch der Heizkomponenten wurde auf geometrische Kompatiblität mit dem ursprünglichen Heizsystem geachtet. Dennoch waren konstruktive Änderungen, insbesondere an der Probenaufnahme, notwendig.

5.7.3 Modifiziertes Heizsystem

Wie in Kap. 5.7.1 beschrieben, treten beim ursprünglich vorgesehenen Heizsystems aus [75] zwei wesentliche Schwierigkeiten auf:

1. Die Zieltemperatur von 650°C an der Indentationsstelle wird nicht erreicht.

2. Störungen im Messsignal verhindern eine Regelung der Temperatur und Heizleistung.

Diese Mängel begründen eine Modifikation des Heizsystems. Während das Prinzip einer lokalen Heizung beibehalten wurde, kommen nun abweichend keramische Heizelemente der Fa. BACH RESISTOR CERAMICS GMBH zum Einsatz; sie können bis 1000°C beheizt werden (vgl. Datenblatt F.3 im Anhang). Zur Verkürzung der Heizkette ist die Heizplatte in den Probentisch eingelassen, sodass sie die Probe direkt beheizt (vgl. Kap. 5.3.1). Gleichzeitig dient sie als Auflagefläche, die Druckbelastungen bis zu $2000\,\mathrm{N/mm^2}$ standhält. Die Indenterspitze erreicht ihre Betriebstemperatur durch eine in Form geschliffene keramische Heizpatrone, die den Schaft des Eindringkörpers beheizt (vgl. Kap. 5.5.2). Indenter Ⓠ und Probenaufnahme Ⓜ sind von Isolationskörpern aus Keramik (Ⓝ bzw. Ⓣ in Abb. C.3) umgeben. Dies verhindert eine freie Abstrahlung der Wärmeenergie und reduziert somit Wärmeverluste. Zur Vermeidung thermischer Spannungen sind hier Dehnfugen vorgesehen.

5.7.4 Temperaturmessung

Zur Überprüfung der Temperaturen innerhalb der Hochtemperatur-Vakuum-Prüfkammer sind mehrere Thermoelemente vom Typ K installiert. Die Messung der Temperatur an der Heizplatte T_{HT} erfolgt an deren Unterseite; so ist die Temperatur direkt unter der Probe bekannt (vgl. Abb. F.3). Zur direkten Temperaturbestimmung der Indentationsstelle werden zwei Thermoelemente genutzt. Ein durch den Probenanschlag geführtes Thermoelement erfasst die Temperatur an der Anschlagfläche der Probe T_{PS} (vgl. Abb. 5.23); der Messwert eines Temperaturfühlers mit Durchmesser 0,5 mm im Indenterschaft direkt oberhalb der Indenterspitze repräsentiert deren Temperatur T_{IS}. Beim Diamant-Indenter wird davon ausgegangen, dass aufgrund der deutlich geringeren Masse der Indenterspitze im Vergleich zum TZM-Körper die Temperatur des Diamanten der gemessenen entspricht. Beim Saphir-Indenter hingegen wird die Temperatur direkt am Kristall gemessen (vgl. Abb. 5.6). Beide Temperaturen an der Indentati-

onsstelle werden zur Regelung der Heizleistung genutzt (vgl. Kap. 5.7.5).
Die Verifikation der Temperaturmessungen an den gewählten Messstellen
schildert Kap. 6.5.2.

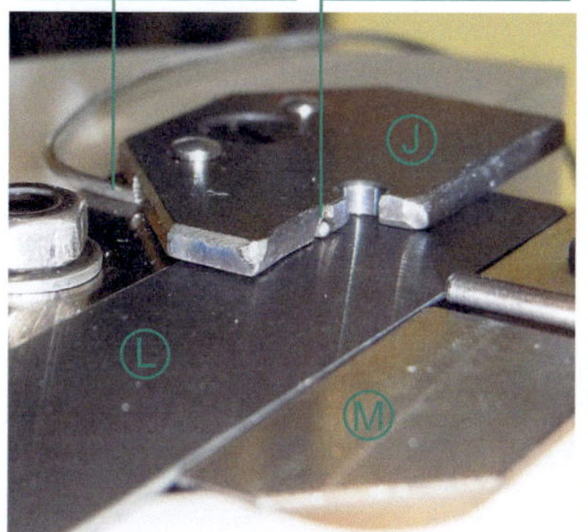

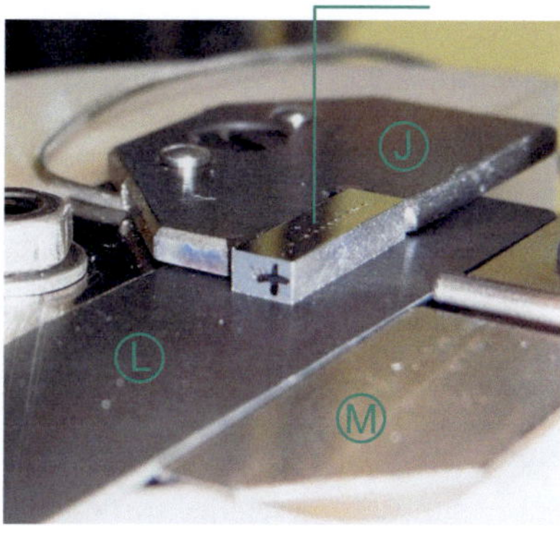

(a) Ein Thermoelement, das durch den Probenanschlag durchgeführt ist,...

(b) ... erfasst die Temperatur an der Anschlagfläche der Probe.

Abbildung 5.23: Temperaturmessung an der Probe

5.7.5 Regelung der Heizleistung

Die Heizelemente werden mit 230 V Wechselstrom versorgt. Die Regelung
der Heizleistung erfolgt nach dem Prinzip der Pulsweitenmodulation [105]
mit 8 bit Genauigkeit. Bei vorgegebener Frequenz wird die Dauer eines
Rechteckimpulses moduliert. Somit kann eine digitale Schaltung (ein/aus)
die temperaturkontrollierte Regelung der träg reagierenden Heizelemente
übernehmen. Als Regelgrößen für den PID-Regler[15] werden die Temperaturen nahe der Indentationsstelle T_{IS} und T_{PS} genutzt.

---

[15]Regler mit proportionalem, integrierendem und differenzierendem Anteil

Aus Versuchen mit einer Leistungsstellung hat sich eine Frequenz der Pulsweitenmodulation von 7 Hz als geeignet erwiesen. Bei geringeren Frequenzen steigen die Temperaturschwankungen, höhere Frequenzen führen zu einem Temperaturabfall durch zu geringe Leistungsabgabe der Heizelemente. Aus der Abhängigkeit der Temperaturen an der Eindringstelle von der Pulsweite wurden die Parameter für die PID-Regelung abgeleitet. Damit lässt sich, wie in Kap. 6.5.4 geschildert, die Temperatur an der Indentationsstelle mit einer Genauigkeit von 1 K einstellen.

5.8 Kühlsystem

Wie bei allen Hochtemperatur-Prüfanwendungen ist die Installation eines Kühlsystems notwendig, das die bei der Beheizung nicht in die Probe eingebrachte Wärme wieder abführt.

5.8.1 Motivation

Das Kühlsystem von KAHTI soll zwei wesentliche Aufgaben erfüllen:

1. Kühlung der elektronischen und mechanischen Komponenten zum Schutz vor Überhitzung.

2. Einstellung stationärer thermischer Bedingungen, um die Wärmeausdehnung der beheizten Elemente kontrollieren zu können.

Während die erste Anforderung primär dem Schutz der Anlage dient, trägt die zweite zur korrekten Funktion der Anlage bei. Durch die bereitgestellte Wärmesenke in der Umgebung der beheizten Indentationsstelle stellt sich ein konstanter Temperaturgradient von den beheizten Elementen in Richtung des Kühlsystems ein. Dies garantiert eine über die Prüfzeit konstante Temperaturverteilung um die Indentationsstelle. Nur so lässt sich eine fortwährende thermische Ausdehnung der Komponenten rund um die Indentationsstelle und eine hieraus folgende thermische Drift verhindern, sodass konstante Prüfbedingungen gewährleistet werden können.

5.8.2 Aufbau und Installation

Die Heizung der Probe und des Indenters erfolgt mit einer maximalen Gesamtleistung von 700 W. Um die Betriebstemperatur der Kraftmessdose, des X-Y-Kreuztisches, der Leistungs- und Signalkabel sowie der Vakuumdurchführungen nicht zu überschreiten, sorgt ein System von Kühlkanälen ober- und unterhalb des Indenters bzw. der Probenaufnahme für eine Wärmeabfuhr. In der Säule zwischen Verfahrschlitten und Probentisch sind Kühlkanäle für die Umlaufkühlung eingebracht; ebenso verlaufen Kühlkanäle in der Indentationssäule Ⓟ. Deren Verlauf ist in Abb. C.9 schematisch dargestellt. Da die Kühlkanäle in der Indentationssäule unterhalb der Kraftmessdose zur Messung der Eindringkraft liegen, nehmen die Versorgungsleitungen Einfluss auf die Kraftmessung (vgl. Kap. 6.3.3). Ein Umwälz-Kühlgerät *UWK 140 TP1* der Firma THERMO HAAKE speist die Kühlkanäle innerhalb der Prüfkammer über vakuumdichte Versorgungsanschlüsse Ⓩ mit Wasser als Kühlmedium. Die erreichbare Kühlleistung von 1700 W [106] bietet genug Reserven gegenüber der eingebrachten Wärmeleistung (vgl. Kap. 5.7.3).

5.9 Pumpensystem zur Vakuumerzeugung

Wie in Kap. 5.3 beschrieben, geschieht die Durchführung der Hochtemperatur-Indentationsexperimente innerhalb einer Vakuum-Prüfkammer; dies schützt sowohl die Probe, als auch Schaft und Spitze des Eindringkörpers vor Oxidation.

Zur Erzeugung eines Hochvakuums in der Prüfkammer dient ein zweistufiges Pumpensystem aus Komponenten der Fa. PFEIFFER VACUUM GMBH.

Eine Turbomolekularpumpe vom Typ *HiPace 80* ist direkt an der Vakuumglocke angeflanscht. Deren Größe ist durch den maximal möglichen CF-Flanschdurchmesser an der Vakuumglocke von $\varnothing = 63\,\mathrm{mm}$ begrenzt. Die Turbopumpe wird von einer Membranvakuumpumpe *MVP 040* unterstützt, die als Vorpumpe agiert. Den Kammerdruck misst eine digitale kombinierte Pirani-/Kaltkathoden-Druckmessröhre *MPT 100* an einem weiteren Flansch.

Um in einer Vakuumkammer einen geforderten Arbeitsdruck stabil halten zu können, wird ein Gleichgewichtsdruck von $1/10$ des Arbeitsdrucks empfohlen [82]. Der Gleichgewichtsdruck stellt sich ein, wenn die summierte Leckrate Q_l der Saugleistung q_{pV} der Pumpe entspricht [82].

$$Q_l = q_{pV} \tag{5.6}$$

Die Saugleistung bestimmt sich aus dem Saugvermögen S der Pumpe und dem Gleichgewichtsdruck p_{gl} [4, S. 242].

$$q_{pV} = S \times p_{gl} \tag{5.7}$$

Hieraus ergibt sich bei einem geforderten Arbeitsdruck von $1,5 \times 10^{-5}\,\mathrm{mbar}$ und einem Saugvermögen von $67\,\mathrm{l/s}$ (Angabe für Stickstoff) der *HiPace 80* Turbopumpe [107] eine Leckrate von

$$Q_l = q_{pV} = 67\,\mathrm{l/s} \times (1,5 \times 10^{-5}\,\mathrm{mbar} \times 1/10) = 1,005 \times 10^{-4}\,\mathrm{mbar\,l/s} \tag{5.8}$$

Die Leckraten der einzelnen Komponenten der Vakuum-Prüfkammer

$$
\begin{aligned}
\text{Flansche:} &\quad 1 \times 10^{-11}\,\mathrm{mbar\,l/s} \\
\text{CF-Quarz-Schauglas:} &\quad < 10^{-10}\,\mathrm{mbar\,l/s} \\
\text{Steckerdurchführungen:} &\quad 1 \times 10^{-7}\,\mathrm{mbar\,l/s} \\
\text{Schweißnähte:} &\quad 1 \times 10^{-9}\,\mathrm{mbar\,l/s}
\end{aligned}
$$

liegen deutlich darunter. Als kritische Stelle ist die mittels O-Ring gedichtete Trennfläche der Hochtemperatur-Vakuum-Prüfkammer (vgl. Kap. 5.3) anzusehen.

Der Nachweis der Vakuumqualität wird in Kap. 6.2 geführt, die Auswirkungen des Vakuums auf die Kraftmessung in Kap. 5.4.2 diskutiert.

5.10 Aktive Schwingungsdämpfung

Eine korrekte Erfassung von Messergebnissen erfordert eine störungsfreie Prüfumgebung; Vibrationen wirken sich negativ auf die Messung der Indentationsparameter Eindringkraft und Eindringtiefe aus. Insbesondere das optische Messprinzip der Wegmessung erfordert eine Vibrationsisolierung, um die geforderte Messgenauigkeit von 100 nm (vgl. Kap 5.1) zu erreichen.

Neben konstruktiven Maßnahmen zur Entkopplung von Vibrationsquellen (insbesondere Vakuumpumpen und Umwälzkühlung) ist hierfür das Vibrations-Isolations-System *AVI-200-M/2/LP* der Fa. TABLESTABLE vorgesehen. Zwei aktiv gedämpfte Module tragen eine massive Aluminium-Deckplatte (800 mm × 800 mm × 30 mm), auf der die Hochtemperatur-Vakuum-Prüfkammer zusammen mit der Universal-Prüfmaschine und den optischen Komponenten aufgestellt ist. Das System ist in der Lage, von außen an die Module eingeleitete Schwingungen mit Frequenzen zwischen 1 Hz und 200 Hz bei einer maximalen Amplitude von 28 µm auszugleichen; gleichzeitig lassen sich im Betrieb entstehende Vibrationen der Vakuumpumpen und des Kühlkreislaufs, die auf die Deckplatte wirken, reduzieren. [108]

Das Gesamtgewicht von Universal-Prüfmaschine, Hochtemperatur-Vakuum-Prüfkammer und optischem System übersteigt die zulässige Traglast des *AVI-200-M/2/LP* von 400 kg. Zur Aufnahme dieser Zusatzbelastung wurden je Modul zwei Zusatzfedern eingebaut, die für eine zusätzliche Steifigkeit des Vibrations-Isolations-Systems sorgen.

Die Wirkung des Vibrations-Isolations-Systems zeigt sich in der Auswertung der beobachteten Vibrationen des ruhenden Indenters relativ zum optischen System in Abb. 5.24. Hieraus wird der wesentliche Beitrag der aktiven Dämpfung zur Einhaltung der Messgenauigkeit des optischen Wegmesssystems (vgl. Kap. 5.6) ersichtlich.

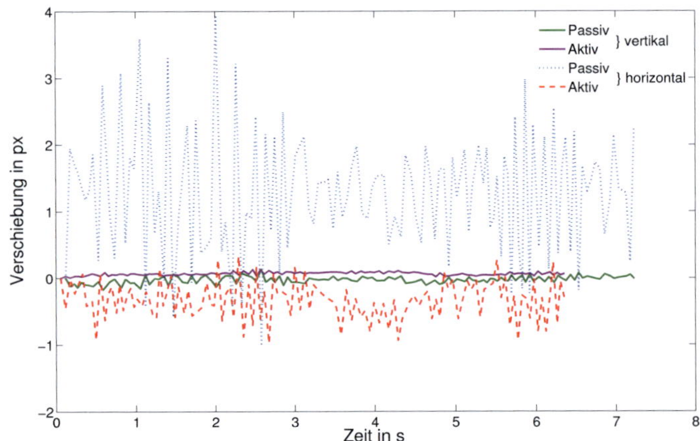

Abbildung 5.24: Vergleich von aktiver und passiver Vibrationsdämpfung in horizontaler und vertikaler Richtung. Eine separate Darstellung der horizontalen sowie der vertikalen Bewegung findet sich in C.10. Die vertikalen Schwingungen werden zu einem Großteil bereits von der passiven Dämpfung reduziert.

5.11 Datenerfassung und -verarbeitung

Zur Auswertung der Indentationsversuche werden Informationen zur Prüfkraft, der Prüfzeit sowie der Eindringtiefe benötigt. Die Daten werden mit verschiedenen Systemen digital oder analog aufgenommen und müssen anschließend zusammengeführt werden (vgl. Abb. 5.25).

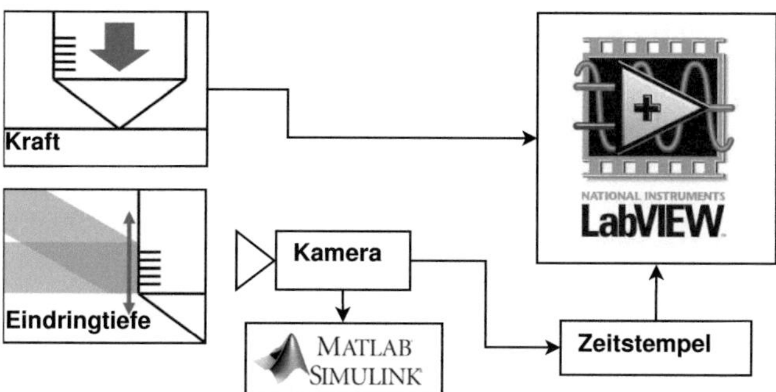

Abbildung 5.25: Zusammenführung der Indentationsparameter in einem virtuellen LabView-Instrument

5.11.1 Virtuelles Instrument zur Signalverarbeitung und Datenerfassung

Die gleichzeitige Ansteuerung der Kamera, die Datenaufzeichnung aus der Wegmessung und die Kombination der Weg-Zeit-Daten mit dem Kraftsignal wurde mittels *LabView*[16] realisiert. Als zentrale Einheit zur Datenverarbeitung dient das Virtuelle Instrument „KAHTeye". Ab Beginn einer Prüfung zeichnet „KAHTeye" Bilder von Indenter und Probe auf. Gleichzeitig erfasst es den Aufnahmezeitpunkt und die an der inneren Kraftmessdose anliegende Kraft. Der Aufnahmezeitpunkt (Zeitstempel), die Kraft und der Bildname werden in zwei Protokolldateien, getrennt für Probe und Indenter, geschrieben. Das Prinzip der Datenverarbeitung (vgl. Abb. C.11) wird im Nachfolgenden erklärt.

---

[16]Die graphische Programmierumgebung *LabView* von NATIONAL INSTRUMENTS ermöglicht die Realisierung von Mess-, Steuer- und Regelsystemen als sog. Virtuelle Instrumente sowie die Verknüpfung mit Hardware-Komponenten.

Bedienoberfläche

Die Bedienoberfläche von „KAHTeye" zeigt Abb. C.12. Hier lassen sich die Bildausschnitte für Indenterschaft und Probe definieren, Bildfrequenz und Belichtungszeiten anpassen sowie das Verhältnis der Bildanzahl von Indenterschaft und Probe festlegen. Während der Indentationsprüfung wird die gemessene Kraft angezeigt.

Signalverarbeitung

Physische (analoge und digitale) Signale werden per USB-Kommunikation vom Multifunktions-Datenerfassungsmodul *NI-USB-6009* von NATIONAL INSTRUMENTS ausgewertet bzw. erzeugt. Dieses kombinierte Analog/-Digital- (A/D)-Modul bietet eine für die Anwendung ausreichend hohe Datenrate ($> 100\,$Hz) und Genauigkeit ($> 12\,$bit), auch bei Verwendung aller digitalen und analogen Kanäle (vgl. [109]).

Bildaufnahme

Hauptaufgabe von „KAHTeye" ist die Ansteuerung der PIXELINK-Kamera zur Aufnahme der Bewegung von Probe und Indenterschaft (vgl. Kap. 5.6.5). Um die Datenmenge geringer zu halten und die Aufnahmegeschwindigkeit zu erhöhen, werden zwei Bildausschnitte jeweils abwechselnd von Probe und Indenterschaft aufgenommen (vgl. Abb. 5.26).

Bei der Verwendung der *LabView*-Umgebung hat sich das Triggersignal der Kamera als unzuverlässig erwiesen; das Auslösen der Kamera mit einem von „KAHTeye" erzeugten Triggersignal hingegen erlaubt die Synchronisierung der erfassten Bilder mit der gemessenen Kraft. Hierfür wird über das Modul *NI-USB-6009* ein Spannungsimpuls generiert und an den *micro-D* Anschluss der Kamera angelegt. Die einzelnen Bilddateien werden

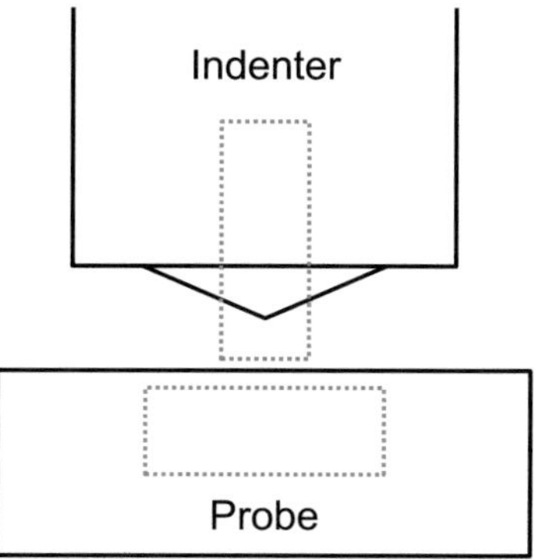

Abbildung 5.26: Schematische Darstellung der Bildausschnitte von Indenter und Probe, die der Bewegungsauswertung dienen

vom Virtuellen Instrument „KAHTeye" in binärer Form in je eine `tdms`-Datei geschrieben. Die Verwendung einer `tdms`-Datei als Datencontainer beschleunigt den Schreibvorgang, sodass sich Aufnahmefrequenzen von ca. 10 Hz erreichen lassen. Im Anschluss an den Versuch werden die `tdms`-Dateien in lesbare Bilddateien konvertiert. Der Name des Bildes wird zusammen mit dem Zeitpunkt der Aufnahme in eine Textdatei geschrieben (vgl. Tab. D.4).

Kraftaufzeichnung

Das Signal der inneren Kraftmessdose ⑪, die die Kraft am Eindringkörper misst, wird an das *testControl*-Modul übermittelt und dort zur Regelung des kraftgesteuerten Versuchs verwendet (vgl. Kap. 5.2). Die Bedienoberfläche *testXpert II* für die ZWICK-Universalprüfmaschine erhält das Kraftsignal zur Darstellung und Kontrolle des Versuchsverlaufs durch den Benutzer. Parallel wird die Information zur gemessenen Kraft als Analogsignal an das Modul *NI-USB-6009* ausgegeben. Über eine A/D-Wandlung greift „KAHTeye" dieses Signal ab. Das zum Zeitpunkt der Bildaufnahme anliegende Kraftsignal wird als dritte Spalte in die Textdatei geschrieben (vgl. Tab. D.4).

5.11.2 Vorgehen zur Datenauswertung

Die Auswertung der aufgezeichneten Daten erfolgt nach folgendem Schema:

1. Die in den Bildern festgehaltenen Bewegungen von Probe und Indenter werden mittels `automate_image.m` und `displacement.m` extrahiert (vgl. Kap. 5.6.6). Die errechneten Bewegungswerte werden über die Protokolldateien dem Aufnahmezeitpunkt zugeordnet (vgl. Quellcode E.3, Z. 24).

2. Die neu erstellte MATLAB-Routine `indent_eval.m` (vgl. Quellcode E.4) vereinigt die zwei Protokolldateien. Aufgrund der abwechselnden Bildaufnahme von Indenter und Probe (vgl. Kap. 5.11.1) sind die Bewegungswerte nicht für alle Zeitpunkte bekannt. Die fehlenden Werte werden interpoliert (vgl. Quellcode E.4, Z. 71*ff*).

3. Über ein definiertes Kontaktkriterium – das Erreichen einer Kraftschwelle und ein nachfolgend weiterer Kraftanstieg (vgl. Quellcode E.4, Z. 133*ff*) – wird der Nullpunkt der Bewegung für Probe und Indenter gesetzt.

4. Die Bewegung der Probe wird von der Indenterbewegung subtrahiert. Hieraus ergibt sich die Eindringtiefe.

5. Die zwei Parameter der Instrumentierten Eindringprüfung, Eindringkraft P und Eindringtiefe h, lassen sich über die Zeitstempel verknüpfen. Damit kann die Kraft-Eindringtiefen-Kurve P über h wie in Abb. 3.1 dargestellt werden.

5.12 Adaption an einen Betrieb in der Heißen Zelle

Die künftige Verwendung von KAHTI für Untersuchungen an bestrahlten Proben innerhalb der Box 4 der Heißen Zellen des Fusionsmateriallabors am KIT stellt besondere Anforderungen an Konstruktion, Materialauswahl, Umgang, Betrieb und Bedienung der Anlage. Hieraus ergeben sich spezielle Lösungen und individuelle Anpassungen.

5.12.1 Anforderungen, Restriktionen und Randbedingungen

Im Wesentlichen haben folgende Anforderungen, Restriktionen und Randbedingungen Einfluss auf Konstruktion und Gestaltung von KAHTI:

- Zur Verfügung stehender Einbauraum (vgl. Abb. C.13a):

$$B \times H \times T = 1200\,\text{mm} \times 1000\,\text{mm} \times 1500\,\text{mm} \qquad (5.9)$$

- Einsehbarkeit der Probenaufnahme durch das vorhandene Bleiglasfenster

- Freie Beweglichkeit zweier in der Box installierten Parallelmanipulatoren WÄLSCHMILLER *A 200*

- Zugänglichkeit aller zu bedienenden Komponenten innerhalb der Heißen Zelle, insbesondere der Verbindungsschleuse zu weiteren Boxen an der hinteren Wand und der Schleusöffnung an der linken Zellenwand

- Fernhantierte Bedienbarkeit sämtlicher Elemente von KAHTI mittels Parallelmanipulatoren

- Verwendung einfach zu dekontaminierender Konstruktionswerkstoffe (Edelstahl, Aluminium)

- Weitgehender Verzicht auf strahlungsunbeständige Werkstoffe (Glas, bestimmte Kunststoffe, Gummi, C-basierte Materialien)

- Geschlossene Kreisläufe aller verwendeten Medien

5.12.2 Lösungen und Anpassungen

Die Berücksichtigung der geometrischen Restriktionen nahm Einfluss auf die Gestalt der Hochtemperatur-Indentationsanlage KAHTI. Die Wahl der Prüfmaschine und die konstruktive Anpassung des Lastarms (vgl. Kap. 5.2) ergaben sich aus der Zellenhöhe. Insbesondere die horizontal teilbare Hochtemperatur-Vakuum-Prüfkammer und ihre vertikale Position erfüllen die Anforderungen an eine gute Sichtbarkeit des Probentischs Ⓜ. Die Höhe des Probentischs richtet sich nach dem Sichtfeld des Bleiglasfensters der Box 4 der Heißen Zelle (vgl. Abb. C.13b). Dies bestimmt die Höhe des Sichtflansches für das optische System (vgl. Kap. 5.3.1) und damit die Gestaltung der Glocke. Die radiale Position des Sichtflanschs wie auch der weiteren vier Versorgungsflansche an der Glocke folgte aus der Positionierung von KAHTI innerhalb der Heißen Zelle.

Die Position der Anlage innerhalb der Heißen Zelle wurde mithilfe eines CAD-Programms festgelegt und anhand eines Modells an der im FML vorhandenen Manipulator-Simulationswand verifiziert. Ebenso wurde die Zugänglichkeit aller Bedienelemente von KAHTI wie auch der Heißen Zelle überprüft. Auch die Komponenten des optischen Systems, deren Einbau und Bedienbarkeit waren zu berücksichtigen. Der komplette Aufbau setzt sich zusammen aus der ZWICK-Universal-Prüfmaschine, in deren Arbeitsraum die Hochtemperatur-Vakuum-Prüfkammer aufgebaut ist. Beide Elemente sind über den Lastarm der Prüfmaschine miteinander verbunden. Gemeinsam mit dem optischen System zur Messung der Eindringtiefe stehen sie auf einer aktiv schwingungsgedämpften Platte (vgl. Abb. C.14).

Das optische System ist direkt auf der Grundplatte von KAHTI installiert. Eine zentrale Säule dient als Drehachse. So kann das gesamte System zur Seite geschwenkt werden, um den Zugang zur hinteren Zellenwand und der Verbindungsschleuse zu ermöglichen.

Die Hochtemperatur-Vakuum-Prüfkammer besteht, wie alle anderen Stahlkomponenten der Anlage, aus dem Edelstahl 1.4301 (X5CrNi1810), der leicht dekontaminiert werden kann. Alle Flanschverbindungen der Hochtemperatur-Vakuum-Prüfkammer sind vom Typ CF mit Schneidkantendichtungen aus Kupfer.

Sämtliche Bedienelemente von KAHTI, die sich innerhalb der Heißen Zelle befinden, sind für eine Bedienung mit Parallelmanipulatoren ausgelegt. Diese erfolgt direkt mit der Manipulatorhand, wie beim Probenspanner Ⓚ oder den Justageschrauben am optischen System. Auch das Einlegen der Probe ist aufgrund des installierten Probenanschlags Ⓙ und des gut einsehbaren Probentischs mit der Manipulatorhand und einer Zange möglich. Zwei ringförmige, überlappende Bleche, die auf Höhe der Isolationskeramik zwischen Probentisch und mittlerer Traverse installiert sind (Ⓨ in Abb. C.2), decken die Vakuumkammer nach unten ab und verhindern einen Verlust der Probe innerhalb der Vakuumkammer. Der Kragen am Indenterschaft und die daran anschließende Schulter (vgl. Abb. 5.3f) bieten ausreichend Raum für eine Handhabung des Eindringkörpers mit einem manipulatorbedienten Werkzeug. Die kraftfreie Montage sowie die innerhalb der Heißen Zellen bewährte Fixierung des Indenters mittels Innen-Sechskantschraube (vgl. Kap. 5.5.2) ermöglichen dessen fernhantierten Wechsel. Andere Tätigkeiten, wie das Öffnen und Schließen der Glocke oder das Verfahren des Probentischs geschehen fernbedient mit Hilfe pneumatischer und spindelgetriebener Systeme. Deren Steuerungssysteme, wie auch die Maschinensteuerungen und weitere elektrische Anlagen und elektronische Systeme lassen sich außerhalb der Heißen Zelle positionieren.

Im aktuellen Aufbau ist die Turbomolekularpumpe direkt an der Prüfkammer angeflanscht (vgl. Kap. 5.9). Für einen Betrieb der Anlage in einer Heißen Zelle muss die Vakuumpumpe außerhalb der Heißen Zelle verlagert werden. Ein hierfür vorgesehener Edelstahl-Wellschlauch verbindet einen gasdicht ausgeführten Flansch im Boden oder der Wand der Box 4 mit dem Absaugflansch an der Hochtemperatur-Vakuum-Prüfkammer. Die abgesaugte Luft wird über einen weiteren Zellenflansch zurück in die Heiße Zelle geführt. Für die Umwälzkühlung, die nach dem gleichen Prinzip zu installieren ist, ist ein Durchflusswächter vorzusehen, der auf evtl. Lecks hinweist.

Die vollständig montierte und aufgebaute Anlage ist in Abb. 5.27 dargestellt.

Abbildung 5.27: Karlsruher Hochtemperatur-Indentationsanlage KAHTI

6 Inbetriebnahme und experimentelle Verifikation der Funktionsfähigkeit von KAHTI

Im Verlauf der Inbetriebnahme wurden die verschiedenen Systeme von KAHTI auf ihre Funktion hin überprüft. Hierfür wurden Experimente an den Teilsystemen für Kraftmessung, Bestimmung der Eindringtiefe, Proben- und Indenterheizung sowie Temperaturmessung durchgeführt. Die Systeme wurden kalibriert, um in abschließenden Versuchen die Eignung von KAHTI zur Durchführung von Hochtemperatur-Indentationsversuchen nachzuweisen.

6.1 Funktionale Indentereinsätze zur Inbetriebnahme

Der für KAHTI vorgesehene Eindringkörper erfüllt – neben seiner Hauptaufgabe, der Indentation der Probe – weitere Funktionen innerhalb der Anlage (vgl. Kap. 5.6.1 und 5.7.4). Seine endgültige Konstruktion (vgl. Kap. 5.5.2*ff*) basiert auf Ergebnissen aus der Inbetriebnahme. Daher war eine Verwendung mehrerer funktionaler Indentereinsätze notwendig, die die in ihm vereinigten Funktionen und Teilaspekte einzeln erfüllen.

- Für die Erstellung der Prüfvorschrift (vgl. Kap. 5.2) kam in KAHTI ein standardisierter Rockwell-Eindringkörper mit Kugelradius von $R = 200\,\mu m$ zum Einsatz (vgl. Abb. C.15a). Ein spezieller Adapter ermöglicht dessen Verwendung in KAHTI.

- Mehrere Massivkörper, an denen je eine Fläche mit unterschiedlicher Schliffqualität präpariert wurde (vgl. Abb. C.15b), dienten der Bestimmung der erforderlichen Oberflächengüte der Reflexionsfläche für das optische System (vgl. Kap. 5.6.5). Mit diesen Massivkörpern wurden zusätzlich Druckversuche durchgeführt.

- Die Verifikation und Kalibrierung des Heizsystems geschah mittels eines maß- und werkstoffgerechten Indentermodells aus TZM (vgl. Abb. C.15c). Hier substituiert ein Zylinder mit einer Höhe von 1 mm die Eindringspitze aus Diamant. Mit diesem Indentermodell konnte ebenso die Wegmessung validiert und Druckversuche durchgeführt werden (vgl. Kap. 6.6.3).

6.2 Validierung des Vakuums

Mit dem installierten Pumpensystem lassen sich reproduzierbar Kammerdrücke von $3,5 \times 10^{-5}$ mbar innerhalb ca. $1,5 - 2$ h erreichen (vgl. Abb. 6.1a), nach fünf bis sechs Stunden werden Drücke von 5×10^{-6} mbar gemessen. Nach einer zwölf- bis 15-stündigen Evakuierung stellt sich ein Enddruck von $p_{gl} = 1,6 - 2,1 \times 10^{-6}$ mbar ein (vgl. Abb. 6.1b). Dieser Wert liegt in der Nähe des in Kap. 5.9 geforderten Gleichgewichtsdrucks. Die damit gemäß Gl. (5.7) verbundene Leckrate von maximal $1,407 \times 10^{-4}$ mbarl/s hat zur Folge, dass beide Vakuumpumpen laufend in Betrieb sein müssen, um einen stabilen Arbeitsdruck von $p \leq 1,5 \times 10^{-5}$ mbar in der Hochtemperatur-Vakuum-Prüfkammer zu gewährleisten.

Bei der Beheizung von Eindringkörper und Probe wird mit steigender Temperatur ein ansteigender Kammerdruck beobachtet, der erst allmählich wieder sinkt (vgl. Abb. 6.2). Dieser Effekt ist auf eine Desorption der Moleküle zurückzuführen, die sich in den Innenwänden der Hochtemperatur-Vakuum-Prüfkammer einlagern [81]. Jedes Öffnen der Kammer führt zu einer erneuten Einlagerung flüchtiger C-, H- und O-Verbindungen. So ist für

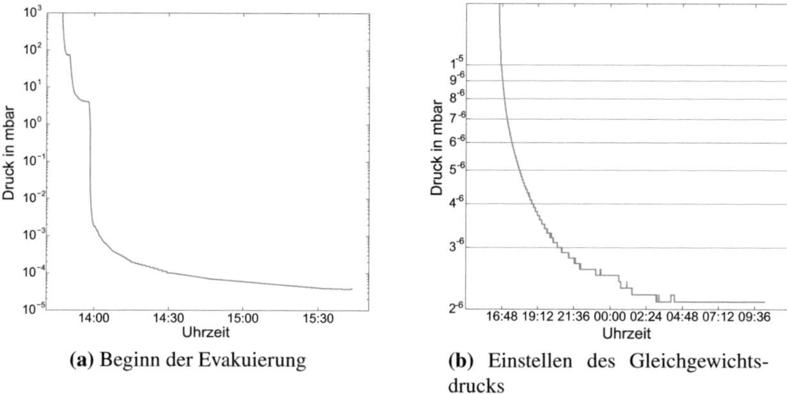

(a) Beginn der Evakuierung

(b) Einstellen des Gleichgewichtsdrucks

Abbildung 6.1: Darstellung des Kammerdrucks während der Evakuierung der Prüfkammer

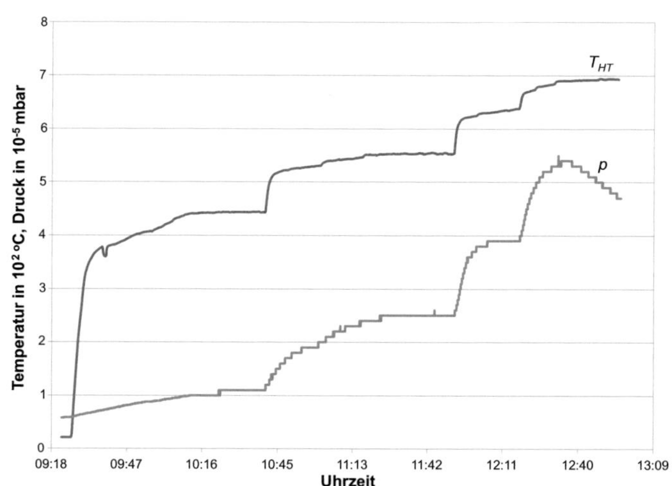

Abbildung 6.2: Kammerdruck in Abhängigkeit der Heiztemperatur

den Betrieb von KAHTI ein Ausheizen, wie es in [81] für Ultra-Hochvakuum-Systeme empfohlen wird, vor jeder Versuchsreihe notwendig. Dies geschieht durch stufenweise Temperaturerhöhung auf Zieltemperatur mit entsprechenden Haltezeiten. Während dieser wird der durch die Temperaturerhöhung verursachte Druckanstieg wieder abgebaut. Damit wird ein unzulässig hoher Kammerdruck, der zu Oxidation von Probe und Indenter führen würde, verhindert.

6.3 Validierung der Kraftmessung

Aus dem für die Hochtemperatur-Indentation benötigten Vakuum und der gewählten konstruktiven Lösung von KAHTI ergeben sich mehrere Einflussfaktoren, die auf die Kraftmessung wirken. Diese sind bei der Kalibrierung der Kraftmessung zu berücksichtigen.

6.3.1 Einfluss des Vakuums auf die Messung der Prüfkraft

Mit der Installation der Kraftmessdose für die Indentationsprüfung innerhalb der Hochtemperatur-Vakuum-Prüfkammer (vgl. Kap. 5.4.1) wird die Messung der Prüfkraft vom Einfluss unterschiedlicher Kammerdrücke weitestgehend entkoppelt. Dennoch lassen sich bei der Evakuierung der Kammer sinkende Kraftwerte der Kraftmessdose ablesen (vgl. Abb. 6.3a). Dies ist bedingt durch die notwendige Verbindung der Kraftmessdose mit der oberen Quertraverse. Durch die lineare Abhängigkeit des Kammerdrucks zur Prüfkraft P nehmen die Kraftschwankungen bei sinkendem Druck ab. Bei einem Kammerdruck von $5 \times 10^{-6} - 5 \times 10^{-2}$ mbar liegen die Kraftschwankungen mit $\Delta P < 0,005$ N im Bereich des Messrauschens von P (vgl. Abb. 6.3b). Zudem wird während des Indentationsversuchs der Kammerdruck konstant gehalten. Damit können vakuumbedingte, für die Indentationsprüfung relevante Kraftänderungen an der inneren Kraftmessdose ausgeschlossen werden.

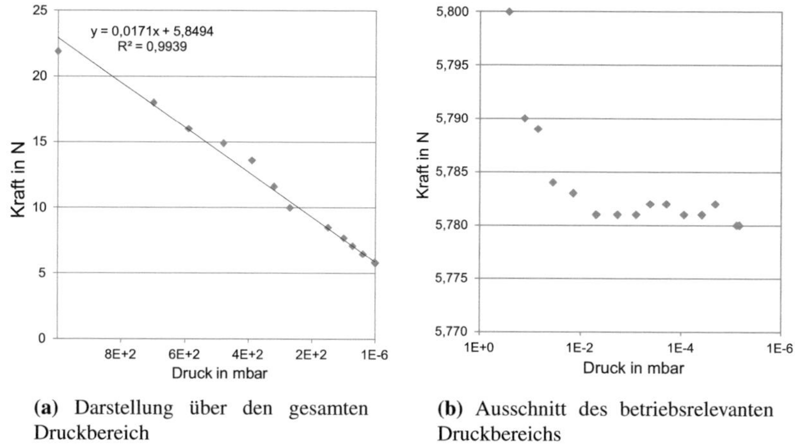

(a) Darstellung über den gesamten Druckbereich

(b) Ausschnitt des betriebsrelevanten Druckbereichs

Abbildung 6.3: Abhängigkeit der Prüfkraft vom Druck in der Hochtemperatur-Vakuum-Prüfkammer

6.3.2 Betriebsmodi der Vakuumkraft-Ausgleichsregelung

Wie in Kap. 5.4.2 beschrieben, gleicht ein in den Pneumatikzylindern erzeugter, zusätzlicher Druck den fehlenden Atmosphärendruck innerhalb der Vakuumkammer aus. So wird eine Überlastung der Universal-Prüfmaschine vermieden. Für die Regelung der Druckluft werden drei Modi in Betracht gezogen:

1. Aktive Kraftausgleichsregelung: Die Luftmenge wird so geregelt, dass die an der oberen Kraftmessdose gemessene Kraft F_{LA}, die am Lastarm wirkt, konstant ist. $F = const$

2. Aktive Druckausgleichsregelung: Die Luftmenge wird so geregelt, dass der Zylinderdruck p_{Zyl} konstant ist. $p = const$

3. Passive Regelung: Die Druckluftzufuhr wird abgeriegelt, sodass die im Zylindervolumen enthaltene Luftmenge konstant ist. $Vol = const$

Die Eignung der drei Modi für die Hochtemperatur-Indentationsprüfung wurde experimentell überprüft.

Aktive Kraftausgleichsregelung

Bei aktiver Kraftausgleichsregelung erfolgt eine laufende Anpassung des Zylinderdrucks an das Zylindervolumen, das durch ein Verfahren des Lastarms der Universal-Prüfmaschine geändert wird. So wird der Einfluss des Vakuums auf die Prüfmaschine vollständig eliminiert, es gilt dauerhaft

$$F_{LA} = p_{Zyl} \times A_{Zyl} + c = F_{Vac} + c \qquad (6.1)$$

Die Konstante c wird so gewählt, dass $F_{LA} > 0$ gilt. Damit wirkt stets eine Druckkraft auf die Prüfmaschine, sodass ein Nulldurchgang und evtl. damit verbundene Setzvorgänge oder Umkehrspiele vermieden werden.

Erste Indentationstests im Vakuum mit aktiver Kraftausgleichsregelung wiesen eine oszillierende Prüfkraft, auch bei lagegeregelter Fahrt, auf. Diese sind Folge eines Systems aus zwei überlagerten Regelungen; die aktive Kraftausgleichsregelung, die mit dem Signal der äußeren Kraftmessdose arbeitet, ist eine erhebliche Störgröße für die kraftgeregelten Indentationsversuche, die mit dem Signal der inneren Kraftmessdose geregelt werden. Dies führt zu Sprüngen in der Kraftregelung für die Indentationsprüfung (vgl. Abb. 6.4a).

Die Regelgeschwindigkeit der aktiven Krauftausgleichsregelung ist durch die Schließzeiten der Pneumatik-Ventile begrenzt. So können die Kraftschwankungen nur durch Deaktivieren der Kraftausgleichsregelung verhindert werden (vgl. Abb. 6.4b); jedoch wäre die Universal-Prüfmaschine, wie eingangs erwähnt, bei anliegendem Vakuum – ohne den Ausgleich der Vakuumkräfte – überlastet.

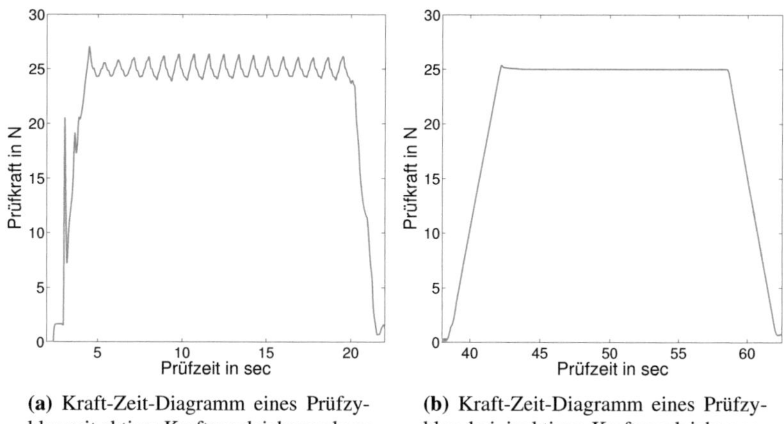

(a) Kraft-Zeit-Diagramm eines Prüfzyklus mit aktiver Kraftausgleichsregelung

(b) Kraft-Zeit-Diagramm eines Prüfzyklus bei inaktiver Kraftausgleichsregelung

Abbildung 6.4: Einfluss der aktiven Kraftausgleichsregelung auf die Indentationsprüfung bei Normalatmosphäre

Aktive Druckausgleichsregelung

Mit einer aktiven Druckausgleichsregelung lassen sich die Sprünge im Kraftsignal der Indentationsprüfung eliminieren. In diesem Modus wird der Zylinderdruck auf einen konstanten Wert geregelt. Dies entspricht dem Zustand gemäß Gl. (6.1). Empirische Tests jedoch zeigten, dass sich die Kraft F_{Vac} losgelöst vom Zylinderdruck p_{Zyl} verhält (vgl. Tab. D.5). Dies führt zu dem Schluss, dass Gl. (6.1) um nicht-konservative Kräfte erweitert werden muss

$$p_{Zyl} \times A_{Zyl} = F_{Vac} + F_R \qquad (6.2)$$

Der Ursprung der Zusatzkraft F_R wird in der Reibung der Paarung Kolben-Pneumatikzylinder, und hier insbesondere der Radialwellendichtringe, vermutet. Die Überwindung der Haftreibung und eine nachfolgende ruckartige Bewegung könnten das oszillierende Verhalten aus Abb. 6.4a erklären. F_R wirkt zusätzlich zu F_{Vac} auf den Lastarm; die Aufbiegung der Universal-Prüfmaschine variiert. Mit der äußeren Kraftmessdose lässt sich die residuelle, auf den Lastarm wirkende Kraft F_{LA} registrieren.

Passive Regelung

Einen weiteren Betriebsmodus bietet die Unterbrechung der Druckluftversorgung; die Luftmenge in den Pneumatikzylindern bleibt konstant. Die hierbei beobachteten, nicht miteinander korrelierenden Veränderungen des Zylinderdrucks p_{Zyl} und der Kraft F_{LA} bestätigen die nicht-konservative Störgröße F_R, die nicht vernachlässigt werden darf.

Vorgabe für den Prüfablauf

Für die Versuchsdurchführung hat sich somit folgende Vorgehensweise als beste Lösung erwiesen (vgl. auch den Prüfablauf im Anhang A):

- Während der Vakuumerzeugung wird F_{LA} mittels aktiver Kraftausgleichsregelung auf einen konstanten Wert geregelt. Dadurch werden stationäre geometrische Bedingungen im Prüfraum gewährleistet und ein frühzeitiger Kontakt des Indenters mit der Probe vermieden.

- Für die Annäherung des Indenters an die Probe wird die aktive Kraftausgleichsregelung ebenfalls genutzt.

- Sobald die Startposition für die Prüfung erreicht ist, wird in den Modus der aktiven Druckausgleichsregelung gewechselt, um den Druck in den Pneumatikzylindern konstant zu halten. Dieser ist so zu wählen, dass während des gesamten zyklischen Versuchs weder ein Wechsel von Druck- auf Zugbelastung noch eine Überlastung der ZHU-Prüfmaschine ($F_{LA} > 1000\,\mathrm{N}$) auftreten.

Die Messung der Prüfkraft P mittels der innerhalb der Hochtemperatur-Vakuum-Prüfkammer verbauten Kraftmessdose ist unabhängig von F_{LA}. Die nach P kraftgeregelte Prüfweise gewährleistet, dass die Universal-Prüfmaschine, unabhängig von der auf ihr wirkenden tatsächlichen Last F_{LA}, die Zielwerte für P und $\dot{P}$ anfährt.

6.3.3 Einfluss der Kühlschläuche auf die Messung der Prüfkraft

Zum Schutz der inneren Kraftmessdose vor den am Indenter auftretenden Temperaturen enthält die Indentationssäule zwischen Eindringkörper und Kraftmessdose ein System von Kühlkanälen (vgl. Abb. C.9). Die Wellschläuche (vgl. Ⓦ in Abb. F.4), die die Kühlkanäle mit der außen liegenden Umwälzkühlung verbinden, stellen bei dieser Konstruktion einen Kraftnebenschluss her; ein Teil der Prüfkraft wird nicht über die innere Kraftmessdose, sondern über die Wellschläuche geleitet (schematische Darstellung in Abb. 6.5). Hieraus ergibt sich eine Reduktion der gemessenen Kraft.

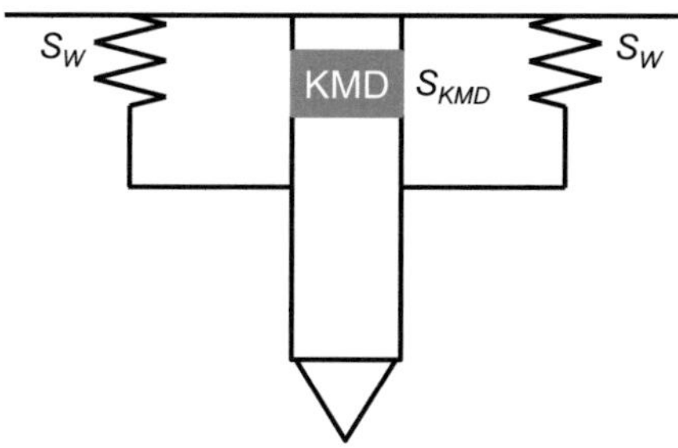

Abbildung 6.5: Anordnung der Schläuche zur Kühlmittelzufuhr im Kraftfluss der Indentationssäule

Der entstehende Fehler lässt sich – unter Annahme linearer Federsteifigkeiten und bekannter Federraten der Kraftmessdose wie auch der Kühlschläuche – über eine Anordnung paralleler Federn modellieren. Aus [110] (vgl. auch Datenblatt F.1) lässt sich für die verwendete Kraftmessdose GTM *XForce HP 200 N* ein Nenn-Messweg von $z_{KMD} = 80\,\mu\mathrm{m}$ bei einer Nennkraft von 200 N entnehmen. Die Steifigkeit der Kraftmessdose errechnet sich zu

$$S_{KMD} = \frac{F_{KMD}}{z_{KMD}} = \frac{200\,\mathrm{N}}{0,08\,\mathrm{mm}} = 2500\,\mathrm{N/mm} \tag{6.3}$$

Für die Kühlschläuche gilt eine Federrate von je $S_W = 47,5\,\mathrm{N/mm}$ (vgl. Anhang F.4). Damit ergibt sich für die Gesamtsteifigkeit des Systems

$$S_{ges} = S_{KMD} + 2 \times S_W = 2595\,\mathrm{N/mm} \tag{6.4}$$

und ein Verhältnis der Steifigkeiten von

$$\frac{1}{\kappa} = \frac{S_{KMD}}{S_{ges}} = 0,9633 \tag{6.5}$$

Da die Steifigkeit, wie aus Gl. (6.3) hervorgeht, proportional zur Kraft ist, beträgt der Korrekturfaktor, der bei der Festlegung von Indentationskräften und -kraftraten zu berücksichtigen ist, ebenfalls $\frac{1}{\kappa} = 0,9633$.

$$P = F_{KMD} \times \kappa \tag{6.6}$$

Eventuelle Abweichungen der tatsächlichen Komponentensteifigkeiten von den angegebenen werden bei der abschließenden Kalibrierung der Kraftmessung berücksichtigt.

6.3.4 Einfluss des Kühlmediums auf die Messung der Prüfkraft

Infolge des in Kap. 6.3.3 beschriebenen Kraftnebenschlusses wirkt sich jegliche Änderung der an den Schläuchen wirkenden Kräfte durch lineare oder radiale Expansion, Überdruck oder Vakuumeinfluss auf das Signal der inneren Kraftmessdose aus; so zeigt auch das durch die Indentationssäule strömende Kühlmedium einen Einfluss. Beim Zu- oder Abschalten der Umwälzkühlung ist eine sofortige Änderung der Prüfkraft um ca. 5,5 N zu beobachten. Dieser Kraftsprung reduziert sich nach einiger Zeit um ca. 2 N. Betrachtet man einen Zyklus, so ist der Vorgang reversibel (vgl. Abb. 6.6) und unabhängig vom Kammerdruck. Eine Erklärung für diesen Effekt

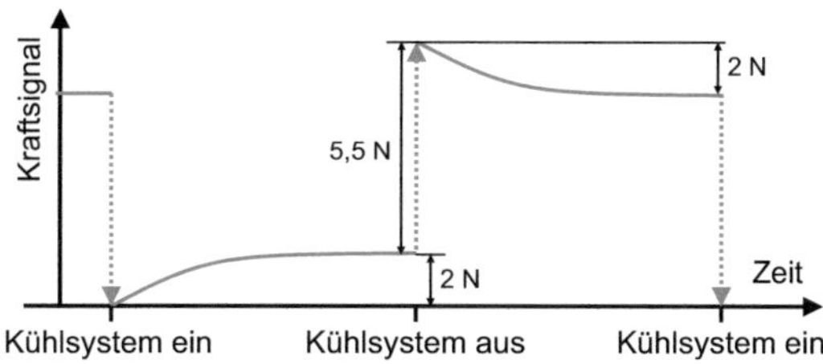

Abbildung 6.6: Einfluss der Umwälzkühlung auf das Signal der inneren Kraftmessdose

könnte die nach dem Impulssatz durch die Bewegung des Kühlmediums hervorgerufene Kraft sein, deren vertikaler Anteil auf die Kraftmessdose wirkt.

Desweiteren führt das Hinzuschalten der Umwälzkühlung zu einem verstärkten Rauschen des Kraftsignals (vgl. Abb. 6.7). Um dennoch eine zuverlässige, wegkontrollierte Anfahrt des Indenters an die Probe zu gewährleisten, musste die Kraftschwelle zur Oberflächendetektion auf 0,8 N erhöht werden.

6.3.5 Kalibrierung des Kraftsignals

Die Kalibrierung der Kraftmessung erfolgte über den Vergleich von Indentationsexperimenten bei Raumtemperatur in zwei verschiedenen Anlagen. In KAHTI und einer weiteren Prüfmaschine wurde dieselbe Probe mit dem-

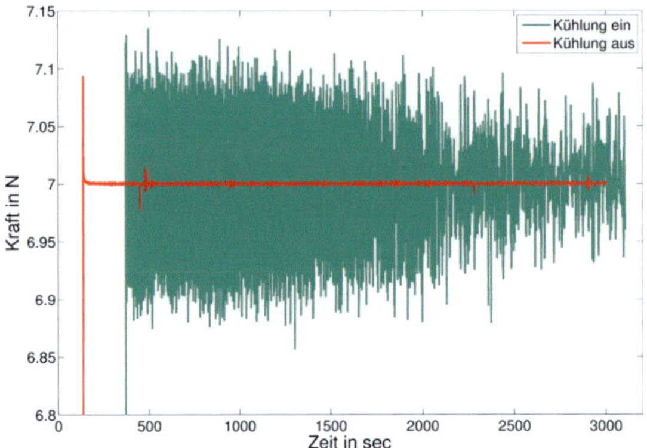

Abbildung 6.7: Einfluss der Umwälzkühlung auf die Signalgenauigkeit der Kraftmessung im Verlauf je eines Druckversuchs mit einer konstanten Druckkraft von 7 N über ca. 3000 s

selben Indenter und demselben Prüfzyklus nach DIN EN ISO 6506 zur Bestimmung der Brinellhärte [64] belastet:

- Als Referenz-Prüfanlage diente eine kalibrierte Standard-Prüfmaschine für Instrumentierte Eindringprüfung *zwicki ZHU* der Fa. ZWICK.

- Der zur Erstellung der Prüfvorschrift verwendete Standard-Rockwell Eindringkörper mit einem Spitzenradius von $R = 200\,\mu m$ (vgl. Abb. C.15a) lässt sich in beiden Anlagen nutzen. Somit können die Ergebnisse mit dem für KAHTI entwickelten Diamant-Indenter (vgl. Kap. 5.5) verglichen und dessen Einsatz validiert werden.

- Die Dimensionen der aus Eurofer gefertigten Probe betrugen $3\,mm \times 4\,mm \times 13,5\,mm$, entsprechend der vorwiegend in KAHTI zu prüfenden halben miniaturisierten Kerbschlagbiegeprobe.

Um sämtliche möglichen Einflüsse auf die Kraftmessung in KAHTI zu berücksichtigen, wurden die Versuche im Vakuum und mit aktiver Umwälzkühlung durchgeführt. Aus einer optischen Auswertung der residuellen Eindrücke lassen sich die Durchmesser der Indents sowie die ermittelte

Brinellhärte vergleichen. Tab. 6.1 fasst die Ergebnisse zusammen. Die in KAHTI an der Probe ermittelte Härte HBW liegt im Bereich 262 ± 4. Diese Härte stimmt mit dem Härtewert überein, der aus dem Versuch an der Referenzanlage stammt.

Tabelle 6.1: Ergebnisse der Indentationsexperimente zur Kraftkalibrierung von KAHTI bei Raumtemperatur

Indenter	Anlage	P in N	d_1 in µm	d_2 in µm	Härte HBW
Standard	ZHU	47,54	150,98	150,24	262,2
Standard	KAHTI	47,35	150,49	151,22	260,3
Standard	KAHTI	47,20	152,44	149,76	258,5
KAHTI	KAHTI	47,30	149,51	150,73	262,6
KAHTI	KAHTI	47,32	149,76	148,78	265,9

Damit ist die korrekte Wiedergabe der bei der Indentation in KAHTI auftretenden Kräfte grundsätzlich nachgewiesen. Der in Kap. 6.3.3 eingeführte Korrekturfaktor κ zur Berücksichtigung des Einflusses der Kühlschläuche im Kraftfluss wurde bestätigt. Der Einfluss der in Kap. 6.3.1 und 6.3.4 diskutierten Faktoren ist durch diesen Korrekturfaktor ebenfalls berücksichtigt.

6.4 Validierung der Wegmessung

Zur Validierung der Wegmessung gehören die Überprüfung und Berücksichtigung der Einflussfaktoren auf das optische System. Zudem muss der Nachweis einer korrekten Datenverarbeitung und -auswertung erbracht und die Wegmessung kalibriert werden.

6.4.1 Berücksichtigung der begrenzten Tiefenschärfe

Konstruktionsbedingt beträgt die Tiefenschärfe des QUESTAR-Fernfeldmikroskops *QM-100* je nach Arbeitsabstand $77 - 16\,\mu m$; folglich müssen die zu beobachtenden Elemente in einer makroskopischen Ebene liegen. Aus der Notwendigkeit, Indenterschaft und Seitenfläche der Probe gleichzeitig zu beobachten, folgt, dass für die Instrumentierte Eindringprüfung in KAHTI der Abstand der Indents vom Probenrand festgelegt ist (vgl. Abb. 6.8); bedingt durch den Abstand der Reflexionsfläche am Indenterschaft zur Eindringspitze beträgt er 2 mm. Werden andere Abstände gewählt, lässt

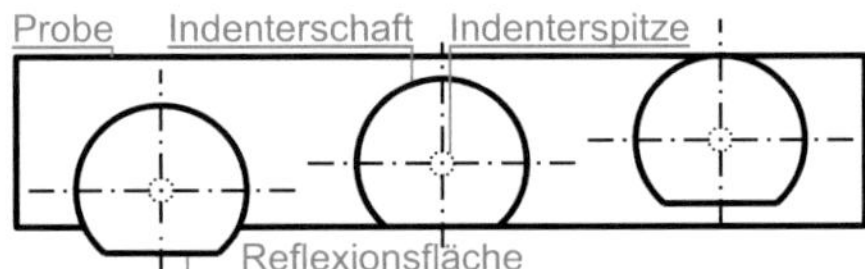

Abbildung 6.8: Schema möglicher Positionen des Indenterschafts oberhalb der Probe in horizontaler Schnittansicht. Die mittlere Position stellt die für eine zuverlässige Wegmessung notwendige dar – die Reflexionsfläche liegt in der selben Ebene wie die Probenseitenfläche. Die äußeren Positionen hingegen erlauben keine Messung der Eindringtiefe.

sich nur die Bewegung eines Objekts – Indenterschaft oder Seitenfläche der Probe – registrieren. Eine zuverlässige Information zur Eindringtiefe kann damit nicht gewonnen werden.

6.4.2 Einfluss der Temperierung

Die bei Hochtemperaturanwendungen bekannte Problematik turbulenter Strömungen aufgrund von Temperaturgradienten vor dem Sichtfenster und damit einhergehender Störungen des Strahlengangs vom beobachteten Objekt zum Objektiv [99] tritt bei KAHTI nicht auf. Das Vakuum verhindert eine signifikante Erwärmung der Außenwände der Hochtemperatur-Vakuum-Prüfkammer.

Die hohen Temperaturen an der Indentationsstelle rufen eine temperaturbedingte Verfärbung der keramischen Heizelemente und des Indenters hervor; in Abhängigkeit von der Temperatur glüht TZM in den in Tab. 6.2
beschriebenen Farben. Diese Strahlung lässt sich mit dem zur Beleuchtung
der Indentationsstelle vorgesehenen LED-Punktstrahler *HLV2-22-SW-3W*
überstrahlen (vgl. Abb. 6.9); die Wärmestrahlung des Indenters hat keinen
Einfluss auf die Sichtbarkeit der Reflexionsfläche und ihrer Oberflächenstruktur.

Tabelle 6.2: Beobachtete Farbveränderung von TZM aufgrund von Wärmestrahlung

Temperatur	Beobachtung
520°C	schwarz/metallfarben, keine Strahlung sichtbar
560°C	Glühen beginnt
600°C	glüht dunkelrot
660°C	rot glühend

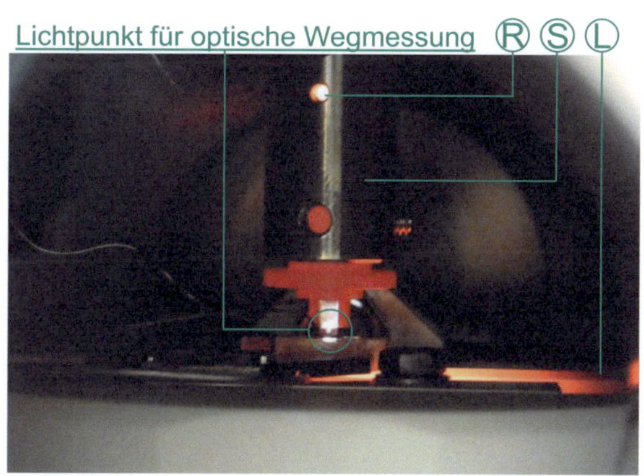

Abbildung 6.9: Heizung von Probe und TZM-Indentermodell auf $T \geq 650°C$.
Die Isolationskeramik Ⓣ ist entfernt.

Ein weiterer möglicher Einflussfaktor sind auftretende Wärmedehnungen. Neben dem in Kap. 3.2.6 beschriebenen Phänomen der thermischen Drift gehören hierzu insbesondere Dehnungen entlang der Sichtachse. Die durch eine Verschiebung aus der Fokusebene veränderten sichtbaren Oberflächenstrukturen können als Bewegung der beobachteten Objekte missinterpretiert werden. Um diesen Einflussfaktor auszuschließen, ist vor Versuchsbeginn eine Haltezeit bei der gewünschten Indentationstemperatur notwendig, sodass sich stationäre thermische und damit geometrische Bedingungen einstellen.

6.4.3 Einfluss der Parameter für Bildaufnahme und -auswertung

Die während der Bildaufnahme gewählten Werte für die Bildaufnahmerate und den Bildausschnitt haben Auswirkungen auf die Parameter der Bildauswertung Markerdichte und Suchfeldgröße. Gemeinsam nehmen sie Einfluss auf die Messgenauigkeit des optischen Systems.

Bildaufnahmerate und Ortsauflösung

Die Bildaufnahmerate bestimmt zusammen mit der Geschwindigkeit des Indenters die Ortsauflösung des optischen Systems.

$$\frac{\text{Geschwindigkeit in } \mu m/s}{\text{Bildaufnahmerate in } 1/s} = \text{Ortsauflösung in } \frac{\mu m}{\text{Bild}} \qquad (6.7)$$

Dabei muss die Ortsauflösung nicht der geforderten Messgenauigkeit des optischen Systems entsprechen. Für die Messgenauigkeit ist nicht die Bewegung selbst, sondern die Genauigkeit der errechneten Bewegung ausschlaggebend. Diese ergibt sich aus der ermittelten Pseudobewegung bei der Beobachtung einer ruhenden Probe (vgl. Abb. 5.15). Jedoch bestimmt die Ortsauflösung die Schrittweite der Bewegung pro Bild. Je geringer die

Bildaufnahmerate (und damit länger der Zeitraum zwischen zwei Bildern q und $q+1$) und je schneller die Geschwindigkeit des beobachteten Objekts ist, desto größer ist die in den Bildern enthaltene Bewegung. Um diese Bewegung korrekt erfassen zu können, muss die Schrittweite der Bewegung in der Bildauswertung berücksichtigt werden.

Im optischen System von KAHTI erhält die PIXELINK-Kamera alle 100 ms ein Trigger-Signal zur Bildauslösung. Bei einer angenommenen Maximalgeschwindigkeit des Indenters von $0,25\ \mu\mathrm{m/s}$ ergibt sich eine Ortsauflösung von $25\mathrm{nm/Bild}$.

Größe des Bildausschnitts

Die Größe des verwendeten Bildausschnitts bestimmt die Anzahl der Marker für die Auswertung. Mit steigender Anzahl Marker nimmt die Genauigkeit des gemittelten Bewegungswerts zu. Zugleich sinkt die mögliche Bildaufnahmerate.

Für die Aufnahme der Bewegung von Indenter und Probe wurden Bildausschnitte von je $264\,\mathrm{px} \times 696\,\mathrm{px}$ gewählt. Damit können genügend Marker auf die Bildausschnitte gesetzt werden, um die geforderte Messgenauigkeit von $\leq 100\,\mathrm{nm}$ einzuhalten; gleichzeitig lassen sich Bildaufnahmeraten von $\geq 10\,\mathrm{Hz}$ realisieren.

Markerdichte und Suchfeldgröße

Bei der Festlegung der Marker sind die Parameter `gridsize` aus dem MATLAB-Code `grid_generator.m` (vgl. Kap. 5.6.6) und `corrsize` aus `cpcorr.m` (aufgerufen innerhalb `automate_image.m` – vgl. Kap. 5.6.6) von Bedeutung. `gridsize` legt den Abstand der Marker untereinander und damit die Markerdichte fest. Je größer die Anzahl der Marker, desto mehr Informationen zur Objektbewegung liegen vor. Folglich wird die Auswertung genauer. `corrsize` definiert die Größe des Markers ($2 \times$ `corrsize` $+ 1$) sowie des Suchfeldes ($4 \times$ `corrsize` $+ 1$). Die Parameter sollten so gewählt werden, dass die Markerdichte auf die Marker- und Suchfeldgröße abgestimmt ist. Grundsätzlich empfiehlt sich ein möglichst kleiner Wert für `corrsize`. Die Anzahl von Bereichen, die mit dem Marker zu einem gewissen Grad übereinstimmen[17], wird minimiert, sodass Fehlzuweisungen innerhalb des Suchfelds reduziert werden. Dennoch muss das Suchfeld so groß gewählt sein, dass es mindestens die Schrittweite der Ortsauflösung umfasst. Ist es zu klein gewählt, können die Marker nicht mehr identifiziert werden und es kommt auch hier zu Fehlinterpretationen der Markerbewegung. Beide Parameter nehmen Einfluss auf die Rechenzeit. Eine größere Anzahl an Markern verlängert die Dauer der Berechnung. Je größer Marker und Suchfeld, desto länger benötigt die Korrelationsrechnung zur Bestimmung der Markerposition.

Zur Bestimmung der optimalen Werte für `gridsize` und `corrsize` wurden die Bilder einer prüfungsrelevanten Indenterbewegung mit variierenden Parametern ausgewertet (vgl. Tab. 6.3). Es zeigte sich, dass für die Marker-

Tabelle 6.3: MATLAB-Test für `corrsize`

corrsize	gridsize	Verschiebung in px	
		min	max
5	23	$-^*$	
5	45	$-^*$	
10	23	$-^*$	
10	45	$-^*$	
15	15	0	214,16
15	23	0	214,21
15	31	0	214,10
15	45	-0,02	214,12
15	60	-0,07	214,36

* $-$ `corrsize` zu klein, um die Bewegung zu verfolgen.

---

[17]Der Grad der geforderten Übereinstimmung wird mit dem Parameter $0 <$ `threshold` < 1 in `cpcorr.m` definiert.

verfolgung eine `corrsize` von $> 15\,\mathrm{px}$ benötigt ist. Bei kleineren Werten für `corrsize` wird die Schrittweite der in den Bildern enthaltenen Bewegung unterschritten. Die Variation der Markerdichte im Bereich $15 - 60\,\mathrm{px}$ führt zu Abweichungen der berechneten Bewegung von maximal 0,26 px. Um bei möglichst hoher Markerdichte überlappende Marker zu vermeiden, wurde eine `gridsize` von 31 px gewählt.

Die Werte für `gridsize` und `corrsize` wurden – ebenso wie die Parameter der Bildaufnahme – für alle folgenden Versuche konstant gehalten.

6.4.4 Kalibrierung des Wegmesssystems

Die Kalibrierung des optischen Systems auf metrische Maße anhand eines geeichten Glasmaßstabs ergab ein Verhältnis von $0,98\,\mathrm{px}/\mu\mathrm{m}$. Diese Kalibrierung konnte mit wiederholten Messungen bestätigt werden (vgl. Anhang B.3).

6.5 Validierung des Heizsystems

Die Experimente zur Validierung des Heizsystems hatten folgende Ziele:

1. Festlegung einer optimalen Messstelle zur Bestimmung der Temperatur an der Eindringspitze

2. Kalibrierung der Temperaturmessungen an der Indentationsstelle

3. Funktionsnachweis für die eingesetzten Heizelemente

4. Definition der Regelparameter für die Pulsweitenmodulation der Heizleistung

Die Maßnahmen hierzu sollen im Folgenden dargestellt werden. Sämtliche Heizversuche wurden bei Drücken im Bereich von max. $10^{-5}\,\mathrm{mbar}$ durchgeführt.

6.5.1 Wahl der Messstelle für T_I

Als Alternative zu der in Kap. 5.7.4 vorgestellten Temperaturmessung an der Eindringspitze wurden weitere Messstellen an der Indentationssäule auf ihre Eignung hin untersucht, auf die Temperatur an der Eindringstelle schließen zu können. Konstruktionsbedingt ist hierbei stets eine Durchführung des Thermoelements durch die Isloationskeramik ⓣ notwendig. Eine Temperaturmessung an der Heizpatrone (T_{HP}) kann nur auf deren Oberfläche erfolgen; eine Messung der Temperatur innerhalb der Heizpatrone analog zur Heizplatte in einer Bohrung ist aufgrund des geringen Durchmessers der Heizpatrone nicht möglich. Das Thermoelement wurde über seine formbedingte Federwirkung an den Schaft angedrückt (vgl. Abb. 6.10). Im

Abbildung 6.10: Temperaturmessung an der Heizpatrone. Die Isolationskeramik ⓣ ist entfernt.

Versuch (vgl. Abb. 6.11) zeigten sich jedoch Temperatursprünge von bis zu $200°C$, die Werte von T_{HP} lagen grundsätzlich tiefer als T_{IS}. Dies wird auf die thermische Expansion der Komponenten und eine damit verbundene

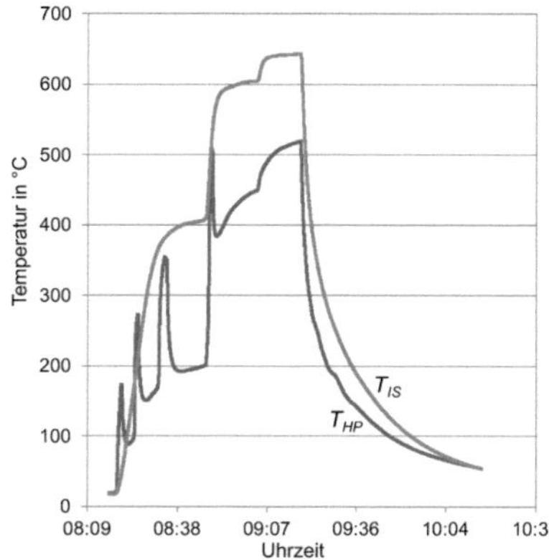

Abbildung 6.11: Vergleich der Temperaturmessungen an Heizpatrone und Eindringspitze

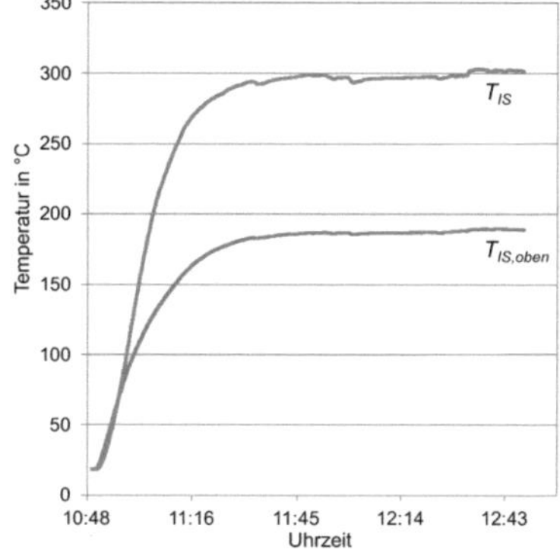

Abbildung 6.12: Vergleich der Temperaturmessungen an Indenterschaft und Eindringspitze

wechselnde Kontaktgüte zurückgeführt. Somit lässt sich diese Messstelle nicht als Referenz nutzen. Eine weitere Option war die Messung der Temperatur am Indenterschaft durch die Aufnahmehülse (vgl. Ⓢ in Abb. 6.10) hindurch mit der selben konstruktiven Lösung. Auch hier lag das Temperatursignal $T_{IS,oben}$ deutlich unterhalb der Temperaturen T_{IS} am Indentationskristall (vgl. Abb. 6.12), bedingt durch einen nicht ausreichenden Anpressdruck des Thermoelements an den Indenterschaft. So scheidet auch diese Messstelle als Referenz für die Temperatur des Eindringkörpers aus. Die direkte Messung der Temperatur an der Eindringspitze bietet die einzige Möglichkeit. Zugleich ist sie auch die beste Option; die Temperatur wird direkt erfasst und nicht über Richtreihen aus anderen Messungen bestimmt. Allerdings muss das Thermoelement mit dem Wechsel des Indenters demontiert werden. Insbesondere im fernhantierten Betrieb ist darauf zu achten, dabei Beschädigungen zu vermeiden und einen zuverlässigen Kontakt herzustellen.

Eine konstruktive Anpassung der Heizpatrone, bei der der Durchmesser der Heizpatrone vergrößert würde, könnte eine Temperaturmessung erlauben.

Ebenso wäre eine zusätzliche Überprüfung der Temperatur mittels einer laserbasierten Methode, Infrarotmessgerät oder Pyrometer denkbar.

6.5.2 Kalibrierung der Temperaturmessung

Für die Kalibrierung der Temperaturmessung wurden die an der Eindringstelle herrschenden Temperaturen mit den innerhalb der Hochtemperatur-Vakuum-Prüfkammer gemessenen Temperaturen (vgl. Kap. 5.7.4) referenziert. Hierfür wurde auf der Oberfläche einer Probe mittels zweier punktgeschweißter Laschen ein Thermoelement vom Typ K fixiert (vgl. Abb. 6.13). Die Maße der Probe – und somit das aufzuheizende Volumen – entspre-

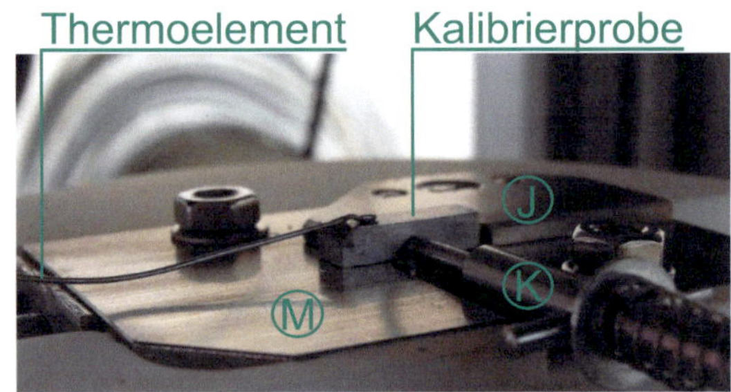

Abbildung 6.13: Kalibrierprobe mit installiertem Thermoelement

chen einer halben miniaturisierten Kerbschlagbiegeprobe, die vornehmlich in der Anlage getestet werden soll (vgl. Kap. 4.1). Damit lässt sich für diese Probengeometrie ein Zusammenhang zwischen der Temperatur der Kalibrierprobe $T_{P,kal}$ und den Werten des Thermoelements an der Seitenfläche der Probe T_{PS} (vgl. Kap. 5.7.4) bestimmen. $T_{P,kal}$ zeigt – nach Einstellung eines thermischen Gleichgewichts – eine gute Übereinstimmumg mit T_{PS} im gesamten Temperaturbereich (vgl. Abb. 6.14). Somit kann, nach Einstellung stationärer Bedingungen durch eine entsprechende Wartezeit (ca. 60 min, abhängig von der Zieltemperatur), T_{PS} mit der Probentemperatur T_P gleichgesetzt werden.

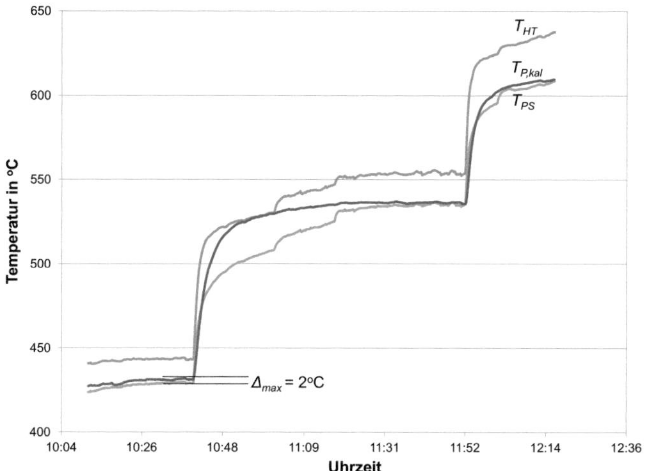

Abbildung 6.14: Darstellung der Temperaturen der Heizplatte T_{HT}, der Kalibrierprobe $T_{P,kal}$ und des Thermoelements an der Seitenfläche der Probe T_{PS} während des Aufheizens

Die Temperatur am Indenter T_{IS} wird in unmittelbarer Nähe der Eindringspitze gemessen. Mit der Annahme $T_{IS} = T_I$ kann T_I direkt bestimmt werden (vgl. Kap. 5.7.4).

6.5.3 Funktionsnachweis für die Heizelemente

Die Substitution der in [75] gewählten Heizpatronen durch keramische Heizelemente war u. a. der Tatsache geschuldet, dass die Zieltemperatur von 650°C an der Indentationsstelle nicht erreicht werden konnte (vgl. Kap. 5.7.1). So war dies eine notwendig zu erfüllende Bedingung für die keramischen Heizelemente, die in mehreren Versuchen überprüft wurde. Bereits die Heizversuche, bei denen nur der Indenter (vgl. Abb. 6.11) bzw. nur die Probe (vgl. Abb. 6.15) aufgeheizt wurde, zeigten zufriedenstellende Ergebnisse; gemeinsam können Eindringspitze und Probe problemlos auf 650°C geheizt werden, auch höhere Temperaturen sind – bei erweiterter

Temperaturüberwachung, insbesondere der Lötstellen der Heizkeramiken – möglich. Deren maximale Betriebstemperatur ist auf 550°C begrenzt (vgl. Datenblatt F.3). Je nach Wärmeabfuhr dort können die Heizelemente auf Maximaltemperaturen von 1000°C geheizt werden.

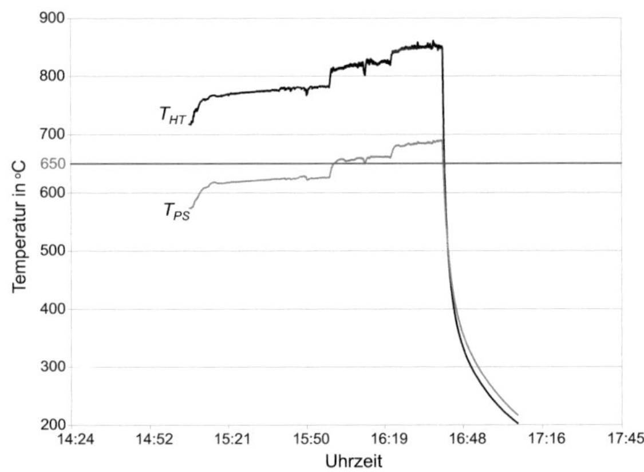

Abbildung 6.15: Heizversuch bis 650°C an der Probe

6.5.4 Überprüfung der Regelgenauigkeit

Die Überprüfung der Regelung für das Heizsystem erfolgte mittels Temperaturmessung an den in KAHTI vorgesehenen Referenzstellen. In den Experimenten wurde das Erreichen und die Stabillität einer vorgegebenen Temperatur überprüft. Abb. 6.16 zeigt den Temperaturverlauf während einer Indentationsprüfung. Als Zieltemperaturen sind für $T_{PS} = 200°C$ sowie $T_{IS} = 202°C$ vorgegeben. Es zeigt sich, dass die gewünschte Temperatur an der Probe mit einer Genauigkeit von $\leq 0,3\,$K konstant gehalten wird. An der Eindringspitze fallen die Temperaturschwankungen mit max. 1,0 K höher aus. Dies ist auf die geringe aufzuheizende Masse des Eindringkörpers sowie die Totzeit im Regelsystem zurückzuführen. Bedingt durch die Temperaturmessung an der Eindringspitze reagiert die Regelung zur

Leistungsversorgung der Heizpatrone verzögert auf Temperaturänderungen. Der Kontakt des Indenters mit der Probe stellt eine deutliche Störgröße für die Heizungsregelung dar. Es lässt sich ein anfängliches Absinken aller Temperaturen feststellen. Mit der Heizungsregelung lässt sich die Temperaturschwankung während des Indenterkontakts auf ca. 1 K reduzieren.

Dieses Phänomen wurde bereits in deutlich ausgeprägterer Form – einem Temperaturabfall von ca. 10% – bei Versuchen mit Stellung der Heizlleistung beobachtet (vgl. Abb. 6.17).

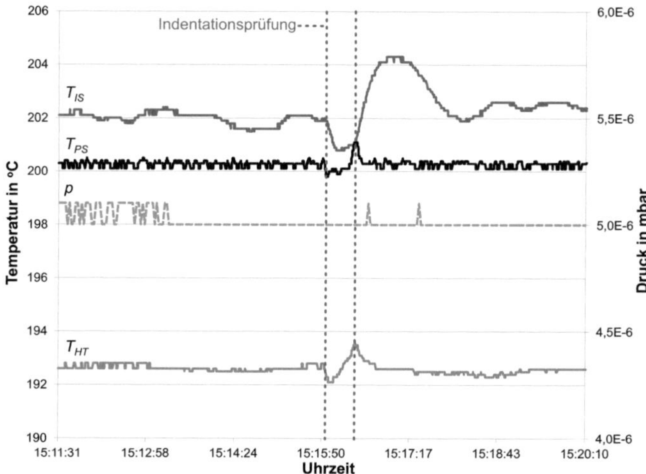

Abbildung 6.16: Leistungsgeregelter Temperaturverlauf während einer Indentationsprüfung

Die Ursache für den Abfall sämtlicher Temperaturen bei Indenterkontakt ist nicht endgültig geklärt. Eine mögliche Erklärung wäre eine Veränderung der thermischen Bedingungen während der Indentationsprüfung. Der durch die Indentationskraft verbesserte Wärmekontakt zwischen Heizplatte und Isolationskeramik lässt hier eine Wärmesenke entstehen, sodass T_{HT} sinkt. Dies erklärt jedoch nicht das Absinken der Indentertemperatur T_{IS}, zumal die Temperatur der Probe T_{PS} konstant bleibt.

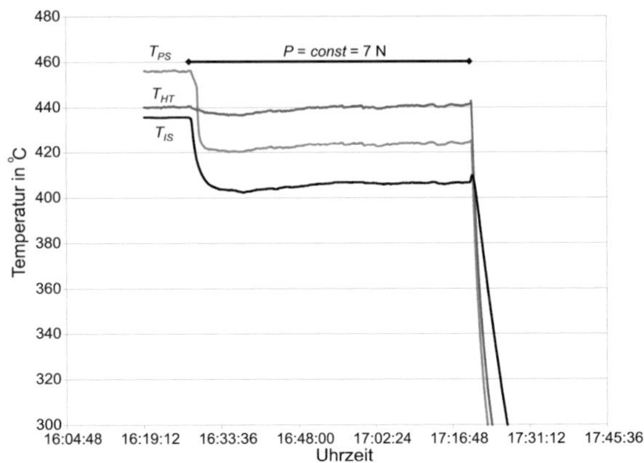

Abbildung 6.17: Temperaturverlauf bei konstanter Heizleistung mit Indenterkontakt als Störgröße. Die Heizung wurde zeitgleich mit dem Versuchsende
ausgeschalten.

6.6 Kombinierte Überprüfung des Gesamtsystems KAHTI

Zur Überprüfung des Zusammenspiels aller Systeme von KAHTI sowie zur
Validierung der Datenaufzeichnung, -verarbeitung und -auswertung wurden Versuche durchgeführt, bei denen die Indentationsgrößen Kraft, Prüfzeit und Eindringtiefe aufgezeichnet wurden. Die Untersuchungen umfassen die Bestimmung der thermischen Ausdehnung an der Indentationssäule, Stabilitätstests für den Nachweis konstanter Prüfbedingungen innerhalb
KAHTI sowie Drucktests als Simulation einer Eindringprüfung.

6.6.1 Auswertung der thermisch bedingten Dehnung

Der Einfluss der thermischen Dehnung der Indentationssäule auf die Bewegung der Indenterspitze wird in Abb. 6.18 deutlich. Bei einer Abkühlung
des Indenters von Prüf- auf Raumtemperatur bewegt sich der Indenter –
aufgrund der Länge der Indentationssäule – um $> 300\,\mu$m nach oben. Be-

reits eine Abkühlung von 650°C auf 600°C führt zu einer Kontraktion der Säule um ca. 17 µm.

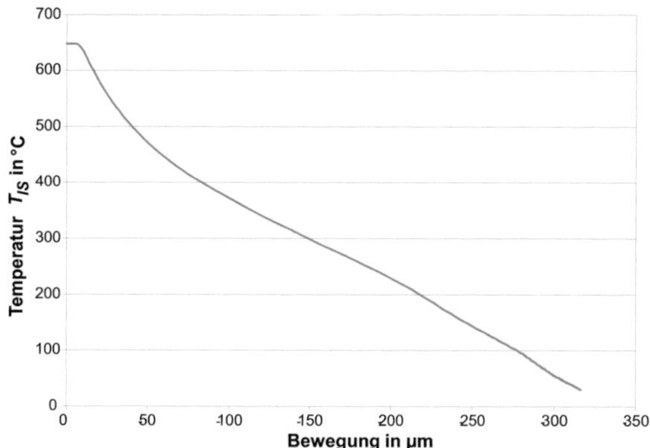

Abbildung 6.18: Bewegung des Indenters während der Abkühlung aufgrund der thermisch bedingten Kontraktion der Indentationssäule

Diese Beobachtungen verdeutlichen die unbedingte Notwendigkeit eines thermisch stabilen Systems vor Prüfbeginn wie auch während der gesamten Prüfung.

6.6.2 Stabilitätstest

Um Instabilitäten bei KAHTI aufgrund der thermischen Dehnung, der Vakuumkraft, deren Ausgleichsregelung, der Kühlschläuche im Kraftfluss, der Umwälzkühlung oder anderer Faktoren auszuschließen, wurden Stabilitätstests durchgeführt. Hierfür wurde eine Probe über den sphärischen Diamantindenter mit einer Kraft von 7 N über ca. 3000 s belastet. Bei einer solch geringen Belastung wird kein Materialkriechen in der Probe erwartet. Dies wurde in einem Referenzexperiment an einer konventionellen Prüfmaschine *zwicki* ZHU zur Instrumentierten Eindringprüfung bestätigt. Wie

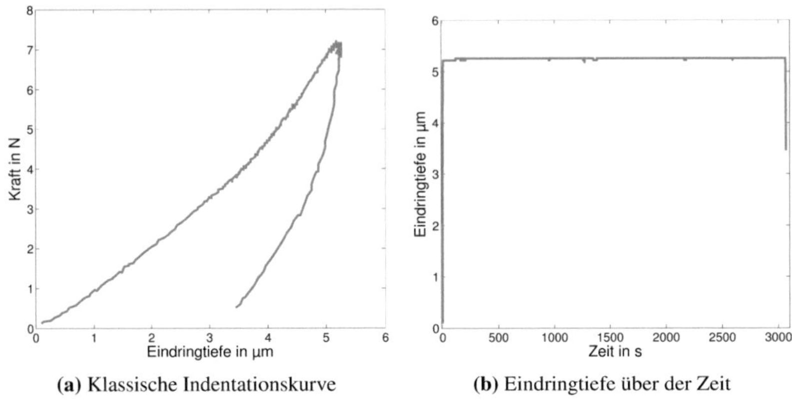

(a) Klassische Indentationskurve   (b) Eindringtiefe über der Zeit

Abbildung 6.19: Auswertung eines Stabilitätstests bei Raumtemperatur an einer Referenzanlage

in Abb. 6.19 ersichtlich, kann während der Haltephase bei konstanter Kraft keine Drift festgestellt werden.

Die Versuchsreihe in KAHTI wurde bei Raumtemperatur unter sukzessiver Hinzunahme einzelner Komponenten durchgeführt (vgl. Tab. 6.4). Anschließend wurde der Versuch mit leistungsgestellter Heizung wiederholt, um die thermische Stabilität im gesamten Temperaturbereich zu bestätigen. Hierbei wurden Temperaturen von 270°C, 400°C und 600°C erreicht.

Abb. 6.20 zeigt exemplarisch die Bewegung des Indenters und der Probe für den Versuch st_8, Abb. 6.17 den dazugehörigen Temperaturverlauf. Im Gegensatz zur erwarteten stabilen Situation ist für beide verfolgte Objekte eine deutliche Verschiebung nach unten mit überlagerten zyklischen Schwankungen zu beobachten. Aufgrund der kraftkontrollierten Prüfweise folgt der Indenter der Probenbewegung. Für die beobachtete zyklische Bewegung konnte eine Korrelation mit den Temperaturschwankungen des Kühlmediums im Bereich 18 − 19°C gefunden werden. Dies führt zu der Erklärung, dass sich eine Temperaturänderung des Kühlmediums von nur 1 K auf die Ausdehnung des Indentationssystems auswirkt.

Tabelle 6.4: Versuchsprogramm und Ergebnisse der durchgeführten Stabilitätstests

Name	Vakuumpumpen*	Kühltemp. in °C	Druck in mbar	Probentemp. in °C	Drift in nm/h
st_1	–	–	~ 1000	RT	
st_2	MVP	–	3,9	RT	27
st_4	MVP, TP	18	$5,3 \times 10^{-6}$	RT	115
st_6	MVP, TP	18	6×10^{-6}	~ 270	190
st_8	MVP, TP	18	$9,1 \times 10^{-6}$	~ 404	93
ht_0	MVP, TP	18	$7,4 \times 10^{-6}$	~ 445	144
ht_2	MVP, TP	18	$1,5 \times 10^{-6}$	~ 613	828
zt_0	Vergleichsexperiment an *zwicki* ZHU				0

* – MVP: Membranvakuumpumpe, TP: Turbopumpe

Hier wird der Vorteil der relativen Messmethode zur Bestimmung der Eindringtiefe deutlich. Betrachtet man die relative Bewegung des Indenters zur Probe, wird die zyklische Bewegung eliminiert. Auch die Drift nimmt deutlich ab. Eine genaue Analyse der resultierenden Bewegung im Versuch st_8 ergibt eine resultierende Driftrate von 93 nm/h.

Eine Betrachtung sämtlicher Experimente zeigt, dass diese eine Driftrate im Bereich $100 - 200$ nm/h aufweisen; der Versuch ht_2 bildet mit einer gemessenen Driftrate von > 800 nm/h eine Ausnahme. Für einzyklische Indentationsversuche mit Prüfzeiten von einigen Sekunden lässt sich diese Driftrate vernachlässigen. Bei der multizyklischen Indentation mit Indentationstiefen um 20 µm und Versuchsdauern bis zu ca. 20 Minuten führt die beim Versuch ht_2 gemessene Driftrate zu einem Fehler von 1,3%. Die im restlichen Temperaturbereich ermittelten deutlich niedrigeren Driftraten lassen jedoch eine geringere Abweichung erwarten. Desweiteren ermöglicht eine aktive Temperaturregelung – die bei dieser Versuchsreihe nicht zum Einsatz kam – eine weitere Reduktion der thermischen Drift.

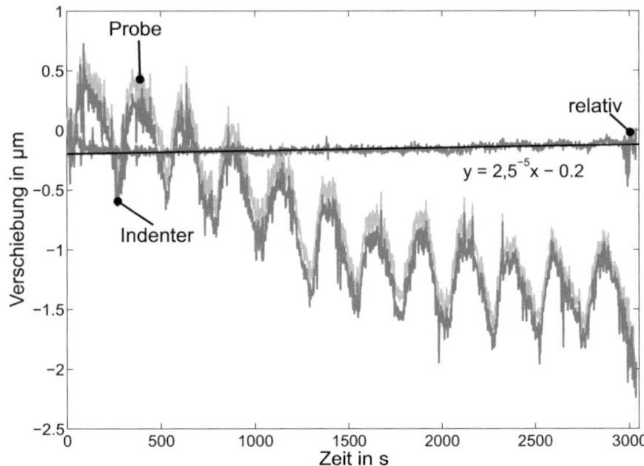

Abbildung 6.20: Bewegung des Indenters und der Probe während einer konstanten Belastung mit 7 N. Für die Bestimmung der Driftrate wurde hier, wie bei den anderen Versuchen, die anfängliche Bewegung bis ca. 200 s nicht berücksichtigt.

6.6.3 Gesamttest zur Validierung der Datenaufzeichnung und -verarbeitung

Für eine Simulation der Instrumentierten Eindringprüfung wurde das TZM-Indentermodell, bei dem ein Zylinder mit $\emptyset = 2$ mm die Probenspitze ersetzt (vgl. Abb. C.15c), mit einer Stahlprobe kontaktiert. Die Versuche wurden bei Raumtemperatur, ohne Nutzung des Kühlaggregats durchgeführt. Für die Bildaufnahme wurde ein Triggersignal alle 100 ms gesetzt, sodass sich hieraus eine Datenaufnahmerate von 10 Hz ergibt.

Die einzelnen Schritte für Versuchsvorbereitung, -durchführung und -auswertung sind im Anhang A in zwei Flussdiagrammen zusammengefasst (vgl. Abb. A.1f).

Abb. 6.21 zeigt exemplarisch die Ergebnisse eines Versuchs mit drei Zyklen mit einer Kraftzunahme von jeweils 27,5 N, die mit einer Belastungsgeschwindigkeit von $5\,\mathrm{N/s}$ angefahren und über jeweils 15 sec gehalten wurden.

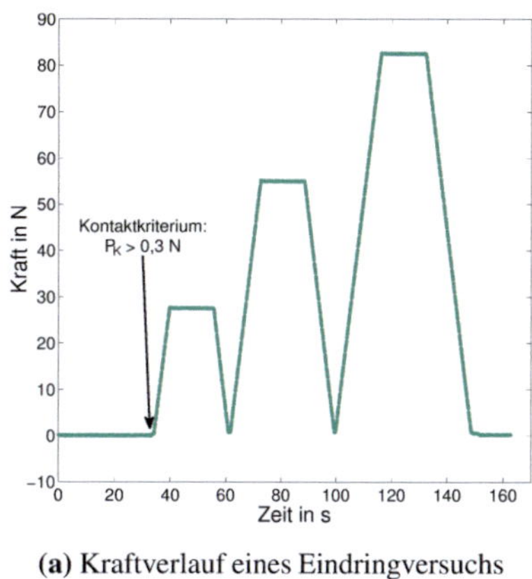

(a) Kraftverlauf eines Eindringversuchs

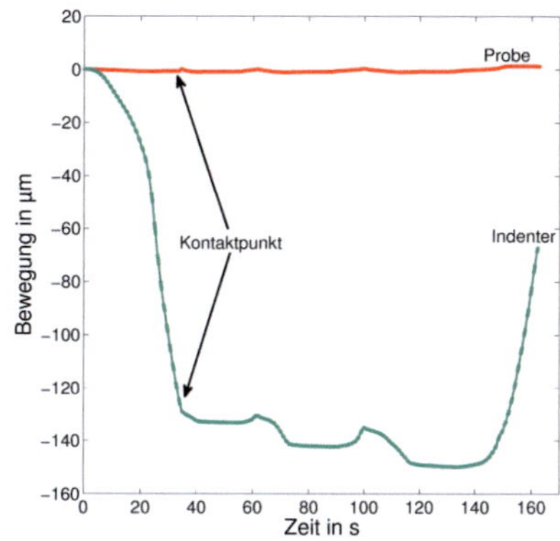

(b) Bewegung des Eindringkörpers und der Probe während eines Eindringversuchs

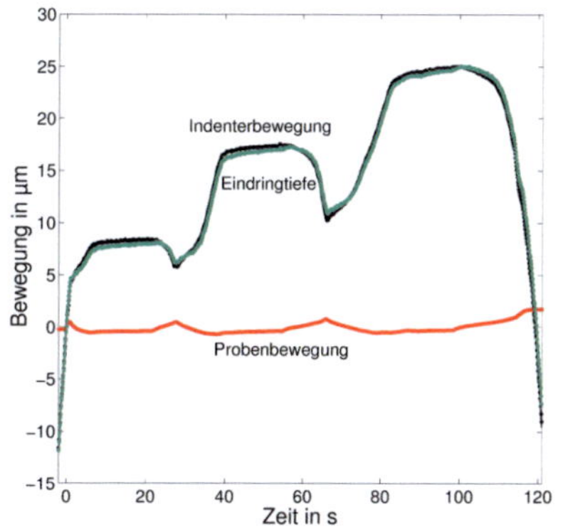

(c) Aus der Relativbewegung resultierende Eindringtiefe

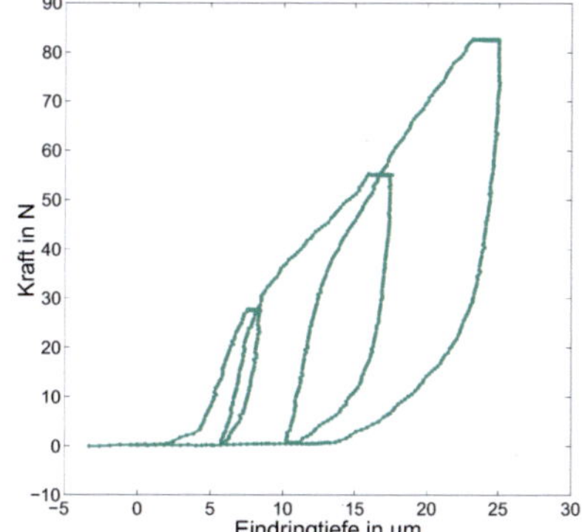

(d) Kraft-Weg-Verlauf eines Eindringversuchs an KAHTI

Abbildung 6.21: Kombination der Signale von Kraft und Eindringtiefe zum typischen Indentationsdiagramm mithilfe der Prüfzeit

a) Die Auftragung der registrierten Prüfkräfte über der Zeit in Abb. 6.21a verdeutlicht die zyklische Belastung der Probe. Mit dem gewählten Kontaktkriterium $P_K = 0,3\,\text{N}$ lässt sich aus dem Kraft-Zeit-Datensatz der Zeitpunkt des Indenterkontakts mit der Probe identifizieren.

b) Die Auswertung der Bilder von Indenter und Probe (vgl. Kap. 5.11.2) liefert deren Bewegung, die sich ebenfalls über der Prüfzeit auftragen lässt (vgl. Abb. 6.21b). Mit dem ermittelten Zeitpunkt des Kraftanstiegs aus a) kann der Kontaktpunkt zwischen Probe und Indenter gefunden werden.

c) In beiden Bewegungsabläufen wird der Wert des Kontaktpunkts zu Null gesetzt und die Bewegung von Indenter und Probe jeweils auf diesen Kontaktprunkt referenziert. Durch Subtraktion der Probenbewegung vom gemessenen Verfahrweg des Eindringkörpers ergibt sich die Relativbewegung zwischen Indenter und Probe, wie in Abb. 6.21c dargestellt. Sie entspricht der Eindringtiefe des Indenters in die Probe.

d) Über das gemeinsame Zeitsignal kann die Kraft über der Eindringtiefe – der typischen Darstellungsform des Eindringversuchs – gezeichnet werden (vgl. Abb. 6.21d).

Die Auswertung der in KAHTI durchgeführten Versuche, die in Kap. 7 vorgestellt werden, folgt diesem Muster.

7 Ergebnisse aus Indentationversuchen

Die Indentation einer Probe ist stets mit einem Fließen des Materials verbunden. Je nach herrschender Temperatur sind unterschiedliche Mechanismen an der Plastifizierung beteiligt. Somit lässt sich die Hochtemperatur-Indentation nutzen, um Informationen über das temperaturabhängige plastische Verhalten eines Werkstoffs zu gewinnen. Die im Folgenden vorgestellten Versuchsreihen verdeutlichen dies.

7.1 Hochtemperatur-Indentation von Eurofer in KAHTI

Mit der neu geschaffenen Hochtemperatur-Indentationsanlage KAHTI wurden Eurofer-Proben bei unterschiedlichen Temperaturen getestet.

7.1.1 Motivation und Untersuchungsziel

Die Versuche dienen der grundsätzlichen Charakterisierung des temperaturabhängigen Materialverhaltens von Eurofer mittels Indentation im Bereich Raumtemperatur bis 650°C. Zugleich lassen sich die gewonnenen Ergebnisse mit Ergebnissen anderer Versuchsmethoden vergleichen und damit die Aussagekraft der Hochtemperatur-Indentation überprüfen.

7.1.2 Experimentelle Vorgehensweise

Die Dimensionen der drei getesteten Eurofer-Proben entsprachen halben miniaturisierten Kerbschlagbiegeproben. Die zu prüfenden Oberflächen sämtlicher Proben wurden metallographisch präpariert, sodass deren Rauheit den Indentationsanforderungen genügt (vgl. Kap. 3.2.2). Ebenso wurden die Seitenflächen der Proben entsprechend den Anforderungen des optischen Systems (vgl. Kap. 5.6.5) geschliffen.

Sämtliche Prüfungen wurden mit den in Kap. 5 und 6 beschriebenen Systemen von KAHTI gemäß dem Prüfablauf in Anhang A durchgeführt und aufgenommen. Die Versuche fanden im Hochvakuum bei Kammerdrücken $p = 2,5 \times 10^{-6} - 3 \times 10^{-5}$ mbar statt. Das Aufheizen der Proben und des Indenters erfolgte stufenweise. Nach Erreichen der Zieltemperatur wurde diese vor Versuchsbeginn an allen Messstellen für mindestens 15 min konstant gehalten. Für Referenzmessungen diente eine *zwicki ZHU*-Prüfmaschine zur Instrumentierten Eindringprüfung. Bei den Prüfungen kam der Indenter mit Rockwell-Diamantspitze (Radius der abgerundeten Kegelspitze $R = 200\,\mu$m, vgl. Kap. 5.5 sowie Abb. C.15d) zum Einsatz. Für die Versuche bei Raumtemperatur wurde in KAHTI z. T. auch der Standard-Indenter mit maßgleicher Spitze (vgl. Abb. C.15a) genutzt, der ebenso in der *zwicki ZHU*-Prüfmaschine eingesetzt werden kann.

Zur Auswertung der Materialhärte wurden für die Eurofer-Proben u. a. Indentationszyklen in Anlehnung an DIN EN ISO 6506 zur Härteprüfung nach Brinell [64] definiert. Für einen Beanspruchungsgrad von 30 ergibt sich folgender Zyklus:

- Belastung der Probe mit $\dot{P} = 5,9\,\text{N}/\text{s}$

- Halten bei Maximallast $P = 47,06\,\text{N}$ über 12 s

- Entlastung der Probe mit $\dot{P} = 5,9\,\text{N}/\text{s}$

Daneben wurden auch andere Prüfzyklen durchgeführt. Für ein temperaturabhängiges Verhalten bei multizyklischer Indentation wurden Versuche gemäß Kap. 3.5.2 definiert. Die Probe wurde mit fünf Zyklen steigender Prüfkraft belastet. Die Kraftzunahme je Zyklus lag bei 12 N, die Belastungsgeschwindigkeit bei 1 N/s. Sämtliche Prüfzyklen, -temperaturen und -bedingungen sind, zusammen mit den Ergebnissen, in den Tab. D.6*ff* dargestellt.

Für alle Prüfungen wurden die Normbedingungen gemäß DIN EN ISO 14577 bzgl. des Abstands der Indents untereinander sowie vom Rand angewandt (vgl. Kap. 3.2.1).

7.1.3 Auswertung und Diskussion

Die Auswertung umfasst sowohl die Vermessung der Indents, als auch die Interpretation der Indentationskurven. Die erhaltenen Ergebnisse werden diskutiert, validiert und in den aktuellen Stand des Wissens eingeordnet.

Auswertung der Härte nach DIN EN ISO 6506

Abb. 7.1 zeigt Indents der Eindringprüfung mit einem Prüfzyklus nach Brinell bei unterschiedlichen Temperaturen in Probe E-FML-5. Die Zunahme der Durchmesser mit zunehmender Prüftemperatur ist klar erkennbar.

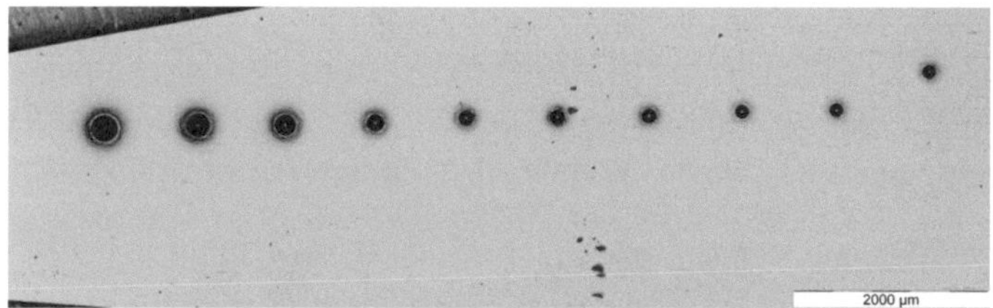

Abbildung 7.1: Übersicht der Indents in Probe E-FML-5. Von rechts nach links wurde die Prüftemperatur von RT bis 650°C erhöht.

Für die Auswertung gemäß DIN EN ISO 6506 wurden die Durchmesser der Indents an einem Lichtmikroskop vermessen und die Härte gemäß Gl. (3.19) bestimmt. Abb. 7.2 fasst die Ergebnisse zusammen.

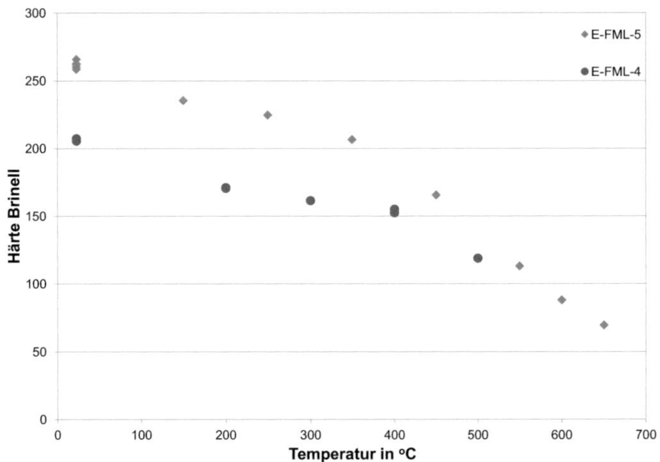

Abbildung 7.2: Messpunkte der Brinell-Härte der Proben E-FML-4 und E-FML-5 in Abhängigkeit von der Prüftemperatur. Die Versuche bei Raumtemperatur erfolgten für E-FML-4 an der *zwicki ZHU*-Prüfmaschine, für E-FML-5 an KAHTI sowie der *zwicki ZHU*-Prüfmaschine (vgl. Tab. D.6*f*).

Es wird erkennbar, dass die Härtewerte für beide Proben mit zunehmender Temperatur sinken. Jedoch zeigt sich eine deutliche Abweichung der Härtewerte der beiden Proben im gesamten Temperaturbereich. Diese Beobachtung wird durch die Referenzprüfungen an der *zwicki ZHU* bei Raumtemperatur bestätigt. Der Grund wird in abweichenden Bedingungen vorangegangener, nominell gleicher Wärmebehandlungen der Proben vermutet.

Die Durchmesser der Indents betragen bei Temperaturen von 650°C bis zu 250 µm. Aus der Geometrie des verwendeten Rockwell-Eindringkörpers ergibt sich, dass der sphärische Anteil der Spitze bereits bei Eindruckdurchmessern von 200 µm komplett in die Probe eindringt (vgl. Kap. 5.5.3).

Folglich befand sich bei allen Eindrücken mit Durchmessern $> 200\,\mu$m auch der kegelige Anteil des Eindringkörpers in Kontakt mit dem Material. Vergleicht man die Flächenfunktionen von Kegel und Kugel, zeigt sich, dass mit zunehmender Eindringtiefe die Kontaktfläche eines Kegels mit Öffnungswinkel $120°$ deutlich schneller zunimmt, als bei einer Kugel mit $R = 200\,\mu$m (vgl. Abb. 3.2c). Bei einer Auswertung der Kegelfläche mit der Annahme einer Kugelfunktion wird die erhaltene Fläche größeren Eindringtiefen zugeordnet und die Härte des Materials unterschätzt.

Damit ist eine Auswertung nach Brinell, die die Kraft auf die reale, nicht aber die projizierte Kontaktfläche bezieht, für Eindringdurchmesser $> 200\,\mu$m grundsätzlich nicht mehr gültig. Die Berechnung der Kontaktfläche muss nunmehr über eine Kombination der Flächenfunktionen geschehen. Für die Kontaktfläche mit einem Durchmesser von $200\,\mu$m gilt die Flächenfunktion der Kugel, während darüber hinaus die Flächenfunktion des Kegels zu berücksichtigen ist (vgl. Anhang B.4). Mit einer Berechnung nach dieser Methode lassen sich die Härtewerte signfkant korrigieren (vgl. Abb. 7.3).

Wie erwartet, wird mit zunehmender Temperatur eine abnehmende Härte des Materials beobachtet; bei einer Temperatur von $550°$C ist der bei Raumtemperatur gemessene Härtwert bereits halbiert. Dieses Verhalten deckt sich mit der von Lindau et al. beobachteten Temperaturabhängigkeit der Zugfestigkeit von Eurofer [24] (vgl. Abb. 2.4 sowie Abb. 7.3). Damit ist die Hochtemperatur-Indentation mittels KAHTI ein valides Verfahren zur Charakterisierung von Eurofer.

Auswertung der Kraft-Eindringtiefen-Daten

Für eine Aussage des temperaturabhängigen Materialverhaltens lassen sich die Indentationskurven gleichartiger Prüfzyklen bei unterschiedlichen Temperaturen direkt vergleichen. Abb. 7.4 stellt die Kraft-Weg-Kurven eines

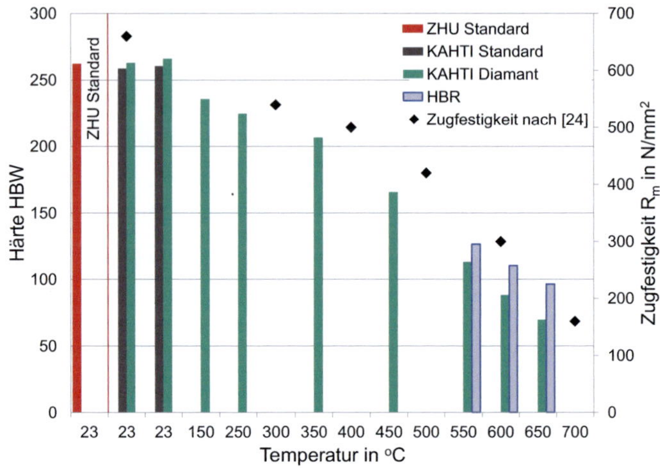

Abbildung 7.3: Temperaturabhängige Härtewerte der Eurofer-Probe E-FML-5 im Vergleich zur Zugfestigkeit von Eurofer nach [24]. Die einzelnen Werte sind nach verwendeter Prüfmaschine und eingesetztem Indenter unterteilt. Die mit „HBR" gekennzeichneten Werte stellen die mit korrigierter Kontaktfläche bestimmten Härtewerte gemäß Anhang B.4 dar.

einzyklischen Versuchs an der Probe E-FML-4 bei unterschiedlichen Temperaturen dar. Mit steigender Temperatur lässt sich – analog zu den Indentationsversuchen nach Brinell – eine zunehmende Eindringtiefe messen (vgl. auch Tab. D.6). Anhand der Kraft-Eindringtiefen-Kurve kann dies auf zwei Effekte zurückgeführt werden. Zum einen wird bei höheren Temperaturen ein geringerer Verformungswiderstand des Materials während der Belastung beobachtet; zum anderen zeigt sich mit steigender Temperatur eine größere Kriechneigung des Materials.

Die Entlastungssteifigkeit der Kraft-Eindringtiefen-Kurven hingegen zeigt sich nahezu konstant (vgl. Abb. 7.4); die Veränderung der plastischen Materialeigenschaften wirkt sich kaum auf das elastische Verhalten, ausgedrückt im E-Modul, aus. Die Feststellung, dass dieser werkstoffkundliche Sachverhalt durch die Indentationskurve korrekt wiedergegeben wird,

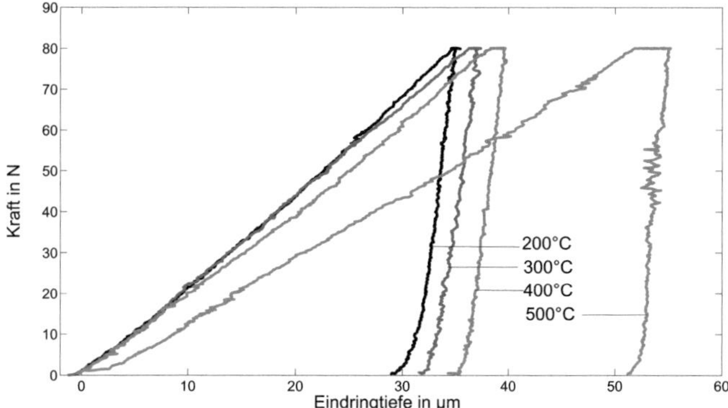

Abbildung 7.4: Kraft-Weg-Kurven für einzyklische Indentationstests bei unterschiedlichen Temperaturen an Probe E-FML-4

plausibilisiert den aus der Indentationskurve gezogenen Schluss einer mit steigenden Temperaturen sinkenden Fließspannung.

Zudem bestätigt dieses Ergebnis den Einsatz der gewählten optischen Messmethode für die Eindringtiefe. Durch deren Bestimmung aus dem relativen Weg zwischen Indenter und Probe haben temperaturbedingte Änderungen der Maschinensteifigkeit keinen Einfluss auf die Messung.

Auswertung der multizyklischen Versuche

Bei den multizyklischen Indentationsversuchen an der Probe E-FML-6 (vgl. Tab. D.8) konnte die Temperatur an der Indentationsstelle nur durch den Vergleich mit Temperaturwerten entfernter Messstellen gewonnen werden. Auf Basis dieser Extrapolation wurde die benötigte Heizleistung gewählt, die in Kap. 5.7.5 beschriebene Regelung war nicht aktiv. Dies wirkt sich auf die gemessene Eindringtiefe aus. Während die kraftkontrollierten Prüfzyklen zuverlässig verliefen (vgl. Abb. 3.10), sind im Kraft-Eindringtiefen-Diagramm in Abb. 7.5 die Einflüsse thermischer Drift deutlich erkennbar; insbesondere während der Kriechphasen wurde eine Verringe-

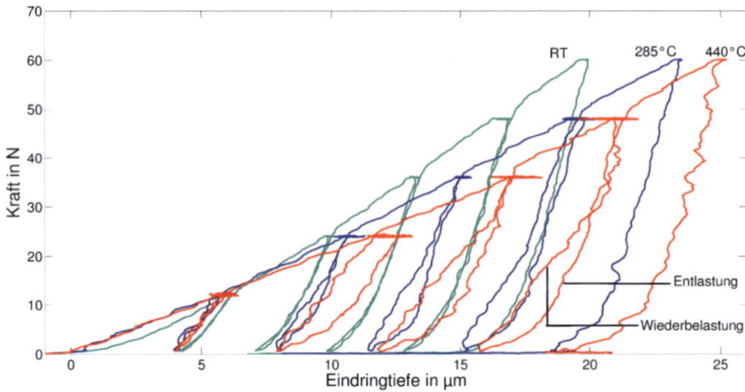

Abbildung 7.5: Last-Eindringtiefen-Kurven fünfzyklischer Indentationsversuche bei unterschiedlichen Temperaturen

rung der Eindringtiefe gemessen. Die Beobachtung, dass der Beginn der Entlastung nach einer Kriechphase bei geringeren Eindringtiefen als der maximal erreichten Eindringtiefe während der Kriechphase auftritt, zeugt von einem thermischen Ungleichgewicht im Indentationssystem, das in der Zeit des Indenterkontakts mit der Probe ausgeglichen wird.

Generell wird der Einfluss der thermischen Drift durch die Messung der relativen Verschiebung des Indenters zur Probe ausgeschlossen (vgl. Kap. 3.2.6). Lediglich die Ausdehnung der Komponenten zwischen den Messbereichen kann nicht erfasst werden. Bei einem Abstand der Messbereiche von $x = 2\,\mathrm{mm}$, einem thermischen Ausdehnungskoeffizienten des Diamanten von $\alpha_T = 1,18 \times 10^{-6}/\mathrm{K}$ sowie einer angenommenen Temperaturdifferenz von $T = 25\,\mathrm{K}$ zwischen Indenter und Probe ergibt sich für die thermische Dehnung des Diamanten

$$\Delta x = \alpha_T \times x \times \Delta T = 0,059\,\mathrm{\mu m} \tag{7.1}$$

Somit kann diese Ausdehnung alleine nicht für die in Abb. 7.5 beobachtete thermische Drift verantwortlich sein. Die Gründe für die Messung einer rückwärtigen Indenterbewegung sind nicht abschließend geklärt; es wird jedoch ersichtlich, dass eine aktive Temperaturregelung, wie sie für alle anderen Versuche genutzt wurde, essentiell zur Vermeidung einer thermischen Drift ist.

Der durch die thermische Drift eingetragene Fehler in der Messung der Eindringtiefe bei Probe E-FML-6 verhindert eine Auswertung der Versuchsdaten der multizyklischen Indentation mit den neuronalen Netzen nach [60].

7.1.4 Fazit

Für Eurofer lässt sich sowohl aus der klassischen Härteauswertung wie auch aus der Analyse der Indentationskurven ein Abfallen der Härte mit zunehmender Prüftemperatur feststellen. Die Indentationsversuche spiegeln das mit anderen Versuchsmethoden gewonnene Materialverhalten von Eurofer im Bereich Raumtemperatur bis 650°C wider. Somit steht mittels KAHTI die Hochtemperatur-Indentation als weitere Methode der Materialcharakterisierung zur Verfügung.

Die Versuchsergebnisse bestätigen den in Kap. 6.6 erbrachten Nachweis der Funktionsfähigkeit von KAHTI und der Gültigkeit der Messwerte. Aus den Indentationskurven, die in KAHTI gewonnen werden, kann auf das Festigkeitsverhalten von Eurofer in Abhängigkeit der Temperatur geschlossen werden. Zusammen mit der Identifikation des Einflusses von Neutronenbestrahlung auf den Werkstoff wird eine Vorhersage seines Verhaltens im Fusionsreaktor möglich.

7.2 Indentationsversuche zur Bestimmung der athermischen Übergangstemperatur von Tantal

In einer Reihe temperierter Indentationsexperimente wurde die Temperaturabhängigkeit der Härte von Tantal ausgewertet und die athermische Übergangstemperatur T_a bestimmt.

7.2.1 Motivation und Untersuchungziel

Materialien mit kubisch-raumzentriertem Gitter zeigen ein bivalentes Verhalten ihrer kritischen Schubspannung (und damit der Fließgrenze) in Abhängigkeit von der Temperatur. Bei einer Temperatur von 0 K dominiert die Reibung im Kristallgitter – ausgedrückt durch die sog. Peierls-Spannung – eine mögliche Plastifizierung; sie muss komplett von den Versetzungen überwunden werden. Mit steigender Temperatur erleichtern thermisch aktivierte Prozesse die Überwindung dieser Barriere. In diesem Bereich verhält sich die Abnahme der kritischen Schubspannung stark abhängig von der Temperatur. Ist die Gitterreibung komplett überwunden, zeigt sich die kritische Schubspannung mit weiter steigender Tempertur nahezu temperaturunabhängig; sie wird von den Versetzungsreaktionen untereinander beeinflusst. Lediglich der abnehmende Elastizitätsmodul verringert die Festigkeit. In diesem Bereich finden nur noch Wechselwirkungen zwischen den Versetzungen statt (vgl. Abb. 7.6) [111] [112, Kap. 3] [113, S. 227*ff*]. Die zugehörige Temperatur des Übergangs, die sog. athermische Übergangstemperatur, liegt nach [112, Kap. 3] bei Werten um

$$T_a = 0,15 \times T_S \qquad (7.2)$$

wobei T_S die Schmelztemperatur des Materials in K darstellt.

Die Eignung der Hochtemperatur-Indentation als Methode zur Bestimmung von T_a soll in einer Versuchsreihe am kubisch-raumzentrierten Metall Tantal überprüft werden. Aus dem ermittelten Verlauf der Materialhärte in Abhängigkeit der Prüftemperatur kann auf das Plastifizierungsverhalten des Materials sowie die athermische Übergangstemperatur T_a geschlossen werden. Bei einer Schmelztemperatur von $T_S = 3017°C$ von Ta wird die athermische Übergangstemperatur gemäß Gl (7.2) bei $T_a \approx 220°C$ erwartet; andere Quellen [114, 115] hingegen geben für Tantal eine athermische Temperatur von $T_a = 177°C$ an.

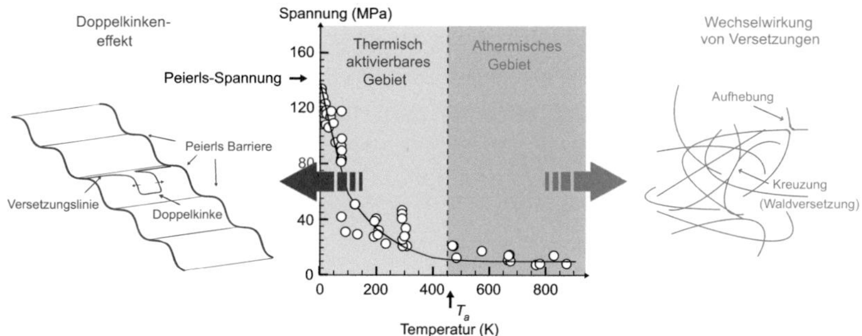

Abbildung 7.6: Abhängigkeit der kritischen Schubspannung von der Temperatur und dominierende Effekte der Versetzungsbewegung für MgO nach [111]

7.2.2 Experimentelle Vorgehensweise

Für die Versuche kam ein *Nanoindenter XP* der Firma MTS, ausgerüstet mit einer Berkovich-Eindringspitze aus Diamant, zum Einsatz. Die Probe, ein Tantal-Einkristall ($\o = 4$ mm, Dicke $t = 2$ mm), wurde so präpariert, dass dessen (111)-Ebene parallel zur polierten Fläche lag. Die Probe wurde mit einer möglichst dünnen Schicht hochtemperaturfesten Metallklebers (*Poly2000*) auf einem Probenhalter aus Aluminium fixiert. Mit derselben Methode geschah die Fixierung des Probenhalters auf einer Heizplatte aus Aluminium. Die Heizplatte wurde auf eine Heizvorrichtung geschraubt. Mittels elektrischer Widerstandsheizung und Wärmeleitung können Heizvorrichtung und Probe auf Temperaturen bis ca. 400°C geheizt werden. Während der Versuche umhüllte eine Argon-Schutzgaswolke die Tantal-Probe, um eine Oxidation der Oberfläche zu vermeiden. Die Regelung der Heizleistung basiert auf einer Temperaturmessung in der Heizvorrichtung. Die im Vergleich mit der Heizvorrichtung geringe Masse der Probe erlaubt, zusammen mit Kontrollmessungen an der Probe, die Annahme eines Temperatur-Gleichgewichts zwischen Probe und Probenhalter. Die in den Experimenten aufgezeichnete Temperatur entspricht somit der Temperatur auf dem Probenhalter in unmittelbarer Nähe der Probe.

Durch die in dieser Prüfanlage fehlende Möglichkeit, den Eindringkörper zu beheizen, wurde das Auftreten thermischer Drift während der Experimente erwartet. Um den dadurch entstehenden Fehler möglichst gering zu halten, wurden ein kraftkontrollierter Prüfzyklus entwickelt, bei dem die Ausdehnung des Eindringkörpers durch einen möglichst kurzen Kontakt mit der Probe gering gehalten wird:

- Aufbringen der Belastung von 150 mN innerhalb 0,25 s

- Halten der Prüfkraft für 0,1 s

- Entlastung analog der Belastung

Damit lässt sich bei temperierten Experimenten eine rückwärtige registrierte Bewegung des Indenters verhindern (vgl. Abb. 7.7). Mit der gewählten

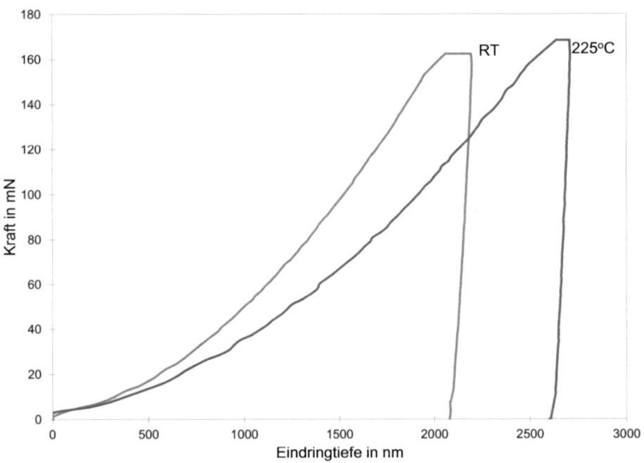

Abbildung 7.7: Indentationskurven für Tantal bei unterschiedlichen Temperaturen

Kraft lassen sich Indents erstellen, die groß genug sind, um deren Fläche im Lichtmikroskop zu bestimmen. Durch die große Kontakttiefe h_c kann der Einfluss einer Spitzenverrundung vernachlässigt werden.

Um einen Einfluss sich überlagernder plastifizierter Zonen (vgl. Kap. 3.2.1) zu vermeiden, wurde zwischen benachbarten Indents ein Abstand von mindestens dem 50-fachen der Eindringtiefe eingehalten.

Für das Versuchsprogramm wurden folgende Temperaturen festgelegt:

$$
\begin{array}{ccccc}
\text{RT} & 75°\text{C} & 125°\text{C} & 150°\text{C} & 160°\text{C} \\
165°\text{C} & 170°\text{C} & 175°\text{C} & 180°\text{C} & 185°\text{C} \\
190°\text{C} & 200°\text{C} & 225°\text{C} & 275°\text{C} & 300°\text{C}
\end{array}
$$

Bei jeder Temperatur wurde eine Prüfserie von mindestens fünf Indents gesetzt. Die Ergebnisse der Indentationsexperimente sind in Tab. D.9 zusammengefasst.

7.2.3 Auswertung und Diskussion

Bei beheizten Experimenten zeigt sich die Maschinensteifigkeit des *Nanoindenters XP* weder konstant mit der Temperatur, noch in einer linearen Abhängigkeit. Eine Ermittlung der temperaturabhängigen Gesamtsteifigkeit am Referenzmaterial Quarz ist nicht möglich. Zum einen weichen die Materialeigenschaften von Quarz und Tantal zu stark voneinander ab, zum anderen verändern unterschiedliche Probenhalter und Fixiersysteme die Steifigkeit zusätzlich. Eine vom Einfluss der Maschinensteifigkeit befreite Bestimmung von E_r und H an Tantal ist somit nicht möglich.

Anpassung der Maschinensteifigkeit

Stattdessen wurde das nach [83] temperaturabhängige Verhalten des E-Moduls von Tantal durch

$$E(0°\text{C} < T < 325°\text{C}) = (-0,0305 \times T/°\text{C} + 186,61)\,\text{MPa} \tag{7.3}$$

ausgedrückt und die Maschinensteifigkeit so angepasst, dass für eine Prüfserie der aus der Indentation ermittelte E-Modul mit dem bekannten E-Modul nach Gl. (7.3) übereinstimmt (vgl. Abb. 7.8a). Dies dient einer konsisten-

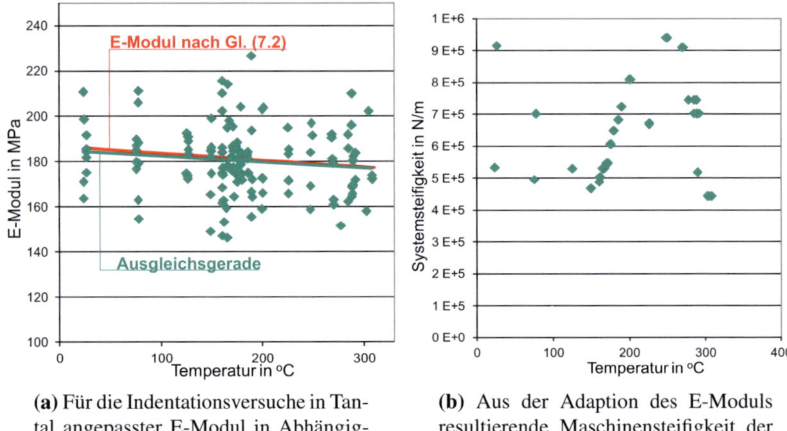

(a) Für die Indentationsversuche in Tantal angepasster E-Modul in Abhängigkeit der Prüftemperatur

(b) Aus der Adaption des E-Moduls resultierende Maschinensteifigkeit der einzelnen Indentationsserien

Abbildung 7.8: Anpassung der Maschinensteifigkeit an den E-Modul von Tantal. Die E-Moduli wurden so gewählt, dass sich deren Ausgleichsgerade mit der Funktion aus Gl. (7.3) deckt.

ten Bestimmung der Kontaktsteifigkeit und Härte nach der Methode von Oliver et Pharr. Die Werte der so adaptierten Maschinensteifigkeit zeigen eine große Streubreite ohne erkennbares Muster (vgl. Abb. 7.8b). Es muss davon ausgegangen werden, dass – neben der Prüftemperatur – weitere, unbekannte Faktoren die Maschinensteifigkeit beeinflussen.

Auswertung der Härte

Abb. 7.9 zeigt die nach der Methode von Oliver et Pharr ermittelte Härte der Tantal-Probe in Abhängigkeit von der Prüftemperatur. Hieraus wird das temperaturabhängige Materialverhalten von Tantal deutlich. Im Be-

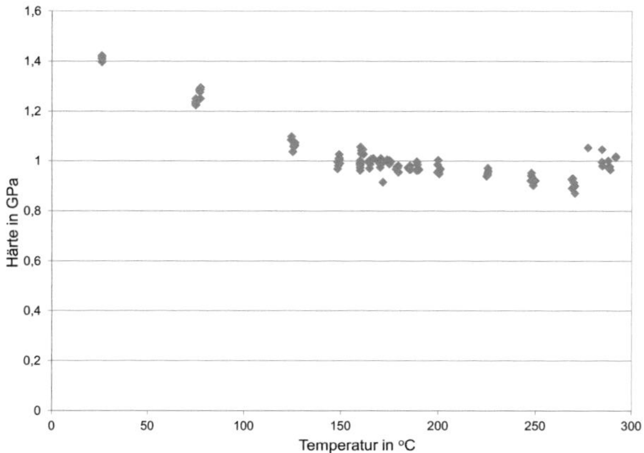

Abbildung 7.9: Aus Indentationsversuchen ermittelte Härte von Tantal in Abhängigkeit von der Prüftemperatur.

reich $T = \mathrm{RT} - 160°\mathrm{C}$ ist eine starke Temperaturabhängigkeit festzustellen; bei einer Prüftemperatur von $160°\mathrm{C}$ unterscheiden sich die Härtewerte von denen bei Raumtemperatur um einen Faktor von 0,7. Im Bereich $160°\mathrm{C} < T < 300°\mathrm{C}$ zeigt sich die Härte deutlich unabhängiger von der Prüftemperatur. Für die Abweichung der Härtewerte bei $160°\mathrm{C}$ und $275°\mathrm{C}$ gilt der Faktor 0,92. Hieraus lässt sich die athermische Temperatur von Tantal zu $T_a \approx 160°\mathrm{C}$ bestimmen.

Das Niveau der bei Temperaturen $T > 275°\mathrm{C}$ gemessenen Härtewerte liegt signifikant höher als das der Versuche bei $T = 270°\mathrm{C}$. Zwei Effekte können diesem Phänomen zugeschrieben werden:

- Bei Prüftemperaturen $T > 275°\mathrm{C}$ verformte sich der knapp oberhalb der Probe montierte Hitzeschild des Nanoindenters. Zudem konnten Fixierung und eindeutige Position des zur Messung der Probentemperatur genutzten Thermoelements nicht gewährleistet werden. Damit sind die thermischen Prüfbedingungen mit einer Unsicherheit behaftet.

- Der gewählte Prüfzyklus erwies sich bei Prüftemperaturen $T > 275°C$ als nicht schnell genug. Bei diesen Prüfbedingungen ist die thermische Drift so stark ausgeprägt, dass es bereits bei der kurzen Haltezeit zu einer thermischen Ausdehnung des Indenters kommt, die zu einer Verringerung der gemessenen Eindringtiefe führt (vgl. Abb. 7.10).

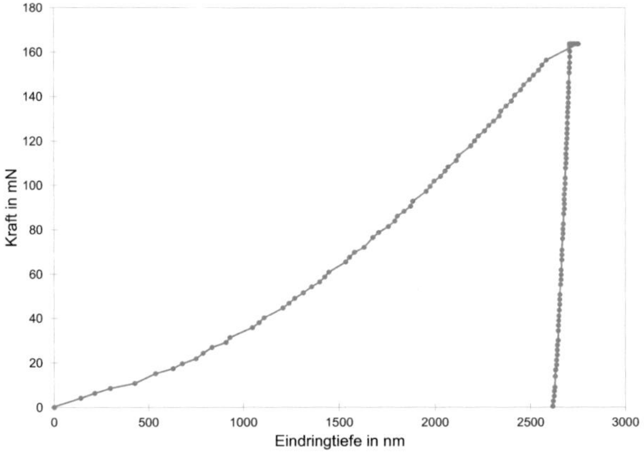

Abbildung 7.10: Indentationskurve in Tantal bei 275°C. Bedingt durch die thermische Drift wird eine abnehmende Eindringtiefe während der Kriechphase registriert.

Vermessung der Indentationsflächen

Mit einer Flächenvermessung der residuellen Indents lassen sich die aus den Indentationskurven bestimmten Indentationstiefen und -flächen und damit die Materialhärte überprüfen. Die Vermessung der Flächen von Berkovich-Indents kann über eine Approximation der Indents zu Dreiecken erfolgen (vgl. Abb. 7.11). Dabei wird die Fläche – je nach Verfestigungs- und Aufwurfverhalten des Materials – über- oder unterschätzt. Eine exakte Messung ist mit Methoden der digitalen Bildverarbeitung möglich.

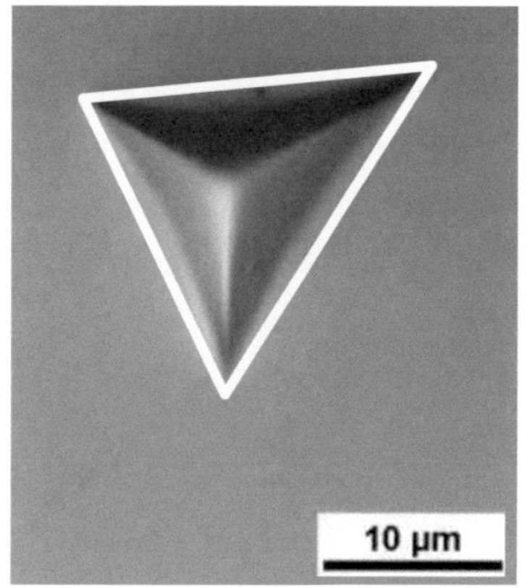

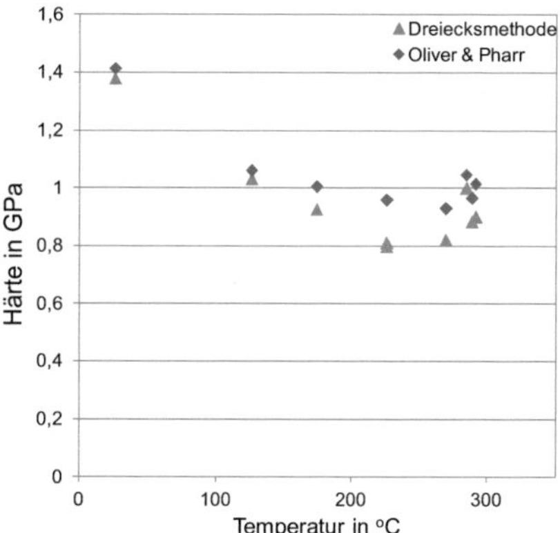

Abbildung 7.11: Dreiecksmethode zur Bestimmung der Fläche von Berkovich-Indents

Abbildung 7.12: Vergleich der nach der Oliver & Pharr- und Dreiecksmethode ermittelten Härte

Die Ergebnisse der Flächenvermessung nach der Dreiecksmethode finden sich in Abb. 7.12. Die Überschätzung der Fläche aufgrund eines Einsinkens rund um den Indent (vgl. Abb. 7.11) führt zu geringeren Härtwerten im Vergleich zu den aus den Indentationskurven („Oliver & Pharr" in Abb. 7.12). Ein Härteplateau lässt sich erst ab Temperaturen $T \geq 225°C$ ausmachen. Für die Messungen bei $T > 275°C$ werden die höheren Härtewerte tendenziell bestätigt. Die Mechanismen dieses Materialverhaltens sind nicht abschließend geklärt. Auffällig ist, dass die Diskrepanz zwischen den beiden Methoden mit steigender Temperatur zunimmt. Eine Erklärung hierfür ist ein zunehmendes Versinken des Indenters in der Probe, sodass die tatsächliche Kontaktfläche geringer ist, als die angenommene Dreiecksfläche. Alternativ ist eine Unterschätzung der Kontaktfläche in der Methode nach Oliver et Pharr durch zu gering registrierte Eindringtiefen denkbar. Um hierüber eine Aussage treffen zu können, erfolgte eine erneute Aufnahme der Indents mit einem konfokalen Laserrastermikroskop KEYENCE *VK-9700*. Die aufgenommenen Bilder erlauben mehrere Methoden zur Flächenbestimmung.

Neben einer *Kantendetektion* können die Indents über Schwellwerte für den *Grauwert* oder über höhere Algorithmen zur *Partikeldetektion* erfasst werden (vgl. Abb. C.16). Zusätzlich erlaubt die dreidimensionale Aufnahme eine Bestimmung der *Oberfläche* des Indents. Aus der zugleich bestimmten Tiefe lässt sich schließlich über die *Flächenfunktion* für den perfekten Berkovich-Indenter nach [34]

$$A = 24,5 \times h_c^2 \tag{7.4}$$

die Fläche und damit die Härte bestimmen.

Je nach verwendeter Methode ergeben sich abweichende Ergebnisse für die Fläche und damit für die Härte (vgl. Abb. 7.13). Die aus Flächenfunktion

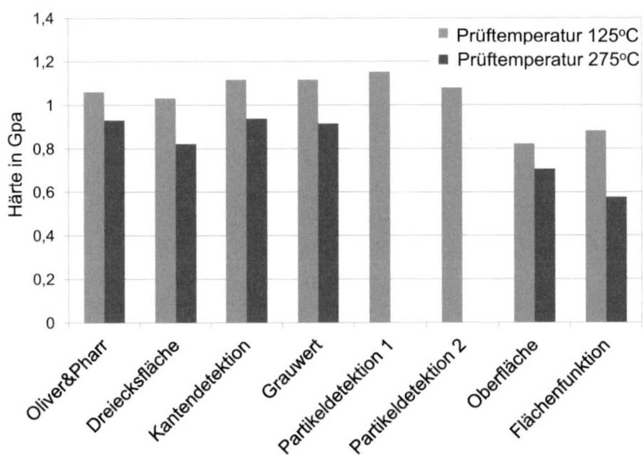

Abbildung 7.13: Aus unterschiedlichen Methoden der Flächenvermessung ermittelte Härte von Tantal

und Oberflächenvermessung bestimmten Härten lassen sich nicht direkt mit den anderen Ergebnissen vergleichen, da sie sich nicht auf die projizierte, sondern die reale Fläche beziehen. Dennoch ist festzustellen, dass diese beiden Werte untereinander abweichen. Die Ergebnisse der Dreiecksmethode liegen bei Temperaturen $T \leq 125°C$ im Bereich der mit der Methode nach Oliver et Pharr gewonnenen Daten. Auch die Flächenbestimmung mittels Kantendetektion, Grauwertanalyse und Partikeldetektion ergibt vergleichbare Ergebnisse im gesamten Temperaturbereich. Hieraus kann der Schluss gezogen werden, dass die Methode nach Oliver et Pharr in diesem Fall gut geeignet ist, die Materialhärte zu bestimmen. Zu beachten ist, dass die subjektive Festlegung der Grenz- und Schwellwerte für die optischen Methoden die Messgenauigkeit beeinflussen.

7.2.4 Fazit

Das Festigkeitsverhalten von Tantal, wie auch aller anderen kubisch-raumzentrierten Materialien, setzt sich aus einem temperaturunabhängigen, athermischen sowie einem thermisch aktivierbaren Anteil zusammen. Die Temperaturabhängigkeit der Materialfestigkeit verändert sich an der athermischen Temperatur T_a. Anhand des aus den Indentationsversuchen bestimmten Härteverlaufs lässt sich dieses Materialverhalten nachvollziehen. Hieraus wird die athermische Temperatur von Tantal zu $T_a \approx 160°$C bestimmt. Abb. 7.14 macht dies anschaulich.

Die in dieser Studie bestimmte athermische Temperatur liegt um 10% − 30% unterhalb bekannter Literaturwerte [112, Kap. 3] [114,115]. Mögliche Einflussfaktoren hierbei sind Belastungsart sowie Indentationsgeschwindigkeit. Die komplexe, mehrachsige Belastung, wie sie bei der Indentation auftritt, nimmt Einfluss auf die Plastifizierung, sodass sich − im Vergleich zu anderen Prüfverfahren − abweichende Temperaturabhängigkeiten des Materialwiderstands gegen Belastung ergeben und die Bestimmung der athermischen Temperatur beeinflussen können. Die durch thermische Aktivierung hervorgerufenen Effekte der Reduktion der Gitterreibung sind zusätzlich abhängig von der Dehnrate. Je schneller eine Plastifizierung geschieht, desto geringer ist die Wahrscheinlichkeit eines thermisch aktivierten Effekts; die zur Plastifizierung benötigte Spannung steigt. Folglich ver-

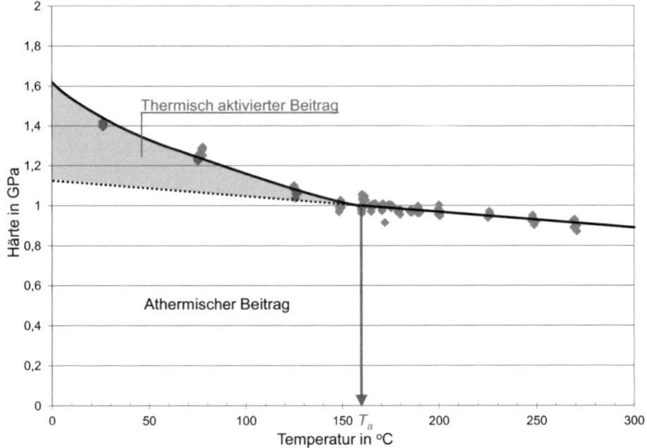

Abbildung 7.14: Bestimmung des thermisch aktivierten sowie des athermischen Beitrags der Festigkeit von Tantal anhand dessen Härte

schiebt eine hohe Dehnrate die athermische Temperatur T_a zu höheren Werten [112, Kap. 3]. Für eine Untersuchung dieses Phänomens eignen sich Versuche mit variierender Indentationsgeschwindigkeit.

7.3 Charakterisierung von Wolfram mittels Indentation bei variierender Prüftemperatur

Einkristalle bieten die Möglichkeit, im Werkstoff ablaufende Mechanismen unter nahezu idealen Bedingungen zu studieren. Anhand von Indentationsversuchen an Wolfram-Einkristallen bei Raumtemperatur konnte deren Anisotropie bei der plastischen Verformung nachgewiesen werden. In einer weiteren Versuchsreihe in KAHTI wurde die Möglichkeit überprüft, mittels Hochtemperatur-Indentation eine Aussage über das temperaturabhängige Verhalten von Wolfram treffen zu können.

7.3.1 Motivation und Untersuchungsziel

Bei Überschreitung der Fließgrenze eines Materials verformt sich dieses irreversibel plastisch. Mikroskopisch ist hierfür eine Aktivierung von Gleitsystemen im Kristall erforderlich. Die Gleitsysteme, bestehend aus Gleitebene und Gleitrichtung, sind nicht homogen in alle Richtungen ausgerichtet; vielmehr definiert die Kristallstruktur des Werkstoffs deren Anordnung. Ein Abgleiten von Kristallebenen auf einer Gleitebene in vorgegebener Gleitrichtung – makroskopisch als Plastifizierung wahrgenommen – tritt auf, sobald die kritische Schubspannung des Gleitsystems erreicht wird. Diese ergibt sich aus der Größe der wirkenden Kraft sowie ihrer Richtung in Bezug zum Gleitsystem; letztere wird über den sog. *Schmid*-Faktor ausgedrückt [113, Kap. 6] [116, Kap. 5]. Bei kubisch-raumzentrierten Materialien wie Wolfram beeinflussen weitere Anteile des Spannungstensors die kritische Schubspannung, sodass sich diese anisotrop plastisch verhalten [117, 118]. Dieser anisotrope Mechanismus wird aufgrund einer Vielzahl unterschiedlich angeordneter Körner im Gefüge gemittelt, sodass die plastische Verformung polykristalliner Materialien im Regelfall als isotrop wahrgenommen wird. Bei Einkristallen hingegen lässt sich aus den auftretenden Vorzugsrichtungen der Plastifizierung auf die aktivierten Gleitsysteme des Werkstoffs schließen. Betrachtet man die Temperaturabhängigkeit der kritischen Schubspannung des Materials, gelten die Überlegungen aus Kap. 7.2.1; im thermisch kontrollierten Bereich $0 < T < T_a$ zeigt sich die Festigkeit des kubisch-raumzentrierten Werkstoffs Wolfram aufgrund einer thermischen Aktivierung stark temperaturabhängig [119, 120].

Die Untersuchung von Wolfram-Einkristallen unterschiedlicher Orientierung mittels sphärischer Indentation soll zur Charakterisierung der anisotropen Plastifizierung von Wolfram dienen. Hierzu werden neben den Indentationskurven von Raumtemperaturexperimenten die Ergebnisse der Materialverformung am Rand der Eindrücke genutzt. Damit können die Parameter eines kristallplastischen Materialmodells optimiert und anschließend verifiziert werden [121]. Dieses Modell bildet – abweichend vom isotropen Kontinuumsansatz – die Aktivierung einzelner Gleitsysteme ab. Anhand temperierter Indentationsexperimente in KAHTI an einkristallinen Wolfram-Proben soll der Temperatureinsatzbereich der Anlage für Untersuchungen analog Kap. 7.2 überprüft werden, sodass mittels Hochtemperatur-Indentation das temperaturabhängige Verhalten der Peierls-Spannung in Wolfram untersucht werden kann.

7.3.2 Experimentelle Vorgehensweise

Zur Untersuchung kamen scheibenförmige W-Einkristalle mit Durchmessern von $\varnothing = 6\,\mathrm{mm}$ bzw. $\varnothing = 9\,\mathrm{mm}$ (Dicke $t \geq 1\,\mathrm{mm}$), die so präpariert wurden, dass jeweils die Kristallebene (100) bzw. (110) und (111) (vgl. Abb. 7.15) parallel zur Probenoberfläche lag.

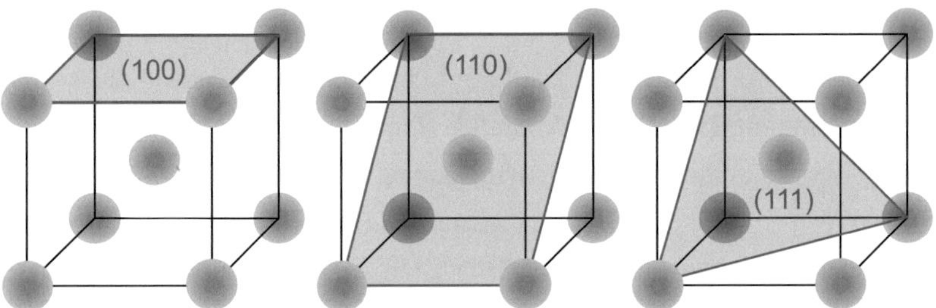

Abbildung 7.15: Hauptebenen im Gitter eines kubisch-raumzentrierten Kristalls

Für die Indentationsexperimente kamen, je nach Prüftemperatur, zwei unterschiedliche Anlagen zum Einsatz.

176

Versuche bei Raumtemperatur

Die Indentationsversuche bei Raumtemperatur erfolgten mit einer *zwicki ZHU*-Prüfmaschine für Instrumentierte Eindringprüfung, die mit einem Rockwell-Indenter aus Diamant mit einem Spitzenradius von 250 µm ausgerüstet war.

Für die Versuche wurden die Proben mit einem einfachen kraftkontrollierten Indentationszyklus bis zu einer Eindringtiefe von $h = 24\,\mu\text{m} \approx 0,1 \times R$ belastet. Be- und Entlastung erfolgten mit $0,5\,\text{N/s}$, die Haltezeit bei P_{max} betrug 2 s.

Die Materialverformung rund um den Indent wurde – zusätzlich zur lichtmikroskopischen Untersuchung – anhand einer taktilen Messung analysiert. Hierfür wurde mit einem Profilometer (VEECO *Dektak 8 Advanced Development Profiler*) die Probenoberfläche einzelner Indents in einem Bereich von $1000\,\mu\text{m} \times 1000\,\mu\text{m}$ abgerastert; die Ortsauflösung der Messpunkte betrug $3000/\text{mm} \times 250/\text{mm}$. Die Kristallorientierung und -rotation in der Umgebung des Indents wurde mithilfe einer diffraktometrischen Messung rückgestreuter Elektronen (*Electron Back-Scatter Diffraction – EBSD*) ermittelt. Bei dieser Messung wird die Beugung des Elektronenstrahls eines Rasterelektronenmikroskops am Kristallgitter der Probe genutzt. Aus den damit erzeugten charakteristischen Bildern kann auf die Kristallstruktur und -orientierung geschlossen werden. Für jede Richtung des zur Analyse aufgespannten Koordinatensystems wird die Lage der Kristallebenen bestimmt. Das Messergebnis lässt sich über ein Falschfarbenbild wiedergeben.

Versuche bei Hochtemperatur

Die temperierten Versuchsreihen wurden in KAHTI durchgeführt. Das Vakuum lag im Bereich $p = 1,2 \times 10^{-5} - 4,0 \times 10^{-6}\,\text{mbar}$, die Prüftemperatur an der Indentationsstelle für sämtliche Versuche bei 500°C. Diese wurde nach Einstellung eines thermischen Gleichgewichts für weitere 15 min konstant gehalten.

Um die scheibenförmigen W-Einkristalle in KAHTI untersuchen zu können, war eine Anpassung ihrer Probengeometrie nötig. Die runden Proben wurden halbiert und an der Trennfläche geschliffen, sodass sie eine Reflexionsfläche für die optische Wegmessung boten. Zudem wurde deren geringe Probenhöhe durch einen quaderförmigen Probenhalter aus Stahl ausgeglichen. Probe und Probenhalter wurde ohne zusätzliche Fixierung auf die Heizplatte Ⓛ gelegt und am Anschlag Ⓙ ausgerichtet (vgl. Abb. 7.16). Eine mechanische Fixierung war aufgrund der Probengröße nicht möglich,

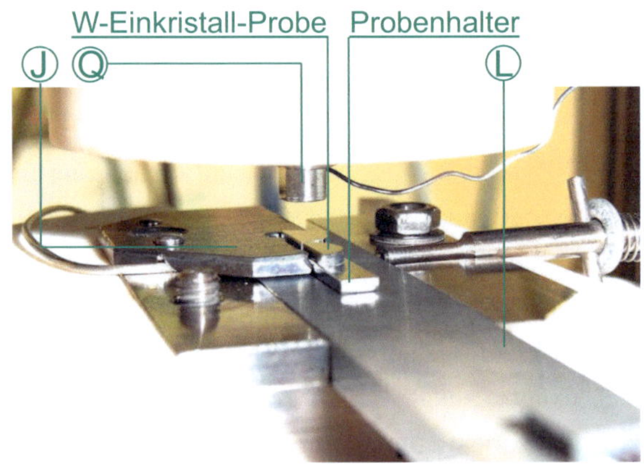

Abbildung 7.16: Positionierung halbierter W-Einkristall-Proben mit geschliffener Trennfläche innerhalb KAHTI

jegliche Klebstoffe scheiden aufgrund der Prüftemperatur und des Vakuums aus. Die Temperaturmessstelle im Anschlag nahm die Temperatur des Probenhalters auf. Aus der geringen Masse der Probe im Vergleich zum Probenhalter wurde von einer Temperaturäquivalenz beider Elemente ausgegangen.

Zur Indentation wurde der sphärische Diamantindenter mit $R = 200\,\mu m$ (vgl. Kap. 5.5) genutzt. Referenzmessungen bei Raumtemperatur an einer *zwicki ZHU*-Prüfmaschine mit einer Lastrate von $\dot{P} = 0,5\,N/s$ lieferten eine Indentationskraft von $P \approx 70\,N$, um eine Eindringtiefe von ca. $20\,\mu m$ zu erreichen. Hieraus wurde die Prüfkraft für die Experimente bei 500°C auf 40 N festgelegt. Diese Kraft erwies sich als deutlich zu hoch. So wurde sie, um valide sphärische Indents zu erhalten, auf 18 N reduziert. Entsprechend wurde für einige Hochtemperatur-Versuche die Lastrate an die gewählte Maximallast angepasst. Damit wird eine mit den Raumtemperaturversuchen vergleichbare Dehnrate während der Indentation erreicht. Tab. D.10 stellt die Versuchsbedingungen zusammen mit den gemessenen Eindringtiefen dar.

7.3.3 Auswertung und Diskussion

Die anisotrope plastische Verformung von Wolfram lässt sich anhand der sphärischen Indentation nachvollziehen. Hierfür dienen jedoch nicht die Indentationskurven, sondern die Untersuchungen der Probenoberfläche rund um die Indents. Die Experimente zur temperierten Indentation zeigen die Untersuchungsmöglichkeiten an Wolfram auf.

Auswertung der Indentationskurven

Um im Wolfram-Einkristall bei Raumtemperatur Eindringtiefen von $h = 24\,\mu m \approx 0,1 \times R$ zu erreichen, werden Indentationskräfte $P > 100\,N$ benötigt (vgl. Abb. 7.17). Trotz eines erwarteten anisotropen plastischen Verhaltens des Einkristalls führt die unterschiedliche Kristallorientierung nur zu geringen Abweichungen der Kraft-Eindringtiefen-Kurven untereinander. Der Kraftanstieg nimmt in weiten Bereichen die gleichen Werte ein. Bei höheren Eindringtiefen tritt eine Abweichung auf, sodass die Werte für P_{max}, je nach Kristallorientierung im Bereich von 105 N bis 113 N liegen.

Diese Abweichungen liegen im Größenbereich der Streuung der einzelnen Versuche (vgl. Abb. 7.18).

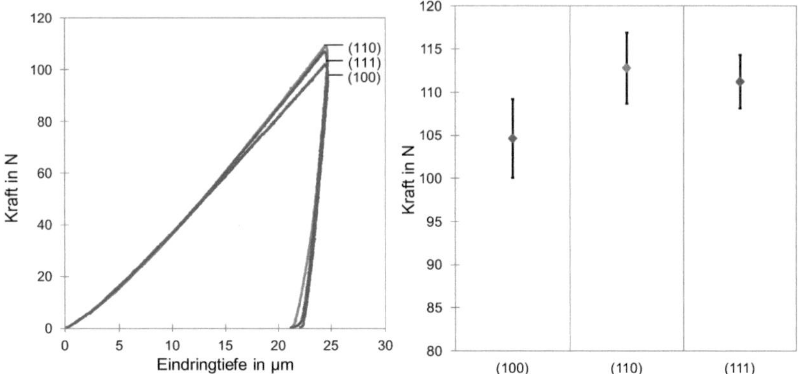

Abbildung 7.17: Indentationskurven für W-Einkristalle unterschiedlicher Orientierung

Abbildung 7.18: Mittelwerte und Standardabweichungen der für den Indentationszyklus nach Abb. 7.17 benötigten Kräfte

Die geringen Abweichungen in der Messung erklären sich aus der multiaxialen Belastung des Materials bei der Indentation. Die am sphärischen Indenter in alle drei Raumrichtungen auftretenden Spannungen lassen sich jedoch nicht erfassen. Erst eine erweiterte Analyse der am Indenter auftretenden Flächenpressung mittels numerischer Methoden, wie z. B. der FEM, würde eine Bestimmung der Spannungsvektoren und Hauptspannungsrichtungen erlauben.

Ergebnisse der Hochtemperatur-Indentation

Die aus den Hochtemperatur-Versuchen erhaltenen Indentationskurven weisen im Vergleich zu den Raumtemperatur-Experimenten eine deutlich geringere Steifigkeit während der Belastung auf. Die zum Erreichen einer Eindringtiefe von 20 µm benötigte Indentationskraft beträgt lediglich $1/4 - 1/5$

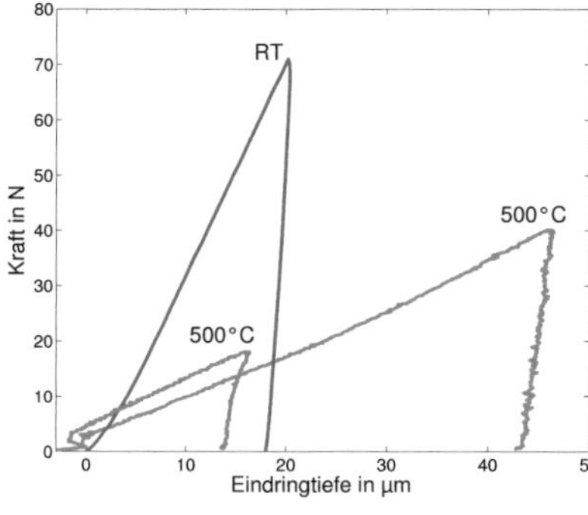

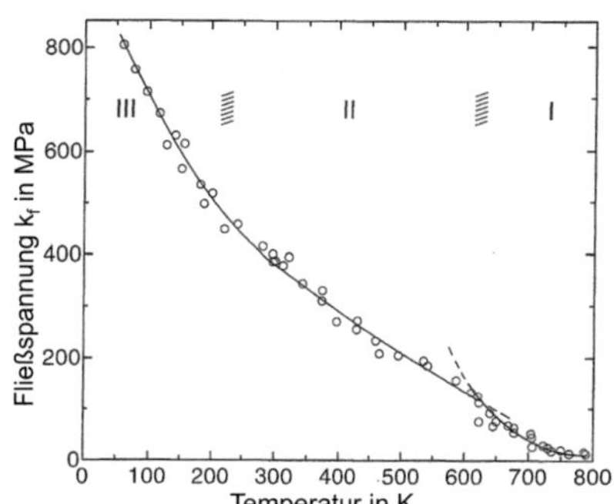

Abbildung 7.19: Indentationskurven an W-(100)-Einkristall bei Raumtemperatur sowie 500°C

Abbildung 7.20: Temperaturabhängigkeit der Fließspannung k_f von Wolfram nach [122]

der Kraft bei Raumtemperatur (vgl. Abb. 7.19). Wie bereits bei den Untersuchungen an Eurofer (vgl. Kap. 7.1.3), validiert die Entlastungssteifigkeit das Messergebnis. Folglich kann der drastische Abfall der Steifigkeit bei Belastung einem Erweichen des Materials zugeschrieben werden. Die von Brunner et al. gemessene Fließspannung an W-Einkristallen [122] bestätigt diesen Sachverhalt; für den Unterschied der Fließspannungen bei Raumtemperatur und 500°C kann aus Abb. 7.20 der Faktor $4-5$ entnommen werden.

Ein Vergleich der Indentationskurven für Einkristalle unterschiedlicher Orientierung (vgl. Abb. 7.21) zeigt ein grundsätzlich ähnliches Verhalten für alle Kristallorientierungen, wie bereits bei den Indentations-Ergebnissen bei Raumtemperatur. Sowohl die Ausrichtung des Einkristalls zur Oberfläche, als auch die Lastrate $\dot{P}$ scheinen sich auf die Indentation auszuwirken. Allerdings lässt sich hierzu keine präzise Aussage treffen; die aus der optischen Methode bestimmte Eindringtiefe führte insbesondere an den W-(111)–Proben mit $\varnothing = 6\,\text{mm}$ zu eindeutig fehlerhaften Resultaten, die nicht ausgewertet werden konnten (vgl. Tab. D.10). Der entstandene Fehler wird auf die geringen Probenabmessungen zurückgeführt; die fehlende Fixie-

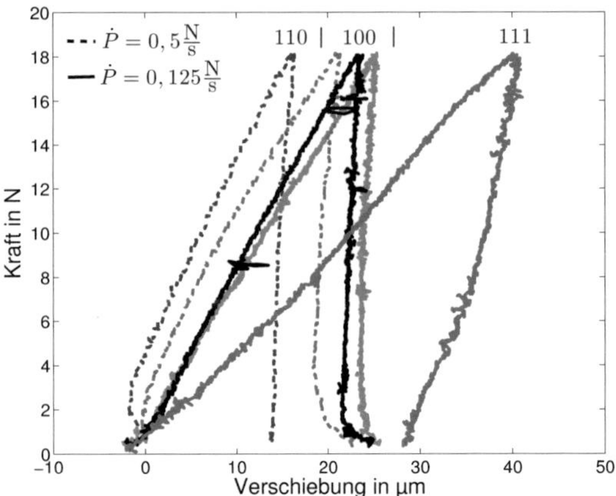

Abbildung 7.21: Vergleich von Indentationskurven für W-Einkristalle unterschiedlicher Orientierung bei 500°C. Die unterbrochenen Linien stellen Versuche mit einer Lastrate von $0,5\,\mathrm{N/s}$ dar, für die restlichen Indentationskurven gilt eine Lastrate von $0,125\,\mathrm{N/s}$. Die deutlich geringere Entlastungssteifigkeit der Indentationskurve im (111)-Kristall wird einem Messfehler zugeschrieben.

rung der Probe auf dem Probenhalter kann zu einer Bewegung der Probe während des Versuchs geführt haben. Hier ist entweder ein Verkippen bei Belastung oder aber – aufgrund der geringen Probenmasse – ein Anhaften der Probe an der Indenterspitze im Entlastungszyklus denkbar. Dieses Phänomen wird in Kap. 7.4 diskutiert.

Unter Berücksichtigung dieses Fehlers lässt sich die bei Raumtemperatur gefundene Abhängigkeit der gemessenen Härte von der Kristallorientierung (vgl. Abb. 7.18) auch in Abb. 7.21 in der Anordnung der Kurven von Proben mit (110)- und (100)-Orientierung wiederfinden.

Profilometrische Analyse

Die sphärische Indenterspitze verhilft – bei einer Erweiterung der Analysemethoden – zur Extraktion des plastisch anisotropen Verhaltens von

182

Wolfram. Hierfür ist eine Untersuchung der Probenoberfläche notwendig. Die Zone rund um den Indenterrand weist keinen gleichmäßigen Aufwurf auf. Vielmehr ist ein stark richtungsabhängiger Wechsel zwischen Aufwurf und Einsinken zu beobachten (vgl. Abb. C.17). Aufgrund seiner Kugelsymmetrie kann der Indenter keinen Einfluss hierauf nehmen. So ist dieser Effekt der Aktivierung einzelner Gleitsysteme geschuldet, die zu einer Materialverdrängung in bestimmte Vorzugsrichtungen führen. Die Anisotropie des Aufwurfs beim Einkristall zeigt, dass plastische Dehnung in Wolfram anisotrop auftritt.

Wie in Abb. 7.22 ersichtlich, zeigt die Zone rund um den Indenterrand ein für jede Kristallorientierung charakteristisches Aufwurfmuster. In der (100)-Ebene ist eine vierfache Erhebung erkennbar, die (110)-Ebene zeigt zwei ausladendere Aufwürfe und das Aufwurfmuster auf der (111)-Ebene ist durch sechs Aufwürfe charakterisiert, wovon drei dominieren. Die Aufwürfe deuten die Richtung der Materialverschiebung an. Somit lässt deren Anzahl und Anordnung auf die im Kristall aktivierten Gleitsysteme schließen [121].

Elektronendiffraktometrische Messungen

Die bei der Indentation auftretende Materialverdrängung durch plastische Verformung lässt sich kinematisch als eine Kombination aus Verschiebung und Rotation der fließenden Bereiche auffassen. Folglich wird eine Rotation des Kristallgitters in den plastifizierten Bereichen vermutet, die mit der diffraktometrischen Messung rückgestreuter Elektronen (EBSD) nachgewiesen werden kann. Im betrachteten Ausschnitt der Probenoberfläche eines W-(111)-Einkristalls lässt sich in allen drei untersuchten Richtungen eine leichte Rotation des Kristallgitters rund um den Indent ausmachen. Am deutlichsten sichtbar ist sie in der Y-Richtung des zur Analyse aufgespannten Koordinatensystems (vgl. Abb. 7.23).

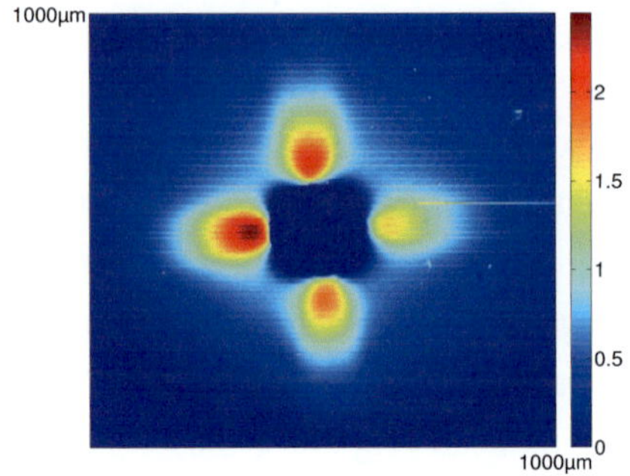

(a) Aufwurfmuster auf der (100)-Ebene

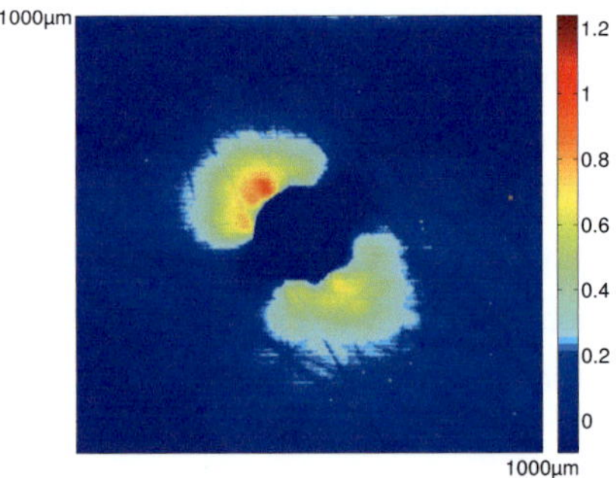

(b) Aufwurfmuster auf der (110)-Ebene

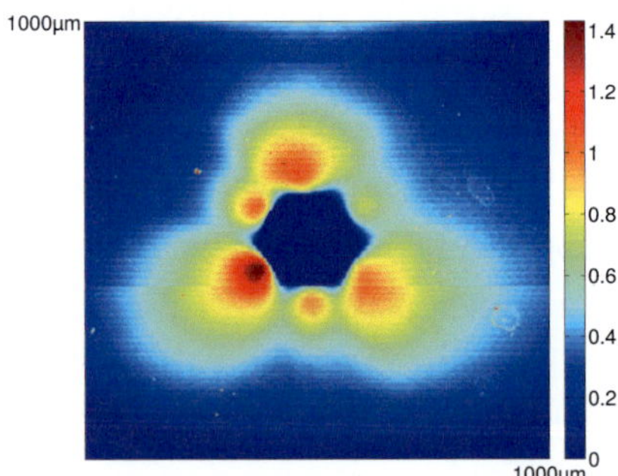

(c) Aufwurfmuster auf der (111)-Ebene

Abbildung 7.22: Farbkodierte Höhenprofilkarten der Probenoberfläche rund um Indents in W-Einkristallen. Die Skala repräsentiert die Höhendifferenzen in μm, ausgehend von der initialen Probenoberfläche. Für eine dreidimensionale Darstellung vgl. Abb. C.17.

Abbildung 7.23: EBSD-Karte der Probenoberfläche eines W-(111)-Einkristalls in Y-Richtung des zur Analyse aufgespannten Koordinatensystems in der Umgebung eines Indents. Die Auswertung der weiteren Richtungen sowie der verwendete Bildausschnitt finden sich in Abb. C.18.

Gemessen vom Zentrum des Indents können in einem Winkel von ca. $60°$ – aufgrund der Farbgebung – Rotationen in voneinander abweichende Richtungen gedeutet werden. Diese korrelieren mit der Symmetrie der Aufwürfe (vgl. Abb. 7.22c). Damit zeigt sich für die Rotation des Gitters von W-Einkristallen, ebenso wie bei den Aufwurfprofilen, ein anisotropes Bild, das die anisotrope Verformung von Wolfram im plastischen Bereich bestätigt.

7.3.4 Fazit

Die Indentation ermöglicht mit ihren vergleichsweise geringen Anforderungen an die Probenherstellung und einem einfachen Versuchsablauf die Extraktion komplexer Vorgänge im Material. Die Materialeigenschaften können direkt aus der Indentation gewonnen werden. Mithilfe weiterführender Analysemethoden im Umfeld der Indentation, wie der Profilometrie oder der diffraktometrischen Messung rückgestreuter Elektronen lassen sich weitere Charakteristika wie die Anisotropie der plastischen Deformation von W-Einkristallen ermitteln.

Die Ergebnisse der temperierten Indentationsexperimente zeigen, dass eine Untersuchung der temperaturabhängigen Festigkeit von Wolfram mittels KAHTI möglich ist. Nach [122] liegt die athermische Temperatur von Wolfram-Einkristallen bei ca. 520°C. Somit bietet KAHTI einen ausreichenden Temperatureinsatzbereich, um den gesamten thermisch aktivierten Bereich zu untersuchen und die athermische Temperatur mittels Indentation zu bestimmen. Um die möglichen Einflüsse auf die Messung der Eindringtiefe ausschließen zu können, ist eine Wiederholung der Versuche mit optimierter Probengeometrie notwendig. Des weiteren lässt sich durch eine Variation der Indentationsgeschwindigkeit der Einfluss der Dehnrate auf die Ergebnisse untersuchen. Aus solch einer Betrachtung kann die Aktivierungsenergie für den Spröd-duktil-Übergang berechnet werden, die Hinweise auf die Temperatur des Spröd-duktil-Übergangs *DBTT* geben könnte [119]. Durch eine profilometrische Analyse der Probenoberfläche rund um die Indents können zusätzliche Informationenen über die Temperaturabhängigkeit des anisotrop-plastischen Verhaltens von Wolfram gewonnen werden.

7.4 Temperaturbedingte Veränderung der Indenterspitze

In Kap. 5.5.3 wurde die Problematik eines fehlenden universell einsetzbaren Materials zur Herstellung von Indenterspitzen für Hochtemperaturprüfungen diskutiert. Diese führte zur Nutzung einer Diamantspitze bei der Durchführung der Hochtemperatur-Experimente an Eurofer (vgl. Kap. 7.1) und Wolfram (vgl. Kap. 7.3). Eine Untersuchung im Rasterelektronenmikroskop zeigte bereits nach der ersten Indentationsserie in Eurofer mit Temperaturen bis 500°C eine starke Erosion der sphärischen Diamantspitze (vgl. Abb. 7.24). Der mit dem Probenmaterial in Kontakt gestandene Teil der Spitze weist eine deutliche Zunahme der Rauigkeit auf [92].

Weitere Indentationsexperimente in Eurofer bei 650°C führten zu einem Anhaften der Probe an der Indenterspitze und nachfolgendem Ausbruch des Diamanten (vgl. Abb. 7.25). Diese Phänomene lassen eine Diffusionsschweißung zwischen Diamantspitze und Eurofer vermuten. Die bei der Indentation herrschenden hohen Drücke bei gleichzeitig hohen Temperaturen begünstigen die Diffusion des Kohlenstoffs vom Diamanten ins Probenmaterial.

Diese Beobachtungen heben den Stellwert eines adäquaten Spitzenmaterials hervor. Zudem sind vor und nach jeder Indentationsserie optische Untersuchungen der Indenterspitze erforderlich, um Veränderungen an der Eindringspitze festzustellen und Schäden ausschließen zu können.

Abbildung 7.24: Gesamtansicht der sphärischen Diamantspitze nach einer Indentationsserie mit Temperaturen bis 500°C. Detailansichten finden sich in Abb. C.19.

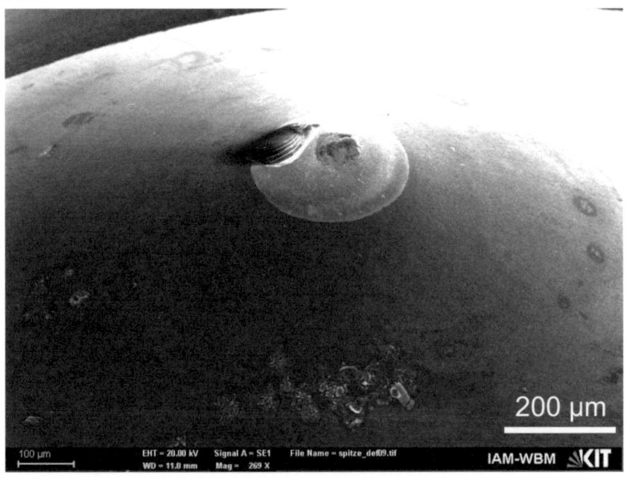

Abbildung 7.25: Gesamtansicht der sphärischen Diamantspitze mit Ausbruch. Detailansichten finden sich in Abb. C.20.

8 Schlussfolgerungen

Im Betrieb eines Fusionsreaktors werden die das Plasma umgebenden Strukturen durch eine kombinierte thermomechanische Belastung und gleichzeitige Neutronenbestrahlung geschädigt. Folglich umfasst die Qualifizierung von Materialien für Strukturkomponenten des Fusionsreaktors DEMO und seiner Nachfolger eine Bewertung dieser Materialschädigung. Hierfür werden Materialproben in Bestrahlungsprogrammen gezielt geschädigt und anschließend mechanisch charakterisiert. Als Prüfverfahren eignet sich insbesondere die Instrumentierte Eindringprüfung. Um die Betriebsbedingungen im Fusionsreaktor auch bei dieser Prüfmethode nachzubilden, ist ein Erhitzen der Proben während des Versuchs notwendig. So hatte diese Arbeit zum Ziel, die Instrumentierte Eindringprüfung bei maximal 650°C zu ermöglichen und eine bis dato nicht existente Anlage zur Hochtemperatur-Indentation an bestrahlten Materialien zu realisieren. Hierzu gehörten:

1. Die Weiterentwicklung eines Anlagenkonzepts

2. Die Spezifikation der Prüf- und Umgebungsbedingungen

3. Die Auslegung der Anlage gemäß Spezifikation

4. Die Gestaltung und Konstruktion einzelner funktionaler Baugruppen

5. Das Zusammenführen zu einer Anlage und deren Aufbau

6. Die Inbetriebnahme inklusive einer Kalibrierung der Prüfparameter Kraft, Eindringtiefe und Temperatur

7. Die experimentelle Verifikation der Funktionsfähigkeit

8. Versuche zur Validierung der Messergebnisse

Dieses Ziel wurde erreicht.

Damit eng in Verbindung stand die Anwendung der Indentation in unterschiedlichen Temperaturbereichen. Aus den im Rahmen dieser Arbeit gewonnenen Ergebnissen lassen sich drei Schlussfolgerungen ziehen.

1. *Eine Anlage zur Instrumentierten Eindringprüfung bei Hochtemperatur für die Charakterisierung bestrahlter Materialien ist realisiert.*

Die Anforderungen an eine Prüfanlage zur temperierten Instrumentierten Eindringprüfung an bestrahlten Materialien führten zu Aufbau und Inbetriebnahme der Karlsruher Hochtemperatur-Indentationsanlage KAHTI, die folgende Merkmale aufweist:

- Die Prüfungen erfolgen kraftkontrolliert mit Indentationskräften im Bereich $1 - 200\,\mathrm{N}$.

- Der Temperaturbereich erstreckt sich von Raumtemperatur bis $650\,^\circ\mathrm{C}$. Damit können die im Fusionsreaktor herrschenden Betriebstemperaturen für die vorgesehenen Strukturmaterialien Eurofer und Eurofer-ODS nachgebildet werden. Ebenso lässt sich Wolfram an der kritischen unteren Grenze seines Einsatztemperaturfensters untersuchen.

- Die Eindringtiefe wird aus der Relativbewegung zwischen Eindringkörper und Probe bestimmt, sodass Steifigkeit und thermische Drift der Anlage eine untergeordnete Rolle spielen. Die maximale Eindringtiefe ist durch die Geometrie der Eindringspitze, nicht aber durch das verwendete optische Wegmesssystem limitiert. Die üblichen Eindringtiefen liegen im Bereich $2 - 50\,\mu\mathrm{m}$.

- Ein Hochvakuum mit Drücken im Bereich $2 \times 10^{-6} - 8 \times 10^{-6}\,\mathrm{mbar}$ schützt die Probe wie auch den Eindringkörper vor Oxidation.

- Die individuelle Festlegung der Prüfparameter für die Indentationsversuche inklusive multizyklischer Abläufe lässt – zusammen mit der flexiblen Wahl der Indenterspitzengeometrie – unterschiedliche Prüfverfahren zu. So ist KAHTI in der Lage, Versuchsdaten für die Methode nach Tyulyukovskiy et Huber zu liefern, um hieraus das Materialverhalten gemäß dem postulierten viskoplastischen Materialmodell zu beschreiben.

- Die Gestaltung und Vorbereitung von KAHTI auf einen fernhantierten Betrieb in abgeschirmten Bereichen ermöglicht eine Untersuchung von Materialien mit toxischen oder radioaktiven Eigenschaften.

Die durchgeführten Versuche an Eurofer und Wolfram bestätigen die korrekte Funktionsweise von KAHTI sowie die Validität der Messergebnisse. Hiermit steht die Hochtemperatur-Indentation als einfache Methode zur temperaturabhängigen Charakterisierung bestrahlter Materialien zur Verfügung.

2. *Mit der Instrumentierten Eindringprüfung lässt sich elastisches sowie plastisches Materialverhalten charakterisieren – auch in Abhängigkeit der Prüftemperatur.*

Die im Rahmen dieser Arbeit durchgeführten Versuche bestätigen die Anwendungsvielfalt der Instrumentierten Eindringprüfung. Aus den gewonnenen Versuchsdaten Kraft und Eindringtiefe kann auf die Eigenschaften des untersuchten Materials – im elastischen wie auch im plastischen Bereich – geschlossen werden. Die Eignung der Indentation zur Charakterisierung des temperaturabhängigen Materialverhaltens weisen die Indentationsversuche bei Hochtemperatur nach.

- Eine Aussage über die elastischen Materialeigenschaften wird durch die klassische Auswertung der Indentation ermöglicht. Zusätzlich lassen sich die unterschiedlichen Mechanismen, die für eine Plastifizierung des Materials verantwortlich sind, mithilfe der Indentation analysieren. Trotz eines multiaxialen Spannungszustands, die die Indentation im Material verursacht, lassen sich Anisotropien der Plastizität untersuchen. So wurde aus profilometrischen Analysen der Aufwürfe von Indents in Wolfram-Einkristallen deren anisotrope plastische Verformung spezifiziert. Hiermit konnte ein kristallplastisches Materialmodell, das auf der Aktivierung von Gleitsystemen basiert, verifiziert werden.

- Die Realisierung von KAHTI hat die Variation des Parameters Prüftemperatur bei der Indentation ermöglicht. So lassen sich die Betriebsbedingungen für Werkstoffe, die für einen Einsatz in künftigen Fusionsreaktoren vorgesehen sind, nachbilden. Eine Untersuchung des hierfür entwickelten reduziert-aktivierbaren ferritisch-martensitischen Stahls Eurofer mittels Indentationsexperimenten bei unterschiedlichen Temperaturen bestätigte den temperaturbedingten Festigkeitsabfall dieses Werkstoffs.

- Das bivalente Verhalten kubisch-raumzentrierter Materialien lässt sich mittels Indentationsserien über einen Temperaturbereich untersuchen. Die thermisch bedingte Aktivierung von Gleitsystemen im Kristall führt mit zunehmender Temperatur zu einer Reduktion der Materialfestigkeit. Dies spiegelt sich im Widerstand gegen Eindringen, ausgedrückt in der Materialhärte, wider. So konnte aus temperierten Indentations-Experimenten an Tantal dessen athermische Temperatur zu $160\,^{\circ}\mathrm{C}$ ermittelt werden. Ab dieser Temperatur ist die thermische Aktivierung vollständig erfolgt. In Wolfram konnte das thermisch bedingte Absinken der Festigkeit mit steigender Temperatur ebenso beobachtet werden.

Es wurde gezeigt, dass mittels Indentationsexperimenten die elastischen
und plastischen Eigenschaften eines Materials wiedergegeben werden können. Auch das temperaturabhängige Materialverhalten spiegelt sich in den
gewonnenen Versuchsdaten wider.

3. *Die neu geschaffene Karlsruher Hochtemperatur - Indentationsanlage KAHTI erweitert die Möglichkeiten der Materialunter-
suchung.*

Das Anwendungsspektrum von KAHTI lässt sich durch folgende Erweite-
rungen der Anlage ausbauen:

- Der Einsatztemperaturbereich kann über die Auslegungstemperatur
  von 650°C erweitert werden. Hierfür sind zusätzliche Temperatur-
  messstellen zur Überwachung notwendig.

- Je nach zu prüfendem Werkstoff sowie der Prüftemperatur sind für
  die Hochtemperatur-Indentation weitere Spitzenmaterialien erforderlich. Eine Beschichtung der Diamantspitze mit kubischem Bornitrid
  könnte den Diamanten vor diffusionsbedingter Erosion schützen.

- Mithilfe einer simultanen Bildverarbeitung zur Bestimmung der Eindringtiefe während der Indentationsprüfung ist die Einbindung des
  Wegsignals in Echtzeit in die Versuchsdarstellung und -kontrolle
  möglich. So wären auch wegkontrollierte Versuche denkbar.

Die in dieser Arbeit durchgeführten Versuchsreihen und deren Ergebnisse
zeigen einen Ausschnitt der Untersuchungsmöglichkeiten mittels KAHTI
auf. Diese lassen sich wie folgt erweitern:

- Aus einer systematischen Untersuchung an Eurofer wird eine Aussage zum Einfluss der kombinierten Belastung aus Neutronenbestrahlung und Temperatur ermöglicht. Ebenso kann die Möglichkeit,
  durch Bestrahlung hervorgerufene Materialveränderungen durch eine

nachfolgende Wärmebehandlung zu revidieren, getestet werden. Eine sog. Ausheil-Wärmebehandlung für das zu prüfende Material ist innerhalb KAHTI möglich, die Materialcharakterisierung mittels Indentation schließt sich direkt an.

- Die athermische Temperatur von Wolfram wird innerhalb des Temperaturbereichs von KAHTI erwartet, sodass deren Bestimmung möglich ist. Bei einer zusätzlichen Auswertung der Dehnratenabhängigkeit des thermisch aktivierten Bereichs durch weitere Indentationsversuche können hieraus die für den Spröd-duktil-Übergang eines Materials benötigten Aktivierungsenergien berechnet und hieraus auf die Übergangstemperatur *DBTT* geschlossen werden. Ebenso lässt sich durch temperierte Indentationsexperimente in Wolfram-Einkristallen und nachfolgende profilometrische Analyse der Oberfläche rund um den Aufwurf die thermische Aktivierung zusätzlicher Gleitsysteme verfolgen.

- Neben der verwendeten sphärischen Geometrie der Eindringkörperspitze kann die Auswahl der möglichen Indentations-Prüfmethoden durch weitere Indentergeometrien erweitert werden. Scharfkantige Indenter erlauben eine Rissinitiierung im Prüfmaterial zur Untersuchung der Zähigkeit, flächige Prüfkörper Kompressionsversuche in KAHTI.

Es lässt sich resümieren, dass mit der Indentationsmethode Materialeigenschaften und -verhalten unter mechanischer Belastung studiert werden können. Während der Aufwand im Vergleich zu anderen Prüfverfahren relativ gering ist, ist die Güte der erhaltenen Ergebnisse gleichwertig. Hieraus folgt die Eignung der Instrumentierten Eindringprüfung für eine Charakterisierung bestrahlter Materialien. Eine variable Prüftemperatur ermöglicht die Nachbildung der im Fusionsreaktor herrschenden thermischen Belastung. Zusätzlich erweitert sie das Anwendungsspektrum und die Untersuchungsmöglichkeiten der Indentation. Für Hochtemperatur-Versuche an Proben bestrahlter Materialien, deren Einsatz in Strukturkomponenten künftiger Fusionsreaktoren geplant ist, steht nun die Karlsruher Hochtemperatur-Indentationsanlage KAHTI zur Verfügung.

A Prüfablauf

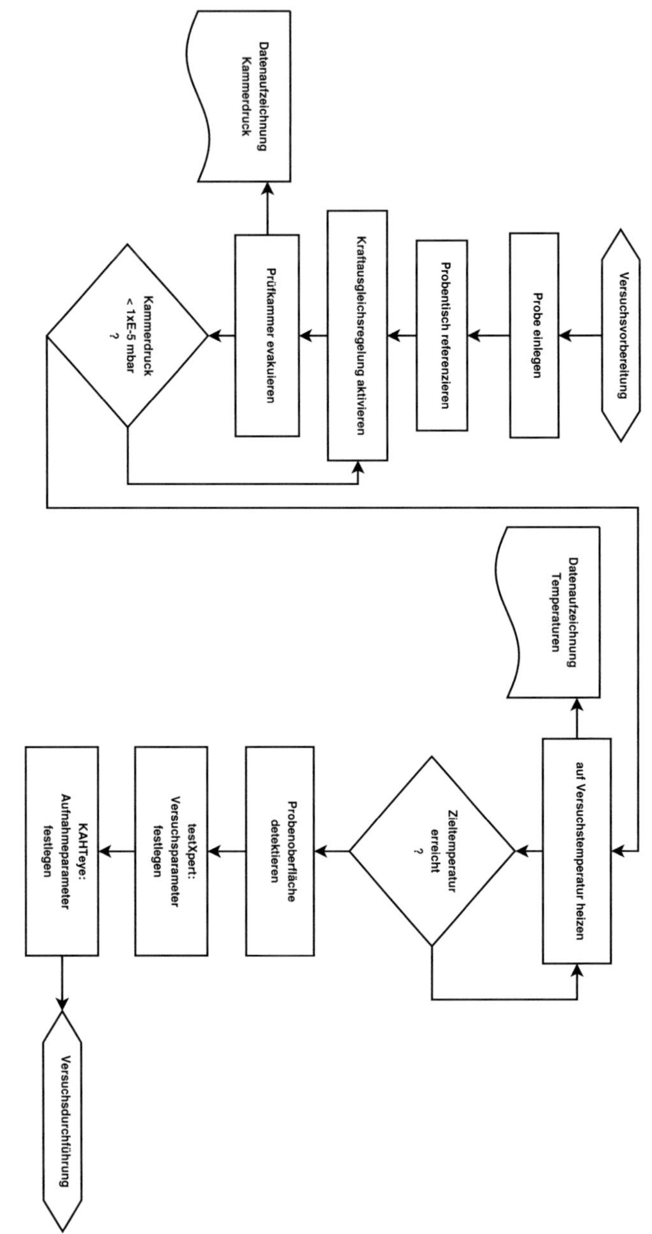

Abbildung A.1: Flussdiagramm des Prüfablaufs – Versuchsvorbereitung

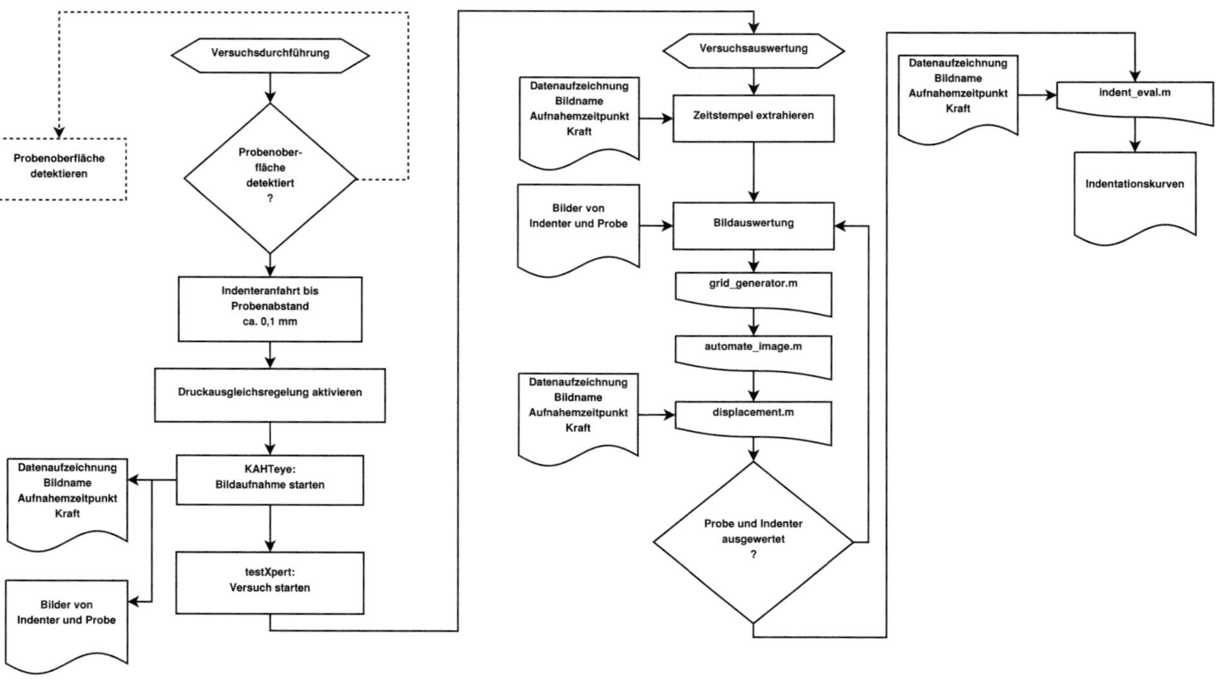

Abbildung A.2: Flussdiagramm des Prüfablaufs – Versuchsdurchführung und -auswertung

B Berechnungen

B.1 Zusammenhänge bei der Auswertung der Indentation

Mithilfe der Gleichungen (3.14) und (3.12) lässt sich zeigen, dass der Quotient E_r^2/H durch S^2/P repräsentiert werden kann

$$E_r \propto \frac{S}{\sqrt{A}} \quad \rightarrow \quad S \propto E_r \sqrt{A} \tag{B.1}$$

$$H = \frac{P}{A} \quad \rightarrow \quad P = HA \tag{B.2}$$

$$\frac{S^2}{P} \propto \frac{E_r^2 A}{HA} \quad \rightarrow \quad \frac{S^2}{P} \propto \frac{E_r^2}{H} \tag{B.3}$$

B.2 Zusammenhang zwischen Verfestigungsgesetz und dem Potenzgesetz nach Meyer

Aus dem Verfestigungsgesetz (3.23) kann das Potenzgesetz von Meyer gemäß Gl. (3.21) hergeleitet werden. Hierzu dienen die Definitionen (3.24) und (3.25) von Spannung und Dehnung nach Tabor. Diese werden unter Nutzung der Beziehung $a = d/2$ in Gl. (3.23) eingesetzt

$$p_m = k_f \psi \delta^n \left(\frac{d}{2D} \right)^n \tag{B.4}$$

Da Gl. (3.20) gilt, kann aus (B.4) die Last P bestimmt werden

$$P = k_f \psi \delta^n \left(\frac{d}{2D}\right)^n \times \pi \left(\frac{d}{2}\right)^2 = \underbrace{k_f \psi \frac{\pi}{4} \left(\frac{\delta}{2}\right)^n}_{const} \times \frac{d^{n+2}}{D^n} \tag{B.5}$$

Mit der Beobachtung (3.22) von Meyer lässt sich (B.5) vereinfachen zu

$$P = \underbrace{\frac{const}{D^n}}_{k} d^{n+2} \tag{B.6}$$

$$P = kd^{n+2} = kd^m \tag{B.7}$$

Hieraus ergibt sich, dass $n+2 = m$, was den experimentell ermittelten Zusammenhang aus Gl. (3.26) rechnerisch bestätigt.

B.3 Kalibrierung des Wegmesssystems

Für eine Kenntnis der Bewegung von Eindringkörper und Probe in metrischen Einheiten (μm) ist eine Kalibrierung des optischen Systems notwendig. Dies wurde anhand der regelmäßigen Struktur eines TEM-Netzchens mit bekannten Dimensionen durchgeführt. Hieraus ergibt sich ein Verhältnis von $0,98\,\text{px}/\mu\text{m}$ (vgl. Tab. B.1).

Tabelle B.1: Bestimmung der Kameravergrößerung an KAHTI mittels TEM-Netzchen und *AnalySIS*

Messlänge	in μm	in px	Verhältnis px/μm
6 Kästchen	1500	1470	0,98
6 Kästchen	1500	1485	0,99
2 Kästchen	500	494	0,988
2 Kästchen	500	498	0,996
2 Kästchen	500	487	0,974
			0,98

Bestätigung mittels kalibrierten Glasmaßstabs

$$1500\,\mu m \mathrel{\hat{=}} 1470\,px \Rightarrow 0{,}98\,px/\mu m \tag{B.8}$$

B.4 Berechnungen zur Flächenfunktion

Die Härte nach Brinell errechnet sich aus dem Verhältnis der Prüfkraft P zur Kontaktfläche der eindringenden Kugel [64]. Dringt ein Rockwell-Indenter über die maximale sphärische Eindringtiefe $h_{max,s}$ in das Material ein, muss die Flächenfunktion für $h > h_{max,s}$ an die Kegelgeometrie angepasst werden. Abb. B.1 stellt dar, für welche Bereiche des Indents welche Flächenfunktion gültig ist.

Abbildung B.1: Anteil der Flächenfunktionen von Kugel und Kegel bei der Indentation mit einem Rockwell-Kegel

Für A_{KK} gilt

$$A_{KK} = \pi D^2 \left(1 - \sqrt{1 - \frac{d(h_{max,s})^2}{D^2}} \right) \tag{B.9}$$

Die ringförmige Kontaktfläche des kegeligen Anteils A_{KR} berechnet sich zu

$$A_{KR} = \pi \frac{d^2 - d(h_{max,s})^2}{sin\varphi/2} \tag{B.10}$$

Für den verwendeten Indenter mit Radius $R = 200\,\mu m$ gilt $\varphi = 120°$, $d(h_{max,s}) = 200\,\mu m$. Die Summe der beiden Flächen fließt als korrigierte Kontaktfläche $A_{KK} + A_{KR} = A_{korr}$ in die Korrektur der Härtewerte für Indents mit Eindringdurchmessern $d > 200\,\mu m$ ein (vgl. Tab. B.2).

Tabelle B.2: Korrektur der Kontaktfläche zur Bestimmung der zu einem Rockwell-Indenter zugehörigen Brinell-Härte „HBR"

Probe	Temperatur in °C	$\overline{d}$ in µm	$A_{Brinell}$ in µm^2	HBW	A_{korr} in µm^2	„HBR"
E-FML-4	500	222	0,04710	119	0,07574	132
E-FML-5	550	223	0,08540	113	0,07618	127
E-FML-5	600	249	0,10945	88	0,08738	110
E-FML-5	650	276	0,13836	70	0,09996	96

C Abbildungen

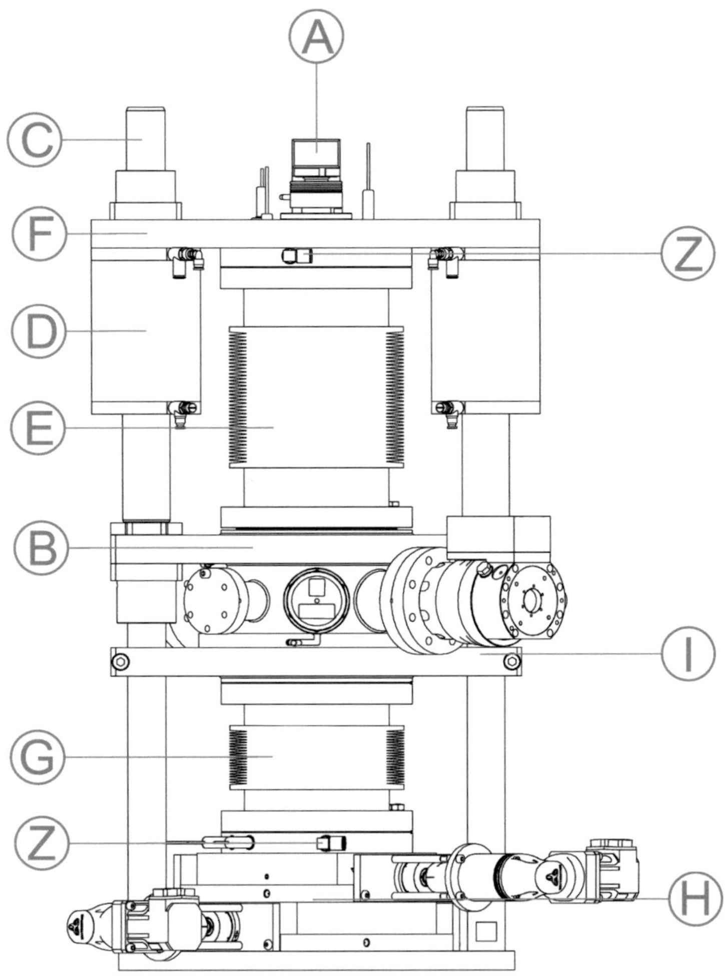

Abbildung C.1: Frontale Ansicht der Hochtemperatur-Vakuum-Prüfkammer. Die Bezeichnung der Komponenten findet sich in Tab. D.11.

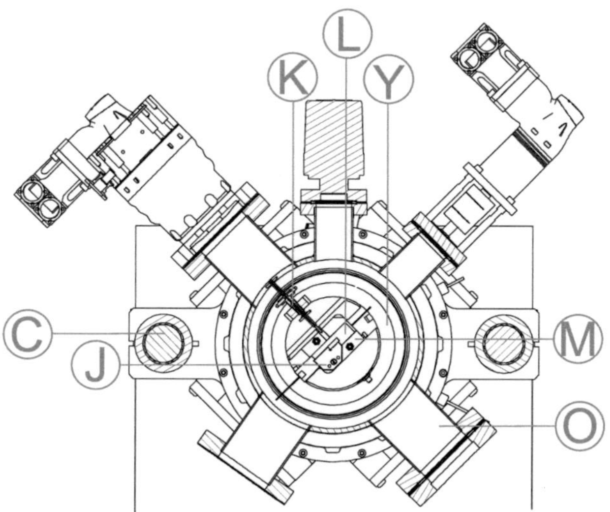

Abbildung C.2: Horizontale Schnittansicht der Hochtemperatur-Vakuum-Prüfkammer. Die Bezeichnung der Komponenten findet sich in Tab. D.11.

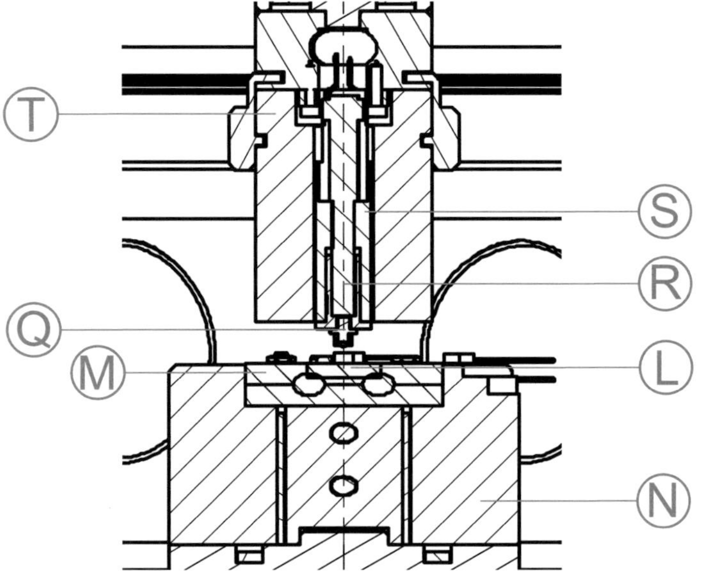

Abbildung C.3: Vertikale Schnittansicht der Indentationsstelle. Die Bezeichnung der Komponenten findet sich in Tab. D.11.

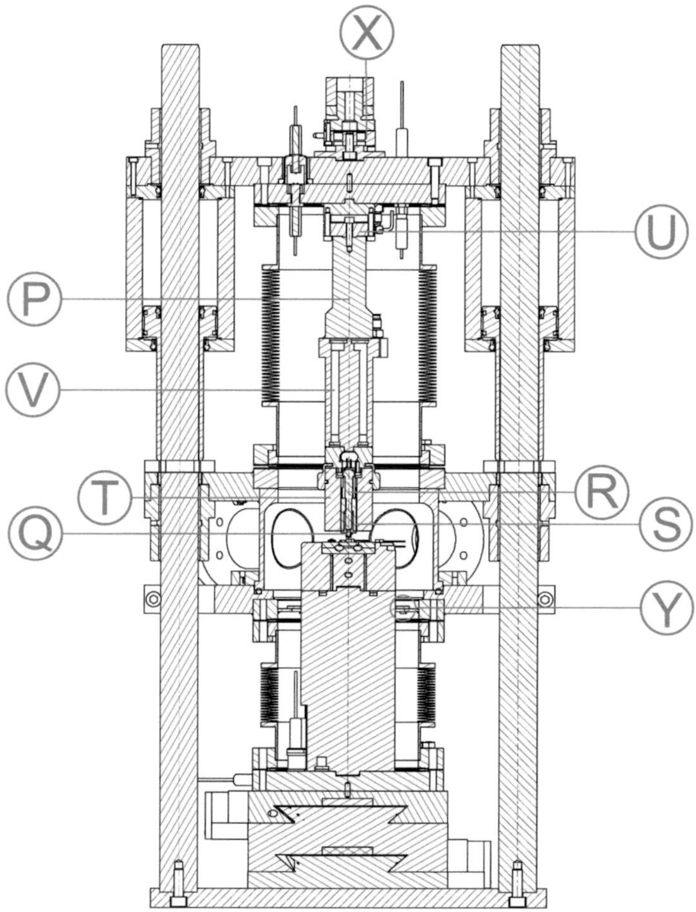

Abbildung C.4: Vertikale Schnittansicht der Hochtemperatur-Vakuum-Prüfkammer. Die Bezeichnung der Komponenten findet sich in Tab. D.11.

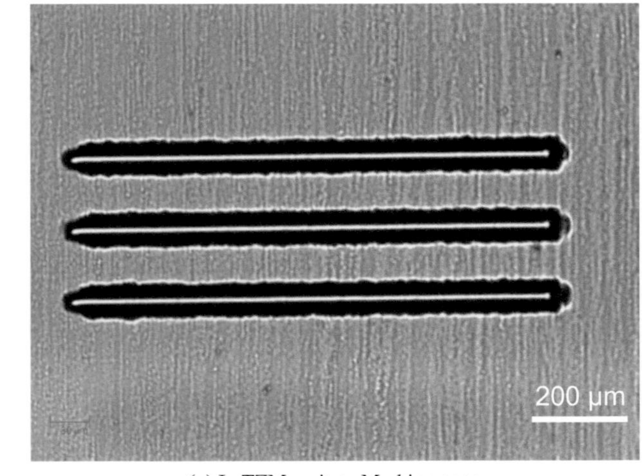

(a) In TZM geritzte Markierungen

(b) Mittels FIB abgeschiedene Marker aus Wolfram auf TZM

Abbildung C.5: Ansichten unterschiedlicher Marker für die differentielle Bildverfolgung

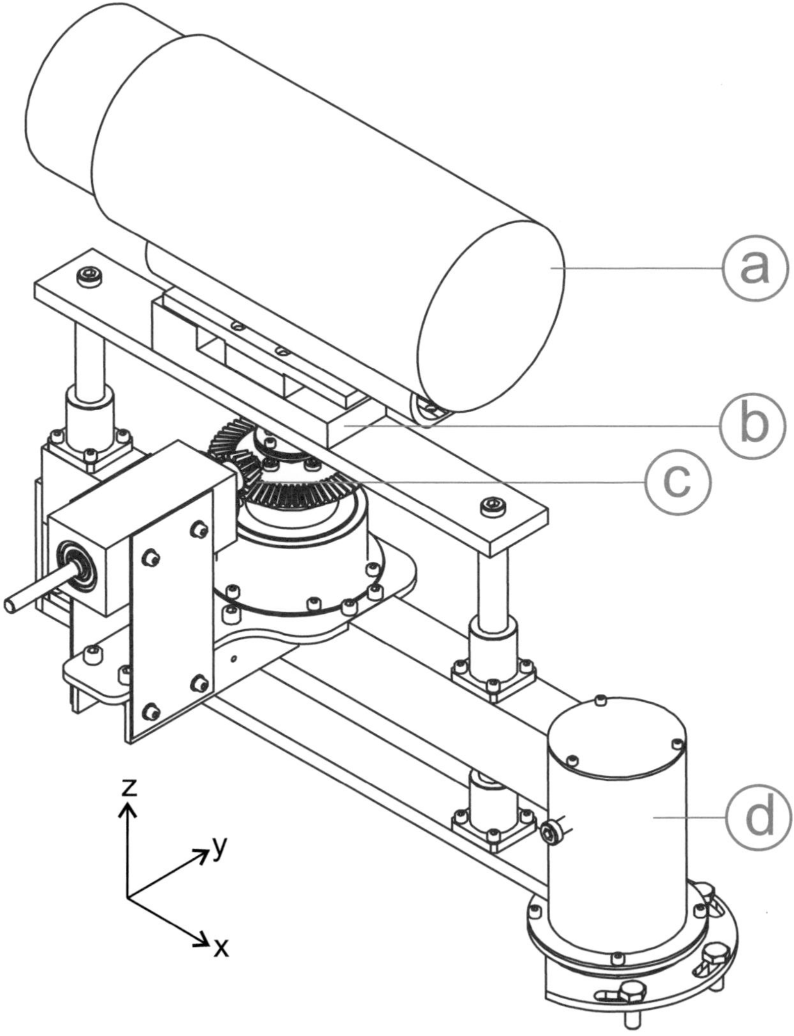

Abbildung C.6: Vorrichtung zur Aufnahme des optischen Systems. ⓐ – Fernfeldmikroskop, ⓑ – Lineartisch zur Fokussierung des optischen Systems, ⓒ – Spindel zur Höhenanpassung des optischen Systems, ⓓ – Zentrale Säule zur Fixierung des optischen Systems

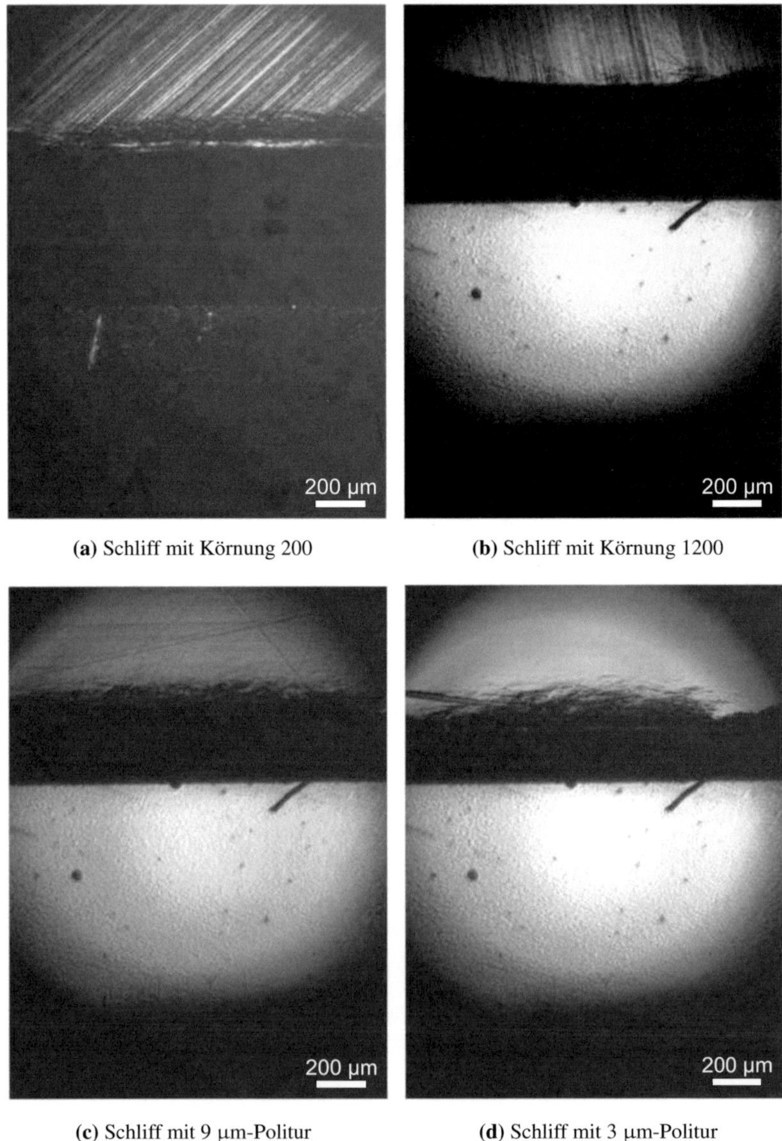

(a) Schliff mit Körnung 200

(b) Schliff mit Körnung 1200

(c) Schliff mit 9 μm-Politur

(d) Schliff mit 3 μm-Politur

Abbildung C.7: Unterschiedliche Schliffgüten zur Bestimmung einer für DIC geeigneten Oberfläche des Eindringkörpers

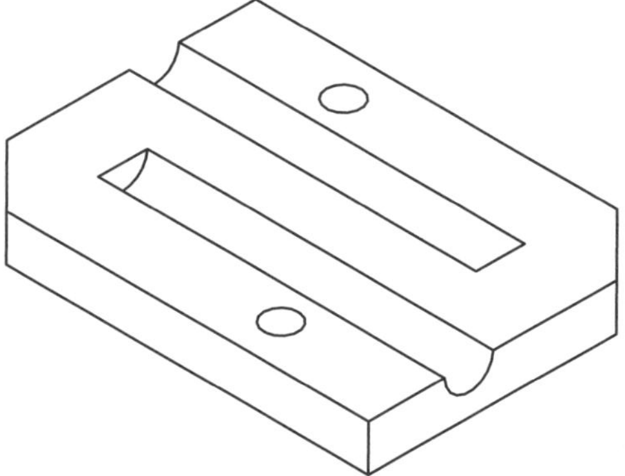

Abbildung C.8: Unterteil des zweigeteilt ausgeführten Probentischs.
Die Heizpatronen werden in die horizontalen Bohrungen gelegt und anschließend mit dem passenden Oberteil des Probentischs geklemmt.

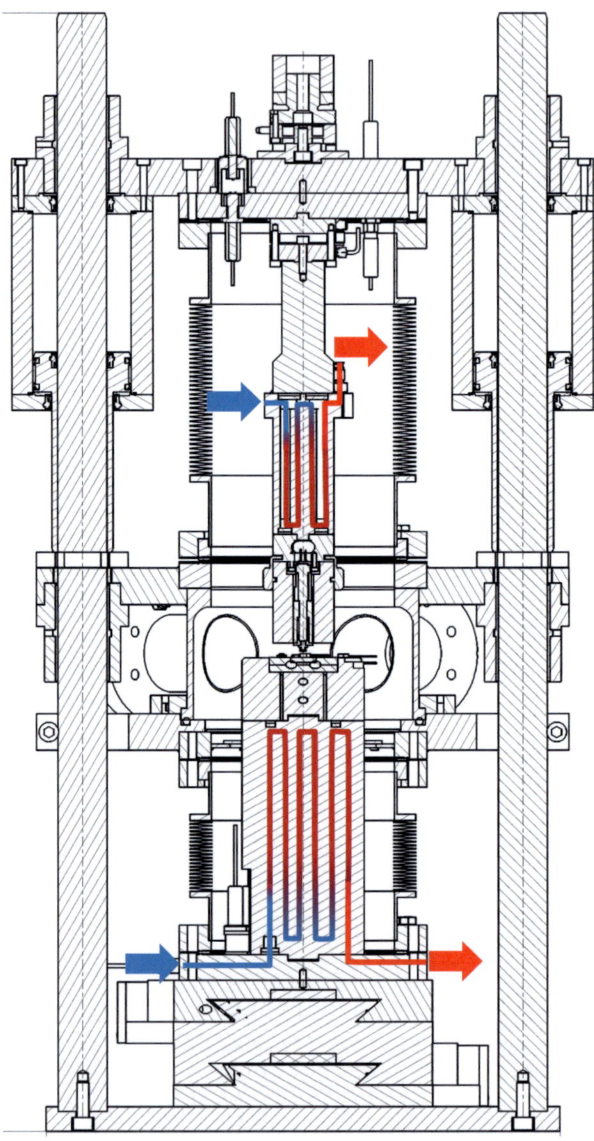

Abbildung C.9: Verlauf der Kühlkanäle innerhalb der Hochtemperatur-Vakuum-Prüfkammer

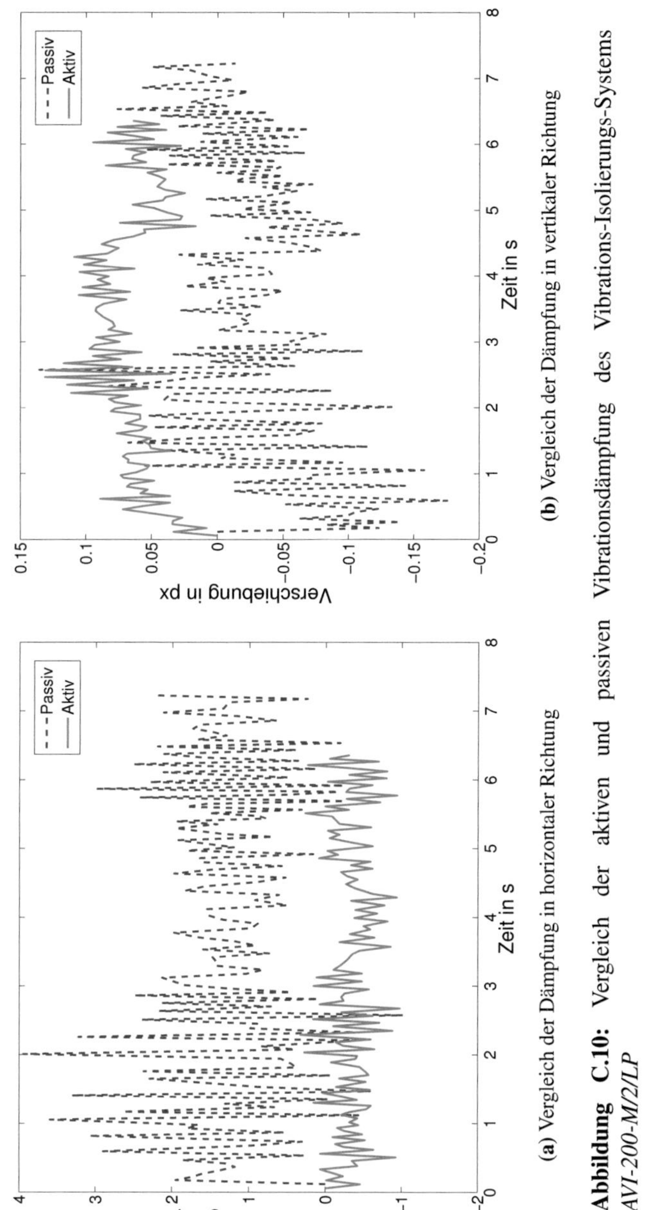

(a) Vergleich der Dämpfung in horizontaler Richtung

(b) Vergleich der Dämpfung in vertikaler Richtung

Abbildung C.10: Vergleich der aktiven und passiven Vibrationsdämpfung des Vibrations-Isolierungs-Systems *AVI-200-M/2/LP*

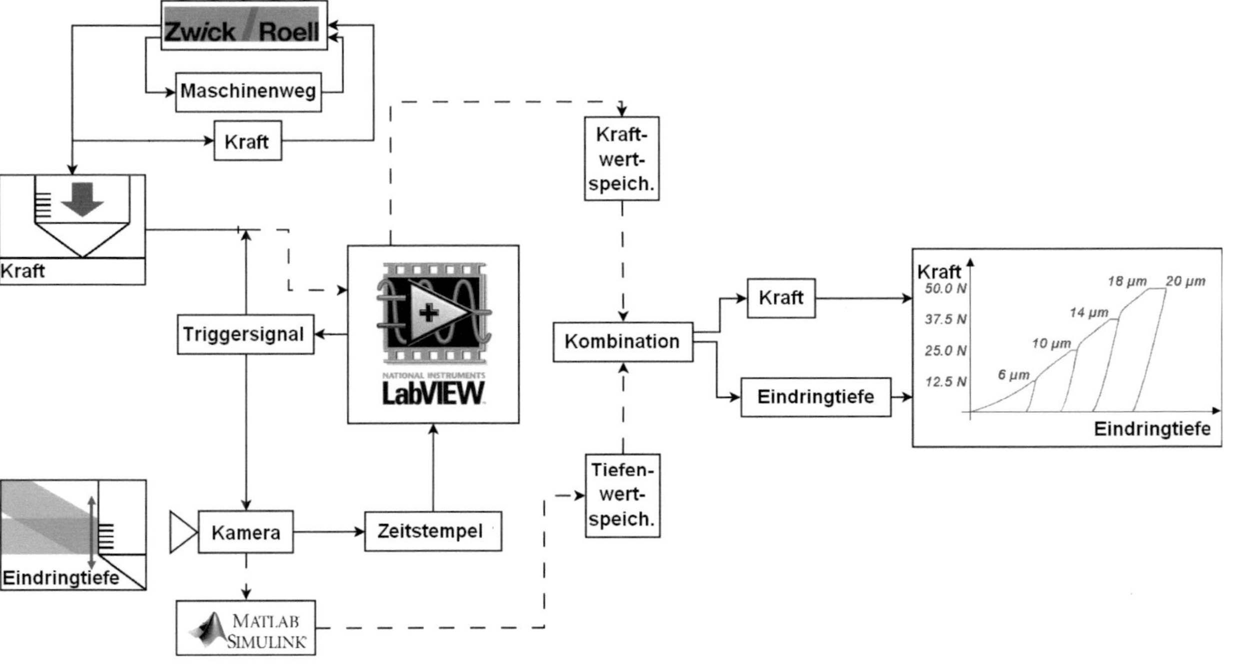

Abbildung C.11: Schema der Erfassung der Versuchsdaten Kraft, Zeit und Eindringtiefe und Auswertung des Indentations-experiments

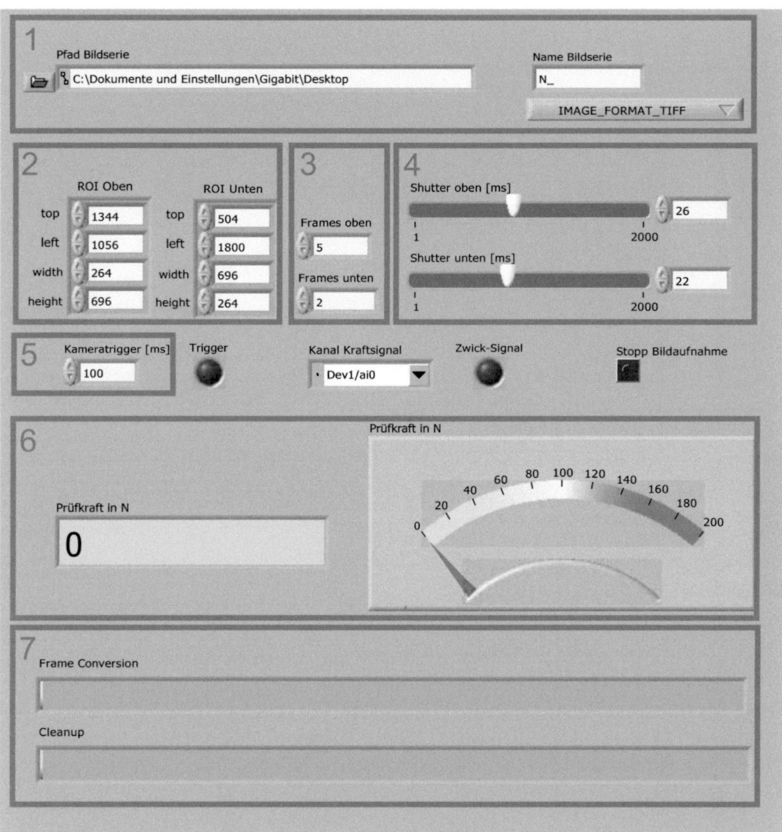

Abbildung C.12: Bedienoberfläche des virtuellen Instruments „KAHTeye" zur Steuerung und Bildaufnahme des optischen Systems. 1 – Angaben zum Speicherort und Zielformat, 2 – Angabe der Bildausschnitte, 3 – Angabe der Bildanzahl je Schleife, 4 – Angabe der Belichtungszeiten, 5 – Angabe der Aufnahmerate, 6 – Anzeige der Prüfkraft, 7 – Fortschrittsbalken zur Umwandlung der Bilddaten.

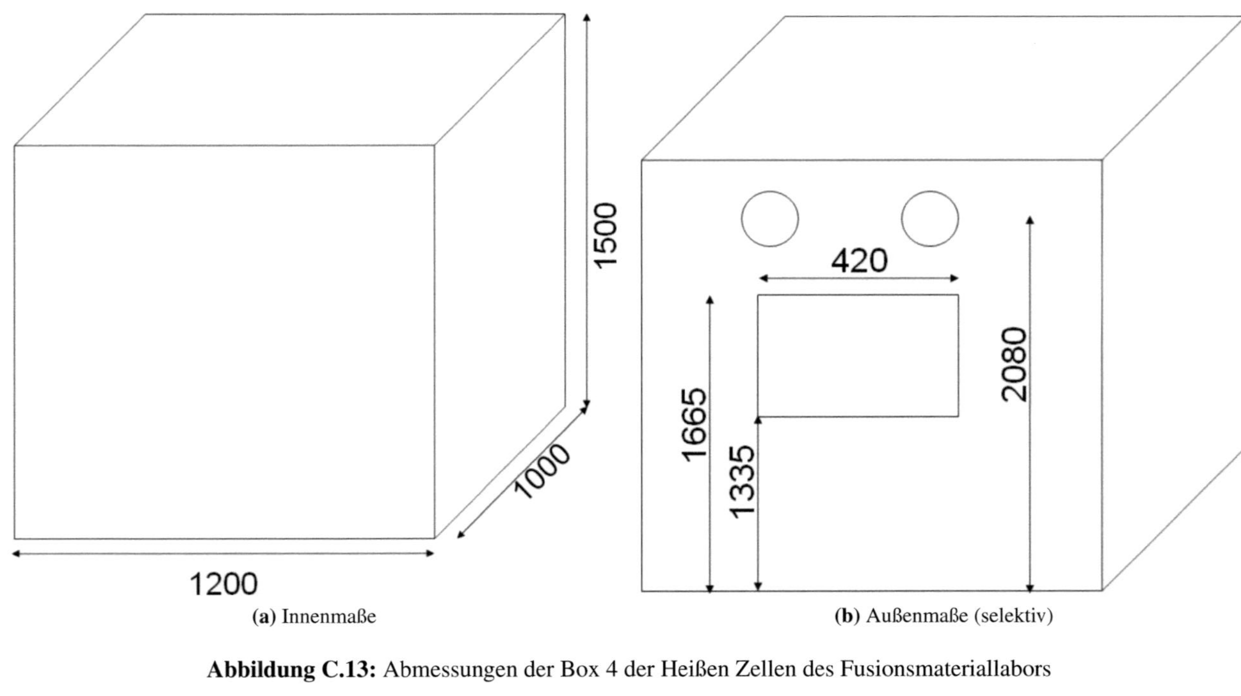

Abbildung C.13: Abmessungen der Box 4 der Heißen Zellen des Fusionsmateriallabors

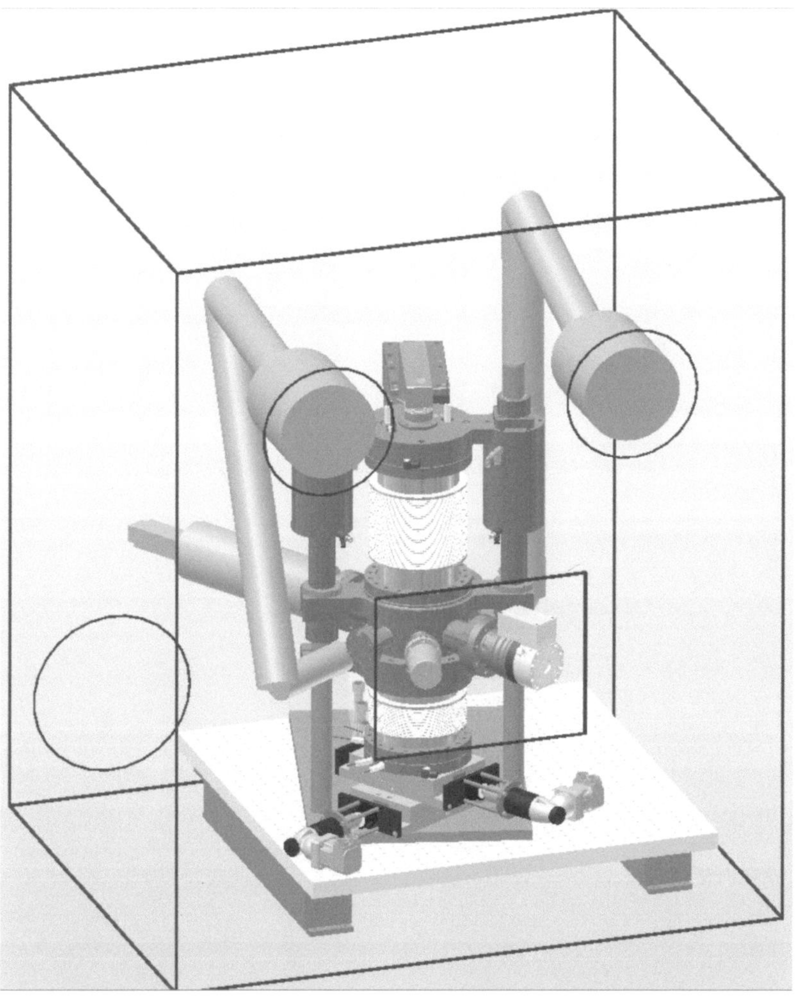

Abbildung C.14: Positionierung von KAHTI in der Box 4 der Heißen Zellen des Fusionsmateriallabors

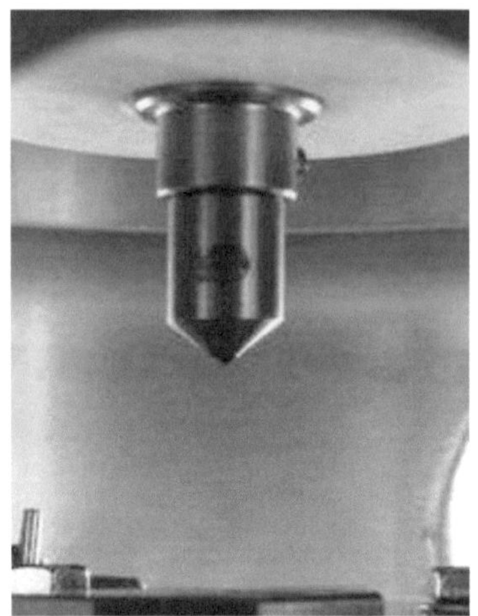

(a) Standard-Rockwell Eindringkörper zur Entwicklung der Prüfvorschrift

(b) Massivkörper zur Entwicklung
der Wegmessung

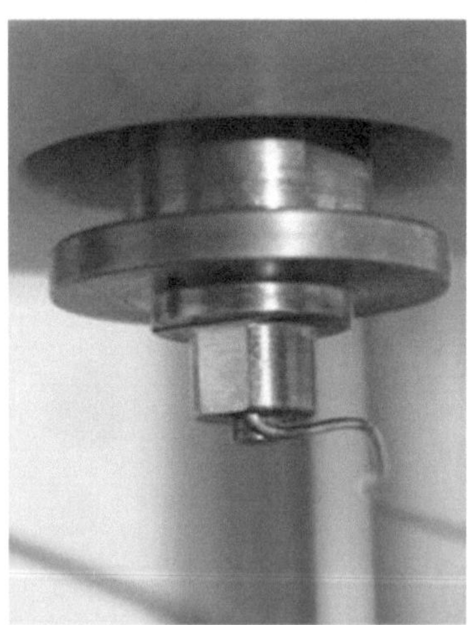

(c) Indentermodell aus TZM zur
Validierung der Wegmessung sowie der Indenterheizung

(d) Indenter mit Diamantspitze zur
Durchführung von Hochtemperatur-
Indentationsexperimenten

Abbildung C.15: Zur Entwicklung der Hochtemperatur-Indentation verwendete funktionale Indentereinsätze

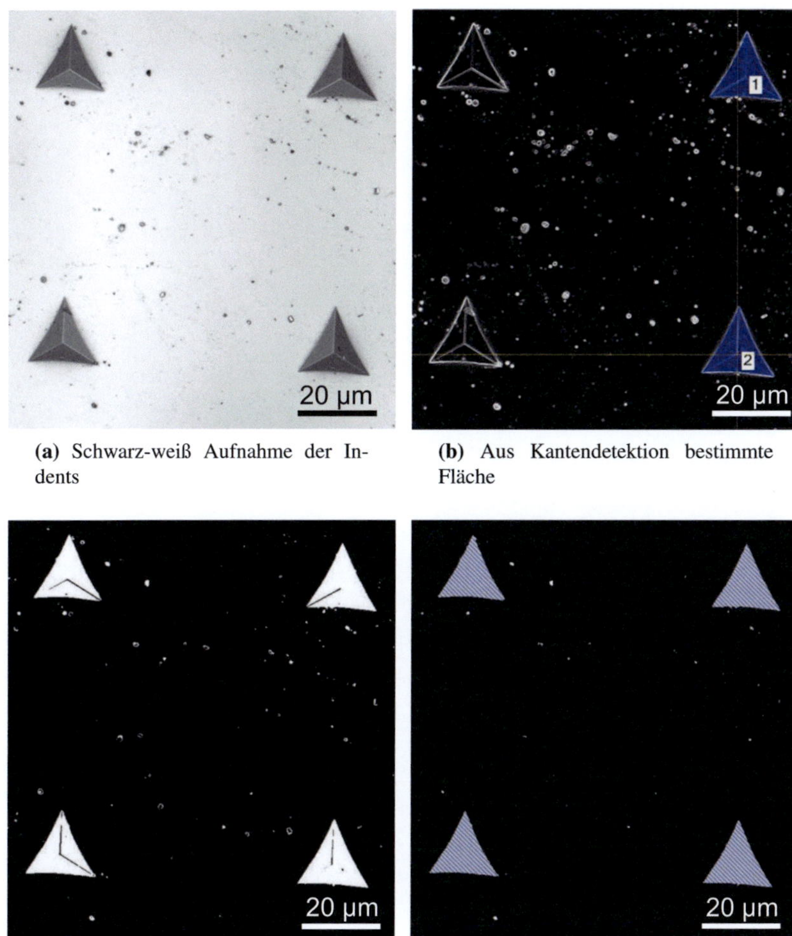

(a) Schwarz-weiß Aufnahme der Indents

(b) Aus Kantendetektion bestimmte Fläche

(c) Aus Grauschwellwert detektierte Fläche

(d) Aus spezifischen Algorithmen (Partikeldetektion) ermittelte Fläche

Abbildung C.16: Bestimmung der Indentfläche mit unterschiedlichen Methoden der Bildverarbeitung

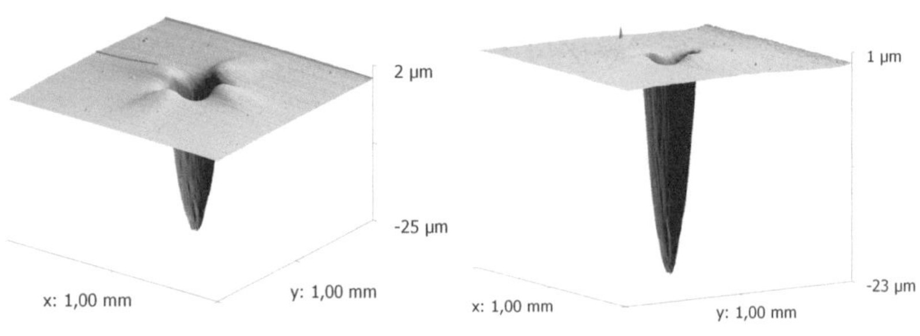

(a) Aufwurfmuster auf der (100)-Ebene (b) Aufwurfmuster auf der (110)-Ebene

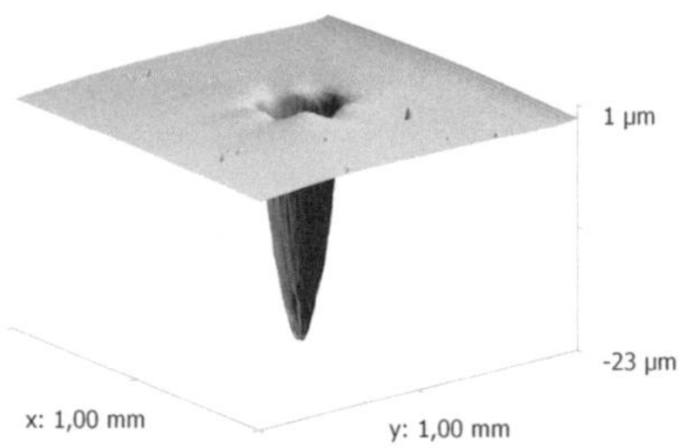

(c) Aufwurfmuster auf der (111)-Ebene

Abbildung C.17: Dreidimensionale Darstellung der indentierten Probenoberfläche von W-Einkristallen. Die Vertikale ist gegenüber den Horizontalen stark überzeichnet, um die Aufwurfmuster zu verdeutlichen.

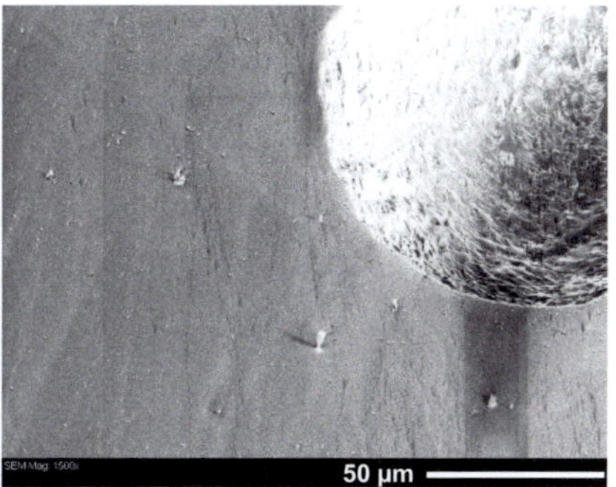

(a) Untersuchter Bildausschnitt

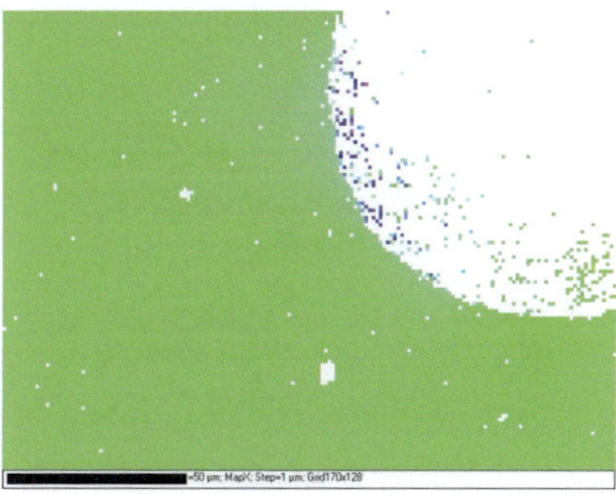

(b) Ergebnis in X-Richtung

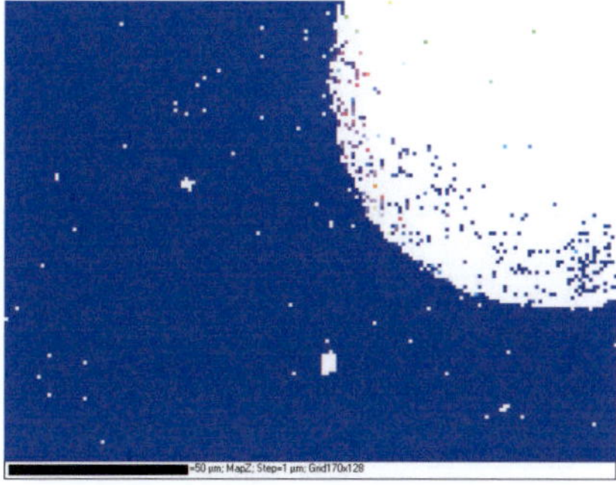

(c) Ergebnis in Z-Richtung

Abbildung C.18: EBSD-Karten der Probenoberfläche eines W-(111)-Einkristalls in der Umgebung eines Indents. Es gelten Legende und Koordinatenverzeichnis aus Abb. 7.23. Die von den idealen Kristallorientierungen (110) und (111) abweichenden Rotationen sind aufgrund der zugeordneten Falschfarben bedingt sichtbar.

223

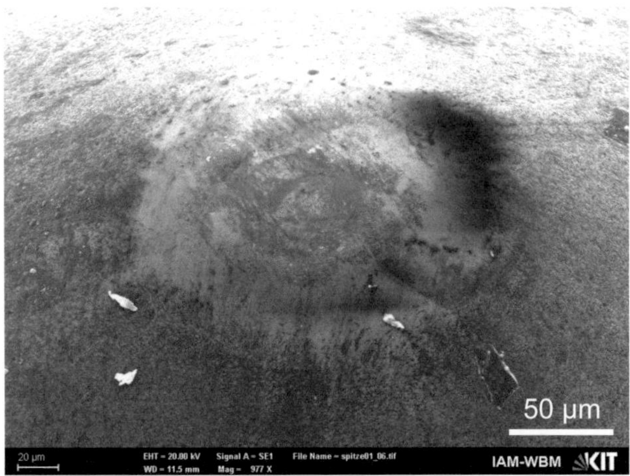

(a) Detailansicht des sphärischen Spitzenbereichs

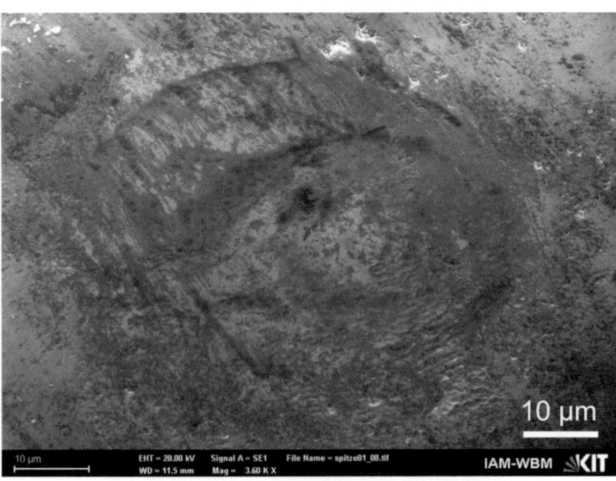

(b) Inspektion der Oberflächenrauheit

Abbildung C.19: Rasterelektronenmikroskopische Aufnahmen der sphärischen Diamantspitze

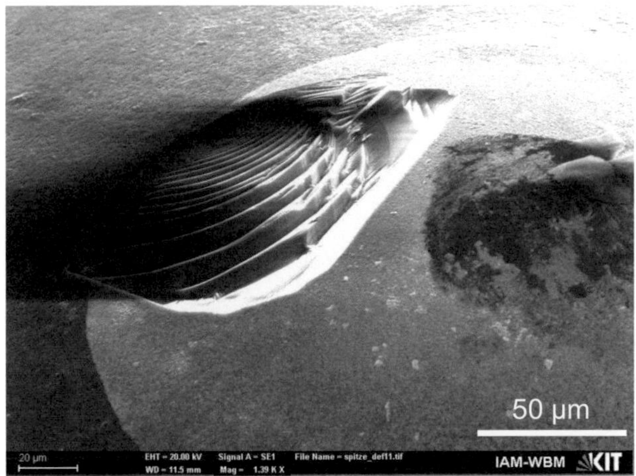

(a) Detailansicht des Ausbruchs

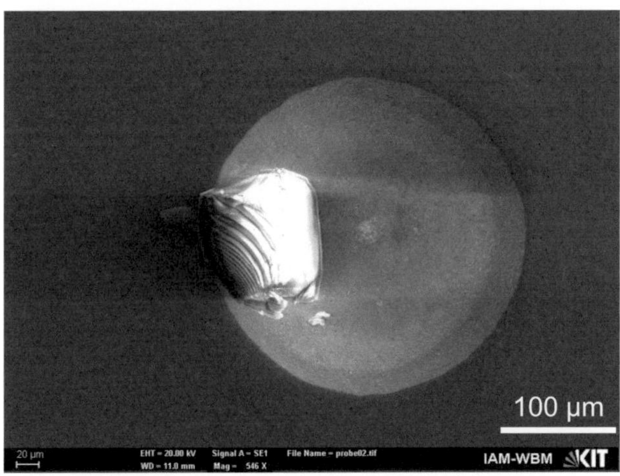

(b) Ansicht des im Indent verschweißten Ausbruchs

Abbildung C.20: Rasterelektronische Untersuchungen des Ausbruchs aus der sphärischen Diamantspitze

D Tabellen

Tabelle D.1: Parameter für den multizyklischen Indentationstest nach [69]

1. Drei Kriechphasen à 100 s bei $1/4 P_0$, $1/2 P_0$, $3/4 P_0$, eine Kriechphase von 600 s bei P_0, letzte Kriechphase von 2 s bei $5/4 P_0$

2. Wähle P_0 so, dass

$$8\% a < h_0 < 12\% a \tag{D.1}$$

3. Wähle $\dot{P}$ so, dass h_0 in 10 s bis 60 s erreicht ist. Die Kriechphasen werden dabei nicht berücksichtigt.

4. Entlastungsgeschwindigkeit entspricht der Eindringgeschwindigkeit $\dot{P} = -\dot{P}$

a — Radius des kugeligen Eindringkörpers
P — Am Eindringkörper anliegende Last
P_0 — Normlast
h — Eindringtiefe
h_0 — Eindringtiefe bei Erreichen der Last P_0

Tabelle D.2: Geschwindigkeitsabhängige Regelparameter für Indentationsexperimente

Parameter	Wert
Verzögerung bei Geschwindigkeitsumschaltung	5
Kreisverstärkung Kraftregelung	3000 bei $1\,\mathrm{N/s}^*$ 1000 bei $5\,\mathrm{N/s}$ 2000 bei $15\,\mathrm{N/s}$
Kreisverstärkung Dehnungsregelung	5

$(^*)$ – Es wird „geregelt positioniert", die „erweiterte Regelung" ist inaktiv. Beachte hierbei, dass sich bei $1\,\mathrm{N/s}$ und Kreisverstärkung = 3000 eine Resonanz um ca. 50 N einstellt. Deswegen aus der Praxis Kreisverstärkung = 1000. Das Überschwingen am Kraftplateau ist damit zwar größer, mit 0,1 N jedoch weiterhin passabel.

Tabelle D.3: Mechanische Eigenschaften ausgewählter Einsatzmaterialien für Indenterspitzen nach [85, 123–125]

Material	Härte* nach Vickers/Knoop MPa	Druckfestigkeit σ^* E-Modul E^* MPa	Wärmeausdehnung	
			$< 500°C$ $10^{-6}/K$	$> 500°C$ $10^{-6}/K$
Diamant			1,0	
(C)	HK $= 9000^{**}$	$E = 1050000^{**}$		
Saphir	HV10 $= 1800$	$\sigma > 2800$	6,5	8,9
Al$_2$O$_3$	HK $= 2200$	$E = 375000$		
Borcarbid	HV1 $= 2600$	$\sigma > 2800$	4,5	6,3
(B$_4$C)	HK0,1 $= 2950$	$E = 450000$		
Si-Carbid	HV1 $= 2450$	$\sigma > 2500$	3,8	5,1
(SiC)	HK0,1 $= 2450$			
Kub. Bornitrid		$\sigma = 3300$	4,8**	5,7**
(BN)	HK $= 4500$	$E = 712000$		
Si-Nitrid	HV1 $= 1500$	$\sigma > 2500$	2,5	3,9
(Si$_3$N$_4$)	HK0,1 $= 1500$	$E = 310000$		
Titanborid	HK0,1 $= 2600$		6,7	8,2
(TiB$_2$)		$E = 560000$		

* – jeweils bei Raumtemperatur
** – abweichend nach [86]

Tabelle D.4: Auszug aus einer Textdatei mit Informationen zu Bildname, Aufnahmezeitpunkt und anliegender Kraft

Bildname	Zeitstempel	Kraft
⋮	⋮	⋮
efml62_Oben82_2.tdms	67,06	47,15
efml62_Oben82_3.tdms	67,15	47
efml62_Oben82_4.tdms	67,25	47,08
efml62_Oben82_5.tdms	67,35	47,15
efml62_Oben83_1.tdms	67,77	47
efml62_Oben83_2.tdms	67,88	46,98
efml62_Oben83_3.tdms	67,98	47,08
efml62_Oben83_4.tdms	68,08	47,15
efml62_Oben83_5.tdms	68,18	47,03
efml62_Oben84_1.tdms	68,59	45,09
efml62_Oben84_2.tdms	68,7	44,56
efml62_Oben84_3.tdms	68,8	44
efml62_Oben84_4.tdms	68,9	43,39
efml62_Oben84_5.tdms	69	42,7
efml62_Oben85_1.tdms	69,43	40,08
efml62_Oben85_2.tdms	69,53	39,47
efml62_Oben85_3.tdms	69,63	39,01
efml62_Oben85_4.tdms	69,73	38,35
efml62_Oben85_5.tdms	69,83	37,79
efml62_Oben86_1.tdms	70,25	35,27
efml62_Oben86_2.tdms	70,35	34,74
efml62_Oben86_3.tdms	70,45	34,03
efml62_Oben86_4.tdms	70,55	33,47
⋮	⋮	⋮

Tabelle D.5: Messdaten zur Untersuchung der aktiven Kraftausgleichsregelung (KAR) bei Normalatmosphäre

Traversenposition in mm	Zylinderdruck in mbar	Kraft in N	Verfahrmethode
2,875	1440	400	KAR
3,000	1290	400	
3,000	1290	400	$p = const$
2,875	1290	565	
2,875	1460	400	$p = const$
3,000	1460	400	
3,000	1460	400	KAR
2,875	1120	400	

Tabelle D.6: Indentationsversuche an E-FML-4

Name	Versuchstyp	Prüfbedingungen				Auswertung nach Brinell			
		Kammerdruck in mbar	T_{IS} in °C	T_{HT} in °C	T_{PS} in °C	P_{max} in N	d_1 in µm	d_2 in µm	Härte HBW
200a/Probe 15	Prüfung nach Brinell	$5,0 \times 10^{-6}$	202,1	192,6	200,1	49,15	187	188	171
200d/Probe 20	Prüfung nach Brinell	$2,8 \times 10^{-6}$	201,8	190,1	200,1	49,21	188	188	170
300/Probe 21	Prüfung nach Brinell	$4,0 \times 10^{-6}$	300,3	300,8	300,5	49,08	193	192	161
400a/Probe 25	Prüfung nach Brinell	$5,7 \times 10^{-6}$	400,5	409,3	400,6	49,13	199	197	152
400b/Probe 30	Prüfung nach Brinell	$3,5 \times 10^{-6}$	401,5	417,8	400,5	49,16	195	197	155
500/Probe 26	Prüfung nach Brinell	$8,5 \times 10^{-6}$	501,3	504,8	500,3	49,16	222	222	119
ZHU(1)	Prüfung nach Brinell*	–	–	–	–	47,28	169	167	207
ZHU(2)	Prüfung nach Brinell*	–	–	–	–	47,45	169	169	206
						P_{max} in N	$h_{max,0}$ in µm	$h_{max,t}$ in µm	$\overline{d}$ in mm
200c/Probe 19	Einzyklischer Versuch	$4,8 \times 10^{-6}$	202,1	192,9	200,5	83,20	34,59	34,97	239,78
300a/Probe 23	Einzyklischer Versuch	$4,8 \times 10^{-6}$	202,1	192,9	200,5	83,20	36,28	36,96	245,77
400/Probe 24	Einzyklischer Versuch	$5,5 \times 10^{-6}$	400,8	401,8	400,3	83,22	38,45	39,61	257,74
500b/Probe 29	Einzyklischer Versuch	$5,1 \times 10^{-6}$	400,8	401,8	400,3	83,20	51,91	55,00	300,49

Einzyklischer Versuch: $P = 83\,\text{N}$, $\dot{P} = 1\,\text{N/s}$, Haltezeit 25 sec, Aufsetzkraft $0,8\,\text{N}$

Prüfung nach Brinell: $P = 48,85\,\text{N}$, $\dot{P} = 6,1\,\text{N/s}$, Haltezeit 12 sec, Aufsetzkraft $0,8\,\text{N}$, Anfahrt mit $0,1\,\text{mm/min}$

* – Prüfung mit Standard-Rockwellindenter an *zwicki ZHU*

Tabelle D.7: Indentationsversuche an E-FML-5

Name	Versuchstyp	Prüfbedingungen				Auswertung nach Brinell			
		Kammerdruck in mbar	T_{IS} in °C	T_{HT} in °C	T_{PS} in °C	P_{max} in N	d_1 in µm	d_2 in µm	Härte HBW
hbwa/Probe 2	Prüfung nach Brinell*	$1,4 \times 10^{-5}$	17,3 − 17,8°C			47,35	150	151	260
hbwb/Probe 3	Prüfung nach Brinell	$4,1 \times 10^{-6}$	~ 18	24	24	47,30	150	151	262
hbwc/Probe 4	Prüfung nach Brinell	$4,1 \times 10^{-6}$	18	24	24	47,32	150	149	266
hbwd/Probe 5	Prüfung nach Brinell	$4,6 \times 10^{-6}$	155,6	142,9	150,1	47,31	159	158	236
hbwe/Probe 6	Prüfung nach Brinell	$5,5 \times 10^{-6}$	255,5	239,5	250,4	47,40	163	161	225
hbwf/Probe 7	Prüfung nach Brinell	$7,6 \times 10^{-6}$	355,8	327,2	350,5	47,38	169	168	206
hbwg/Probe 8	Prüfung nach Brinell	$1,1 \times 10^{-5}$	456,3	443,2	450,5	47,32	187	187	166
hbwh/Probe 9	Prüfung nach Brinell	$1,6 \times 10^{-5}$	557,2	564,7	550,1	47,27	224	222	113
hbwi/Probe 11	Prüfung nach Brinell	$1,8 \times 10^{-5}$	606,0	589,5	599,7	47,22	248	251	88
hbwj/Probe 12	Prüfung nach Brinell	$2,1 \times 10^{-5}$	657,4	657,7	649,6	47,20	277	275	70
-/Probe 13	Prüfung nach Brinell*	$2,8 \times 10^{-5}$	18	24	24	47,20	152	150	259
-/Probe 14	Prüfung nach Brinell**	−	−	−	−	47,54	151	150	262

Prüfung nach Brinell: $P = 47,06\,\text{N}$, $\dot{P} = 5,9\,\text{N/s}$, Haltezeit 12 sec, Aufsetzkraft $0,8\,\text{N}$, Aufsetzgeschwindigkeit $0,1\,\text{mm/min}$

* – Prüfung mit Standard-Rockwellindenter

** – Prüfung mit Standard-Rockwellindenter an *zwicki ZHU*

Tabelle D.8: Indentationsversuche an E-FML-6

Name	Versuchstyp	Prüfbedingungen				Auswertung				
		Kammerdruck in mbar	T_{HS} in °C	T_{HP1} in °C	$T_{HP2/3}$ in °C	h_1 in µm	h_2 in µm	h_3 in µm	h_4 in µm	h_5 in µm
Probe 6	Multizyklisch	$5,0 \times 10^{-6}$		RT		8,12	12,46	16,85	20,58	24,80
Probe 14	Multizyklisch	$6,4 \times 10^{-6}$	440	430	605	7,95	12,74	17,07	22,93	28,12
Probe 21	Multizyklisch	$4,1 \times 10^{-6}$	285	310	375	7,30	13,64	20,27	25,73	30,23

Multizyklische Indentation nach [60]: $\Delta P = 12\,\text{N}$, $P_{max} = 60\,\text{N}$, $\dot{P} = 3\,\text{N/s}$, Haltezeiten 100 s, 100 s, 100 s, 600 s, 2 s, Aufsetzkraft $0,8\,\text{N}$, Aufsetzgeschwindigkeit $0,1\,\text{mm/min}$

Tabelle D.9: Ergebnisse der Indentationsexperimente an Tantal. Offensichtlich falsche Ergebnisse werden nicht aufgeführt.

Test	Temperatur in °C	Steifigkeit in N/m	E-Modul in GPa	Härte in GPa
1.1	26	9,15E+05	181,68	1,4
1.2	26	9,15E+05	174,99	1,41
1.3	26	9,15E+05	184,25	1,41
1.4	26	9,15E+05	185,52	1,42
1.5	26	9,15E+05	191,58	1,42
2.1	75	4,95E+05	186,95	1,24
2.2	75	4,95E+05	176,59	1,25
2.3	75	4,95E+05	185,05	1,22
2.4	75	4,95E+05	179,67	1,23
2.5	75	4,95E+05	189,73	1,23
3.1	125,36	–	173,71	1,04
3.2	126,32	–	185,15	1,06
3.3	126,33	–	188,87	1,07
3.4	126,16	–	190,76	1,07
3.6	126,42	–	183,16	1,07
3.8	125,69	–	172,27	1,06
4.1	148,26	4,69E+05	148,92	0,97
4.2	148,29	4,69E+05	165,29	1
4.3	148,63	4,69E+05	185,15	0,98
4.4	148,9	4,69E+05	182,07	1,01
4.5	149,06	4,69E+05	184,47	1,03
4.6	149,16	4,69E+05	186,15	1,01
4.7	149,45	4,69E+05	198,88	0,99
4.8	149,24	4,69E+05	174,58	1,01
5.1	160	4,88E+05	146,96	0,96
5.2	160	4,88E+05	161,55	0,99
5.3	160	4,88E+05	168,36	0,97
5.4	160	4,88E+05	174,82	0,99
5.5	160	4,88E+05	185,95	0,98

Tabelle D.9: Ergebnisse der Indentationsexperimente an Tantal

Test	Temperatur in °C	Steifigkeit in N/m	E-Modul in GPa	Härte in GPa
5.6	160	4,88E+05	183,97	0,99
5.7	160	4,88E+05	210,08	0,99
5.8	160	4,88E+05	215,62	1
6.1	164,85	5,30E+05	146,11	0,97
6.2	164,12	5,30E+05	159,33	1
6.3	165,54	5,30E+05	178,21	1
6.4	165,45	5,30E+05	177,5	1,01
6.5	166,85	5,30E+05	197,94	1,01
6.6	165,15	5,30E+05	194,87	0,99
6.7	165,6	5,30E+05	214,1	1,01
7.1	170,41	5,47E+05	185,96	0,97
7.2	170,78	5,47E+05	195,25	1
7.3	171,22	5,47E+05	177,37	0,99
7.4	171,81	5,47E+05	164,37	0,92
7.5	170,04	5,47E+05	175,79	0,99
7.6	170,93	5,47E+05	184,42	1
7.7	170,75	5,47E+05	186,73	1,01
7.8	169,44	5,47E+05	182,08	1
8.1	175,09	6,06E+05	170,85	0,99
8.2	174,75	6,06E+05	173,97	0,99
8.3	175,85	6,06E+05	173,88	1
8.4	175,39	6,06E+05	181,11	1
8.5	175,01	6,06E+05	188,37	1
8.6	174,82	6,06E+05	184,98	0,99
8.7	174,84	6,06E+05	185,05	1
8.8	175,07	6,06E+05	177,05	1
8.9	173,94	6,06E+05	186,7	1,01
9.1	225,01	6,68E+05	194,8	0,94
9.3	225,59	6,68E+05	165,7	0,94
10.1	225,71	6,72E+05	171,47	0,97

Tabelle D.9: Ergebnisse der Indentationsexperimente an Tantal

Test	Temperatur in °C	Steifigkeit in N/m	E-Modul in GPa	Härte in GPa
10.2	225,93	6,72E+05	185,28	0,96
10.3	225,58	6,72E+05	183,17	0,95
11.1	124,37	5,29E+05	174,65	1,09
11.2	124,74	5,29E+05	192,43	1,1
12.1	178,53	6,48E+05	204,03	0,97
12.3	179,29	6,48E+05	183,72	0,97
12.4	179,68	6,48E+05	171,74	0,98
12.5	178,9	6,48E+05	178,65	0,98
12.6	179,75	6,48E+05	174,44	0,96
13.2	184,69	6,82E+05	182,45	0,97
13.3	184,77	6,82E+05	183,32	0,98
13.4	185,6	6,82E+05	184,19	0,98
13.5	185,29	6,82E+05	181,23	0,97
13.6	185,93	6,82E+05	174,8	0,97
14.1	189,06	7,23E+05	166,53	0,96
14.2	189,09	7,23E+05	226,67	1
14.3	189,4	7,23E+05	193,61	0,99
14.4	190,02	7,23E+05	164,26	0,96
14.5	189,04	7,23E+05	155,36	0,96
14.6	190,05	7,23E+05	171,99	0,97
15.1	199,46	8,10E+05	158,89	0,96
15.2	199,95	8,10E+05	202,95	1
15.3	200,19	8,10E+05	165,96	0,96
15.4	199,62	8,10E+05	172,6	0,99
15.5	200,43	8,10E+05	172,45	0,95
15.6	201,09	8,10E+05	203,67	0,97
16.1	247,52	9,40E+05	158,6	0,92
16.3	247,74	9,40E+05	169,04	0,94
16.4	247,87	9,40E+05	183,91	0,95
16.5	248,72	9,40E+05	196,79	0,9

Tabelle D.9: Ergebnisse der Indentationsexperimente an Tantal

Test	Temperatur in °C	Steifigkeit in N/m	E-Modul in GPa	Härte in GPa
16.6	249,78	9,40E+05	191,38	0,92
17.1	270,62	9,10E+05	160,78	0,87
17.2	270,57	9,10E+05	163,01	0,9
17.3	270,03	9,10E+05	179,06	0,91
17.4	269,5	9,10E+05	181,12	0,93
17.5	269,02	9,10E+05	191,89	0,89
17.6	268,85	9,10E+05	190,36	0,93
18.1	77,02	7,01E+05	205,89	1,28
18.2	77,5	7,01E+05	188,23	1,3
18.3	77,14	7,01E+05	211,11	1,28
18.4	77,41	7,01E+05	179,08	1,29
18.5	77,42	7,01E+05	154,46	1,25
18.6	77	7,01E+05	162,91	1,29
19.2	160,19	5,02E+05	202,22	1,06
19.3	160,48	5,02E+05	177,03	1,03
19.4	160,6	5,02E+05	173,99	1,04
19.5	161,37	5,02E+05	162,81	1,05
19.6	161,8	5,02E+05	153,08	1,03
20.1	284,65	7,02E+05	191,74	1
20.2	288,26	7,02E+05	164,5	0,98
20.3	287,86	7,02E+05	195,91	1
20.4	288,89	7,02E+05	165,72	0,97
20.6	288,51	7,02E+05	168,67	0,98
21.1	291,78	7,02E+05	171,81	1,02
21.2	291,68	7,02E+05	183,69	1,01
22.2	277,46	7,44E+05	151,39	1,05
22.3	284,67	7,44E+05	162,25	1,05
22.4	284,89	7,44E+05	185,62	0,98
22.5	288,19	7,44E+05	209,89	0,97
23.1	23,26	5,33E+05	163,63	1,57

Tabelle D.9: Ergebnisse der Indentationsexperimente an Tantal

Test	Temperatur in °C	Steifigkeit in N/m	E-Modul in GPa	Härte in GPa
23.2	23,25	5,33E+05	170,98	1,58
23.3	23,68	5,33E+05	198,56	1,59
23.4	23	5,33E+05	210,65	1,59
24.1	307,95	4,44E+05	172,19	1,05
24.2	307,79	4,44E+05	173,75	1,09
24.4	304,54	4,44E+05	202,05	1,06
24.5	302,31	4,44E+05	157,93	1,1
25.2	289,43	5,18E+05	180,2	0,95
25.3	289,42	5,18E+05	169,53	0,96
25.4	289,51	5,18E+05	182,09	1

Tabelle D.10: Indentationsversuche an Wolfram-Einkristallen

Probe	Name	Prüflast P in N	Lastrate $\dot{P}$ in N/s	Prüfbedingungen Kammerdruck in mbar	T_{IS} in °C	T_{HT} in °C	T_{PS} in °C	Tiefe h in µm
WHT-110-1	whta/Probe 1	40	0,5	$1,2 \times 10^{-5}$	503,6	488,8	500,7	
WHT-110-1	whtb/Probe 2	18	0,5	$8,1 \times 10^{-6}$	503,8	484,1	500,8	16,31
WHT-110-1	whtc/Probe 3	18	0,5	$6,1 \times 10^{-6}$	504,1	483,8	501,0	n. a.*
WHT-111-1	whtd/Probe 4	18	0,5	$6,0 \times 10^{-6}$	503,8	493,1	501,0	n. a.
WHT-111-1	whte/Probe 5	18	0,5	$6,0 \times 10^{-6}$	503,8	493,1	501,0	n. a.
WHT-100-1	whtf/Probe 7	18	0,125	$4,0 \times 10^{-6}$	504,2	493,5	500,8	23,16
WHT-100-1	whtg/Probe 9	18	0,5	$4,2 \times 10^{-6}$	505,5	489,1	500,8	21,12
WHT-100-1	whth/Probe 10	18	0,125	$4,5 \times 10^{-6}$	503,8	485,5	501,1	25,05
WHT-111-2	whti/Probe 11	18	0,125	$4,4 \times 10^{-6}$	504,8	485,3	501	n. a.
WHT-111-2	whtj/Probe 12	18	0,125	$4,5 \times 10^{-6}$	503,3	490,6	500,8	39,98

Einzyklischer Versuch: Haltezeit 2 s, Aufsetzkraft 0,8 N

* – nicht auswertbar

Tabelle D.11: Bezeichnung und Zuordnung der Komponenten von KAHTI

Ⓐ	Lastarm zur Verbindung von Hochtemperatur-Vakuum-Prüfkammer mit der *Zwicki Z2.5*-Universalprüfmaschine
Ⓑ	Glocke – oberer, vertikal beweglicher Teil der Hochtemperatur-Vakuum-Prüfkammer
Ⓒ	Führungssäulen der Hochtemperatur-Vakuum-Prüfkammer
Ⓓ	Pneumatische Zylinder zum Öffnen und Schließen der Hochtemperatur-Vakuum-Prüfkammer sowie zur Vakuumkraft-Ausgleichsregelung
Ⓔ	Oberer Membranbalg
Ⓕ	Obere Quertraverse
Ⓖ	Unterer Membranbalg
Ⓗ	X-Y-Kreuztisch
Ⓘ	Untere Quertraverse
Ⓙ	Probenanschlag zur Positionierung der Probe
Ⓚ	Federgeführter Probenspanner
Ⓛ	Keramische Heizplatte
Ⓜ	Edelstahltisch zur Probenaufnahme
Ⓝ	Untere Isolationskeramik
Ⓞ	Sichtflansch für das optische Wegmesssystem
Ⓟ	Indentationssäule
Ⓠ	Eindringkörper, Indenter
Ⓡ	Keramische Heizpatrone
Ⓢ	Aufnahmehülse für den Eindringkörper
Ⓣ	Obere Isolationskeramik
Ⓤ	Kraftmessdose GTM
Ⓥ	Kühlkanäle innerhalb der Indentationssäule
Ⓦ	Wellschläuche zur Kühlmittelzufuhr
Ⓧ	Kraftmessdose BURSTER
Ⓨ	Blechabschirmung der Vakuumkammer gegen Probenverlust
Ⓩ	Versorgungsanschlüsse für die Wasserumlaufkühlung

E Quellcode

Quellcode E.1: Codeanpassung von `strain_lineprofile_marker.m` aus [97]

```matlab
...
%Prompt for number of peaks to analyze
prompt = {'Enter the number of peaks you want to analyze'};
dlg_title = 'Number of peaks';
num_lines= 1;
def     = {'5'};
answer = inputdlg(prompt,dlg_title,num_lines,def);
peaks = str2num(cell2mat(answer(1)));
n=peaks*3;
%Create fitfunction
ydata_str = createdata(n);
ytest_str = createtest(n);
fun = str2func(ydata_str);
gaussfit = str2func (ytest_str);
...
%Feed parameters with values from peaks
...
title(sprintf('First, single click at the base and middle of all peaks
        (vertically even with the flat data) FROM THE LEFT TO THE RIGHT.
        '))
h1=helpdlg('First, single click at the base and middle of all peaks (
        vertically even with the flat data) FROM THE LEFT TO THE RIGHT.',
        'Choose Peak');
uiwait(h1);
[xprof, yprof]=ginput(peaks);
h2=helpdlg('Now, single click on the max point of the HIGHEST PEAK.','
        Highest Peak');
```

```
23  uiwait(h2);
24  [xprof(peaks+1,:), yprof(peaks+1,:)]=ginput(1);
25  back_guess = yprof(1,1);
26  for i=1:peaks
27      j=2*i+(i-2);
28      mu(j) = xprof(i,1);
29      amp(j) = yprof(peaks+1,1);
30      sig(j) = 3;
31  end
32  for j=1:3:n
33      x(j+3)=back_guess;
34      x(j)=amp(j);
35      x(j+1)=mu(j);
36      x(j+2)=sig(j);
37  end
38  ...
39  %Generate greyscale data (y-values)
40      ydata= sum(im_input(((y_mark-int_width/2)):((y_mark+int_width/2))
            ,:),1)/int_width;
41
42   %Fit gaussian function to peaks
43      x = lsqcurvefit(fun, x, xdata, ydata);
44  %plot fit and data
45      ytest = feval (gaussfit, x, xtest);
46  ...
47   %Write results to matrix
48      results_prof(i+1,:) = x;
49      results_prof(1,:) = results_prof(2,:);
50
51  %Update guesses
52    for j=1:peaks
53        k=2*j+(j-1);
54        disp_results(i+1,j) = results_prof(i+1,k);
55        disp_results(1,j) = results_prof(1,k);
56    end
```

Quellcode E.2: Codeanpassung von `grid_generator.m` aus [97]

```
 1  ...
 2  %% Select a rect area
 3  ...
 4  CORRSIZE=2*15;
 5  [im_rows im_cols]=size(im_grid);
 6  im_cols=im_cols/3;
 7  ...
 8  % thid fragment helps to kill markers to close to edges
 9  if min(x)<CORRSIZE
10      xmin=CORRSIZE;
11  else
12      xmin = min(x);
13  end
14  if max(x)>im_cols-CORRSIZE
15      xmax=im_cols-CORRSIZE;
16  else
17      xmax = max(x);
18  end
19
20  if min(y)<CORRSIZE
21      ymin=CORRSIZE;
22  else
23      ymin = min(y);
24  end
25  if max(y)>im_rows-CORRSIZE
26      ymax=im_rows-CORRSIZE;
27  else
28      ymax = max(y);
29  end
30  ...
```

Quellcode E.3: Codeanpassung von `displacement.m` aus [97]

```
 1
 2  function [validx validy timestp]=displacement(validx,validy, timestp);
 3  %load data in case you did not load it into workspace yet
```

```matlab
4  ...
5  % here the time data set is read in
6  if exist('timestp')==0
7      [timestpname,Pathtimestp] = uigetfile('Open timestamp.csv');
8      if timestpname==0
9          disp('You did not select a file!')
10         return
11     end
12     cd(Pathtimestp);
13     timestp=importdata(timestpname,'\t');
14 ...
15 [rowst colst] = size (timestp);
16 [rowsx colsx] = size (validx);
17 [rowsy colsy] = size (validy);
18     for i=1:colsx
19     diffx(:,i)=validx(:,i)-validx(:,1);
20     end
21     dispx = mean (diffx);
22     dispx=dispx';
23     dispx(:,2)=dispx(:,1);
24     dispx(:,1)=timestp(:,1);
25     figure;
26         plot(dispx(:,1), dispx(:,2),'LineWidth',2)
27         %axis([0 max(r) 0 (max(xdis_time(:,1)))])
28         xlabel('Time [s]','fontname','arial','fontsize',20)
29         ylabel('Displacement [px]','fontname','arial','fontsize',20)
30         title('Displacement in x vs. Time')
31     for i=1:colsy
32     diffy(:,i)=validy(:,i)-validy(:,1);
33     end
34     dispy = mean (diffy);
35     dispy=dispy';
36     dispy(:,2)=dispy(:,1);
37     dispy(:,1)=timestp(:,1);
38     x=figure;
39         plot(dispy(:,1), dispy(:,2),'LineWidth',2)
40         xlabel('Time [s]','fontname','arial','fontsize',20)
41         ylabel('Displacement [px]','fontname','arial','fontsize',20)
42         title('Displacement in y vs. Time','fontsize',14)
```

```
43
44      [FileName,PathName] = uiputfile('dispx.dat','Save dispx');
45      if FileName==0
46          disp('You did not save your file!')
47          [validx validy timestp]=displacement(validx,validy,timestp);
48          return
49      else
50          cd(PathName)
51          save(FileName,'dispx','-ascii')
52          [FileName,PathName] = uiputfile('dispy.dat','Save dispy');
53          if FileName==0
54              disp('You did not save your file!')
55          else
56              cd(PathName)
57              save(FileName,'dispy','-ascii')
58          end
59          [validx validy timestp]=displacement(validx,validy,timestp);
60          return
61      end
62          return
63  end
```

Quellcode E.4: MATLAB-Code `indent_eval.m` zur Auswertung Instrumentierter Eindringprüfungen mit KAHTI

```
1   %Load displacement data of indenter
2   [FileNameBase,PathNameBase] = uigetfile( ...
3       {'*.dat;*.mat','Data files (*.dat,*.mat';'*.*', 'All Files (*.*)'
            }, ...
4       'Open the displacement data for the indenter');
5   cd(PathNameBase);
6   disp_oben = importdata(FileNameBase);
7   disp_oben(:,3)=nan;
8   %Load displacement data of sample
9   [FileNameBase,PathNameBase] = uigetfile( ...
10      {'*.dat;*.mat','Data files (*.dat,*.mat';'*.*', 'All Files (*.*)'
            }, ...
11      'Open the displacement data for the sample');
```

```matlab
12  cd(PathNameBase);
13  disp_unten = importdata(FileNameBase);
14  disp_unten(:,3)=disp_unten(:,2);
15  disp_unten(:,2)=nan;
16  % % Abfrage der Vergrößerung
17  % prompt = {'Enter the magnification of the microscope'};
18  % dlg_title = 'Magnification';
19  % num_lines= 1;
20  % def    = {'0.98'};
21  % answer = inputdlg(prompt,dlg_title,num_lines,def);
22  % magni = str2double(cell2mat(answer(1)));
23
24  %Matrizen zusammenführen zu einer
25  disp_ges=[disp_oben;disp_unten];
26  [s_res,s_idx]=sort(disp_ges(:,1));
27  disp_sort=disp_ges(s_idx,:);
28  [s_rows s_cols]=size(disp_sort);
29  [FileName,PathName] = uiputfile('disp_sort.dat','Save disp_sort');
30      if FileName==0
31          disp('You did not save your file!')
32      else
33          cd(PathName)
34          save(FileName,'disp_sort','-ascii');
35      end
36  plot(disp_sort(:,1), disp_sort(:,2))
37  hold on
38  plot(disp_sort(:,1), disp_sort(:,3),'r')
39  j=0; %Laufindex
40  %Prompt for col number to be interpolated
41  sel = menu(sprintf('Do you want to interpolate displacement values?'),
        'Yes','No');
42  if sel==2
43      close all
44      clear
45      return
46  else
47  %    prompt = {'Enter the column number you want to interpolate'};
48  % dlg_title = 'Column ';
49  % num_lines= 1;
```

```matlab
50  % def     = {'2'};
51  % answer = inputdlg(prompt,dlg_title,num_lines,def);
52  % n = str2double(cell2mat(answer(1))); % Spaltenindex vom Nutzer
        abgefragt
53  for n=2:3
54  % fixe Festlegung der Leerzeilen (NaN)
55  if n==2
56      i=3;
57  elseif n==3
58      i=6;
59  end
60  % for m=5:25 %Bestimmung der Anzahl der Leerzeilen (NaN), m ist der
        Zeilenindex
61  %      if isnan (disp_sort(m,n))
62  %          j=j+1;
63  %          if j>i
64  %              i=j; % Anzahl NaNs
65  %          end
66  %      else
67  %          j=0;
68  %      end
69  % end
70  j=0;
71  %Lineare Interpolation der NaN
72  for m=2:s_rows
73  %      if isnan(disp_sort(m,n)) && m < 5
74  %          disp_sort(m,n)=0;
75      if isnan(disp_sort(m,n))
76          j=j+1;
77          m_end=m-j+i;
78          if m_end > s_rows
79              m_end = s_rows;
80          end
81          disp_sort(m,n)=disp_sort(m-1,n)+(disp_sort(m_end,n)-disp_sort(m-
                j,n))/i; %Interpolationsfunktion
82      else
83          j=0;
84      end
85  end
```

```matlab
86  end
87  end
88  hold off
89  plot(disp_sort(:,1),disp_sort(:,2))
90  hold on
91  plot(disp_sort(:,1),disp_sort(:,3),'r')
92  plot(disp_sort(:,1),disp_sort(:,2)-disp_sort(:,3),'g')
93  [FileName,PathName] = uiputfile('disp_interpol.dat','Save
        disp_interpol.dat');
94      if FileName==0
95          disp('You did not save your file!')
96      else
97          cd(PathName)
98          save(FileName,'disp_sort','-ascii');
99      end
100 [timestpname,Pathtimestp] = uigetfile('Open timestamp.csv','Open
        timestamp for indenter');
101     if timestpname==0
102         disp('You did not select a file!')
103         return
104     end
105     cd(Pathtimestp);
106     timestp_oben=importdata(timestpname,'\t');
107 [timestpname,Pathtimestp] = uigetfile('Open timestamp.csv','Open
        timestamp for sample');
108     if timestpname==0
109         disp('You did not select a file!')
110         return
111     end
112     cd(Pathtimestp);
113     timestp_unten=importdata(timestpname,'\t');
114 timestp=[timestp_oben;timestp_unten];
115 [s_res,s_idx]=sort(timestp(:,1));
116 timestp_sort=timestp(s_idx,:);
117 chksum=timestp_sort(:,1)-disp_sort(:,1);
118 if chksum~=0
119     disp('The timestamps of your force and displacement data do not
            match!')
120     return
```

```matlab
121  end
122  disp_sort(:,4)=disp_sort(:,3)*magni;
123  disp_sort(:,3)=disp_sort(:,2)*magni;
124  disp_sort(:,2)=timestp_sort(:,2);
125  hold off
126  [FileName,PathName] = uiputfile('t_f_disp_raw.dat','Save t_f_disp_raw.
         dat');
127     if FileName==0
128         disp('You did not save your file!')
129     else
130         cd(PathName)
131         save(FileName,'disp_sort', '-ascii');
132     end
133  %Suche Nullpunkt
134  for m=1:s_rows
135     m_diff=diff(disp_sort(m:m+5,2),5)/4;
136   if disp_sort(m,2)>0.8 && disp_sort(m+1,2)>disp_sort(m,2) %&& m_diff>1
             % mean(disp_sort(m:m+5,2))
137       disp_sort(:,3)=disp_sort(:,3)-disp_sort(m,3);
138       disp_sort(:,4)=disp_sort(:,4)-disp_sort(m,4);
139      break
140   end
141  end
142  m_start=m;%m_start=m-20
143  %Enfterne unnötige Zeilen
144  % for m=s_rows:-1:1
145  % if disp_sort(m,2)>0.3
146  %     break
147  % end
148  % end
149  % m_end=m+20;
150  m_end=s_rows;
151  header={'Zeit' 'Kraft' 'Weg_oben' 'Weg_unten'};
152  [FileName,PathName] = uiputfile('t_f_disp.dat','Save t_f_disp.dat');
153     if FileName==0
154       disp('You did not save your file!')
155     else
156       cd(PathName)
157       save(FileName,'disp_sort', '-ascii');
```

```matlab
158        t_f_disp_data=num2cell(disp_sort);
159     end
160   close all
161   x=figure;
162     axes('fontname','arial','fontsize',16)
163     plot(disp_sort(m_start:m_end,3)-disp_sort(m_start:m_end,4),disp_sort
              (m_start:m_end,2),'LineWidth',2);
164     xlabel('Displacement [mu m]','fontname','arial','fontsize',20)
165     ylabel('Force [N]','fontname','arial','fontsize',20)
166        t_f_disp_data=num2cell(disp_sort);
167   y=figure;
168     axes('fontname','arial','fontsize',16)
169     plot(disp_sort(m_start:m_end,1),disp_sort(m_start:m_end,2),'x','
              MarkerSize',3,'LineWidth',2);
170     xlabel('Time [s]','fontname','arial','fontsize',20)
171     ylabel('Force [N]','fontname','arial','fontsize',20)
172   z=figure;
173     axes('fontname','arial','fontsize',16)
174     plot(disp_sort(m_start:m_end,1),disp_sort(m_start:m_end,3),'g','
              LineWidth',2);
175     hold on
176     plot(disp_sort(m_start:m_end,1),disp_sort(m_start:m_end,4),'r','
              LineWidth',2);
177     plot(disp_sort(m_start:m_end,1),disp_sort(m_start:m_end,3)-disp_sort
              (m_start:m_end,4),'b','LineWidth',2);
178     zleg=legend('Indenter','Sample','Relative','Location','Best','
              fontunits','normalized','fontname','arial','fontsize',20);
179     xlabel('Time [s]','fontname','arial','fontsize',20)
180     ylabel('Displacement [mu m]','fontname','arial','fontsize',20)
181     clear
```

F Datenblätter

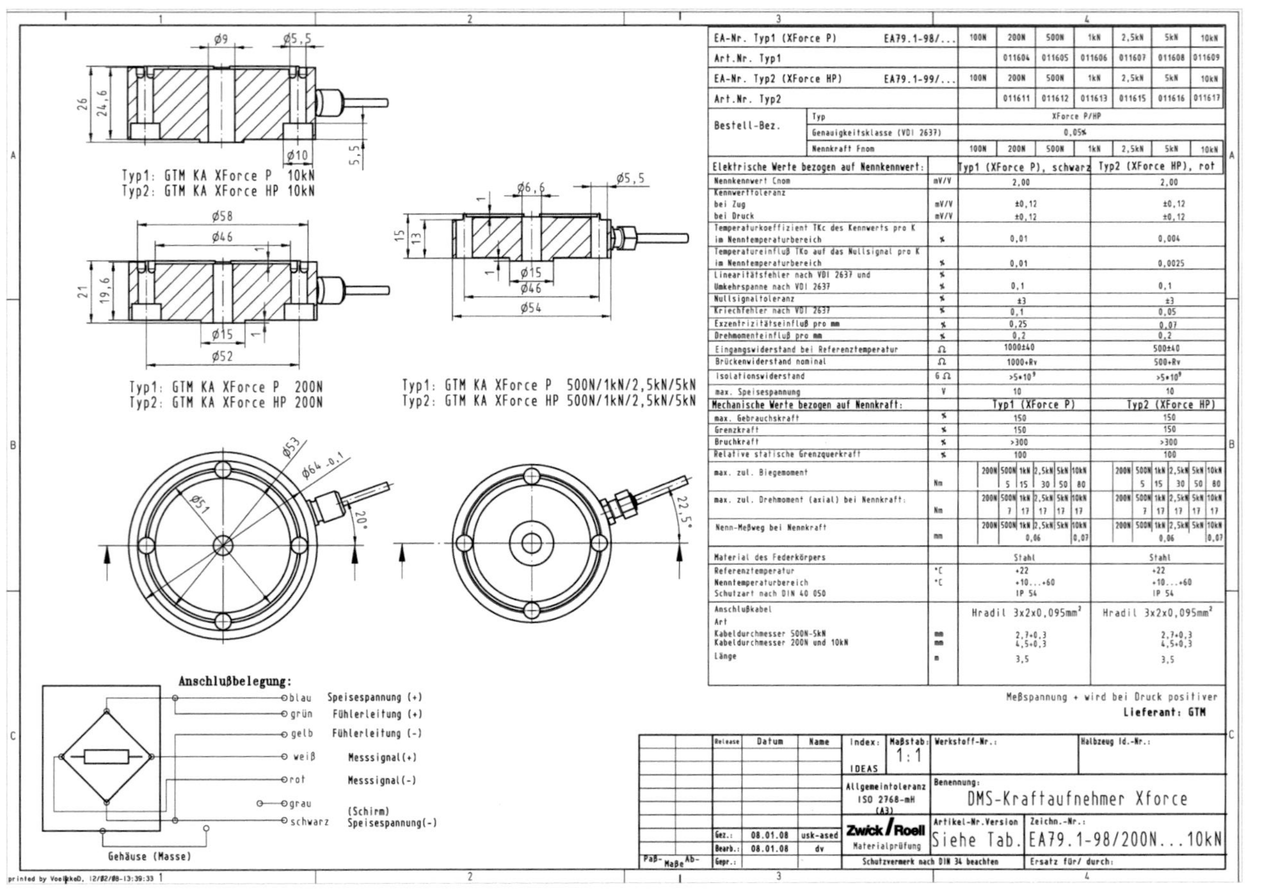

EA-Nr. Typ1 (XForce P) EA79.1-98/...	100N	200N	500N	1kN	2,5kN	5kN	10kN
Art.Nr. Typ1		011604	011605	011606	011607	011608	011609
EA-Nr. Typ2 (XForce HP) EA79.1-99/...	100N	200N	500N	1kN	2,5kN	5kN	10kN
Art.Nr. Typ2		011611	011612	011613	011615	011616	011617

Bestell-Bez.							
Typ	XForce P/HP						
Genauigkeitsklasse (VDI 2637)	0,05%						
Nennkraft Fnom	100N	200N	500N	1kN	2,5kN	5kN	10kN

Elektrische Werte bezogen auf Nennkennwert:		Typ1 (XForce P), schwarz	Typ2 (XForce HP), rot
Nennkennwert Cnom	mV/V	2,00	2,00
Kennwerttoleranz bei Zug	mV/V	±0,12	±0,12
bei Druck	mV/V	±0,12	±0,12
Temperaturkoeffizient TKc des Kennwerts pro K im Nenntemperaturbereich	%	0,01	0,004
Temperatureinfluß TKo auf das Nullsignal pro K im Nenntemperaturbereich	%	0,01	0,0025
Linearitätsfehler nach VDI 2637 und Umkehrspanne nach VDI 2637	%	0,1	0,1
Nullsignaltoleranz	%	±3	±3
Kriechfehler nach VDI 2637	%	0,1	0,05
Exzentrizitätseinfluß pro mm	%	0,25	0,07
Drehmomenteinfluß pro mm	%	0,2	0,2
Eingangswiderstand bei Referenztemperatur	Ω	1000±40	500±40
Brückenwiderstand nominal	Ω	1000+Rv	500+Rv
Isolationswiderstand	GΩ	$>5 \cdot 10^9$	$>5 \cdot 10^9$
max. Speisespannung	V	10	10

Mechanische Werte bezogen auf Nennkraft:		Typ1 (XForce P)	Typ2 (XForce HP)
max. Gebrauchskraft	%	150	150
Grenzkraft	%	150	150
Bruchkraft	%	>300	>300
Relative statische Grenzquerkraft	%	100	100
max. zul. Biegemoment	Nm	200N 500N 1kN 2,5kN 5kN 10kN / 5 15 30 50 80	200N 500N 1kN 2,5kN 5kN 10kN / 5 15 30 50 80
max. zul. Drehmoment (axial) bei Nennkraft:	Nm	200N 500N 1kN 2,5kN 5kN 10kN / 7 17 17 17 17	200N 500N 1kN 2,5kN 5kN 10kN / 7 17 17 17 17
Nenn-Meßweg bei Nennkraft	mm	200N 500N 1kN 2,5kN 5kN 10kN / 0,06 0,07	200N 500N 1kN 2,5kN 5kN 10kN / 0,06 0,07
Material des Federkörpers		Stahl	Stahl
Referenztemperatur	°C	+22	+22
Nenntemperaturbereich	°C	+10...+60	+10...+60
Schutzart nach DIN 40 050		IP 54	IP 54
Anschlußkabel Art		Hradil 3x2x0,095mm²	Hradil 3x2x0,095mm²
Kabeldurchmesser 500N-5kN	mm	2,7+0,3	2,7+0,3
Kabeldurchmesser 200N und 10kN	mm	4,5+0,3	4,5+0,3
Länge	m	3,5	3,5

Meßspannung + wird bei Druck positiver
Lieferant: GTM

Release	Datum	Name	Index: IDEAS	Maßstab: 1:1	Werkstoff-Nr.:	Halbzeug Id.-Nr.:
			Allgemeintoleranz ISO 2768-mH (A3)		Benennung: DMS-Kraftaufnehmer Xforce	
Gez.:	08.01.08	usk-ased	Zwick/Roell Materialprüfung		Artikel-Nr.Version Siehe Tab.	Zeichn.-Nr.: EA79.1-98/200N...10kN
Bearb.:	08.01.08	dv				
Gepr.:			Paß-/Maße Ab-	Schutzvermerk nach DIN 34 beachten	Ersatz für/ durch:	

Abbildung F.1: Zeichnung und Spezifikationen für die Kraftmessdose *GTM XForce HP 200 N*

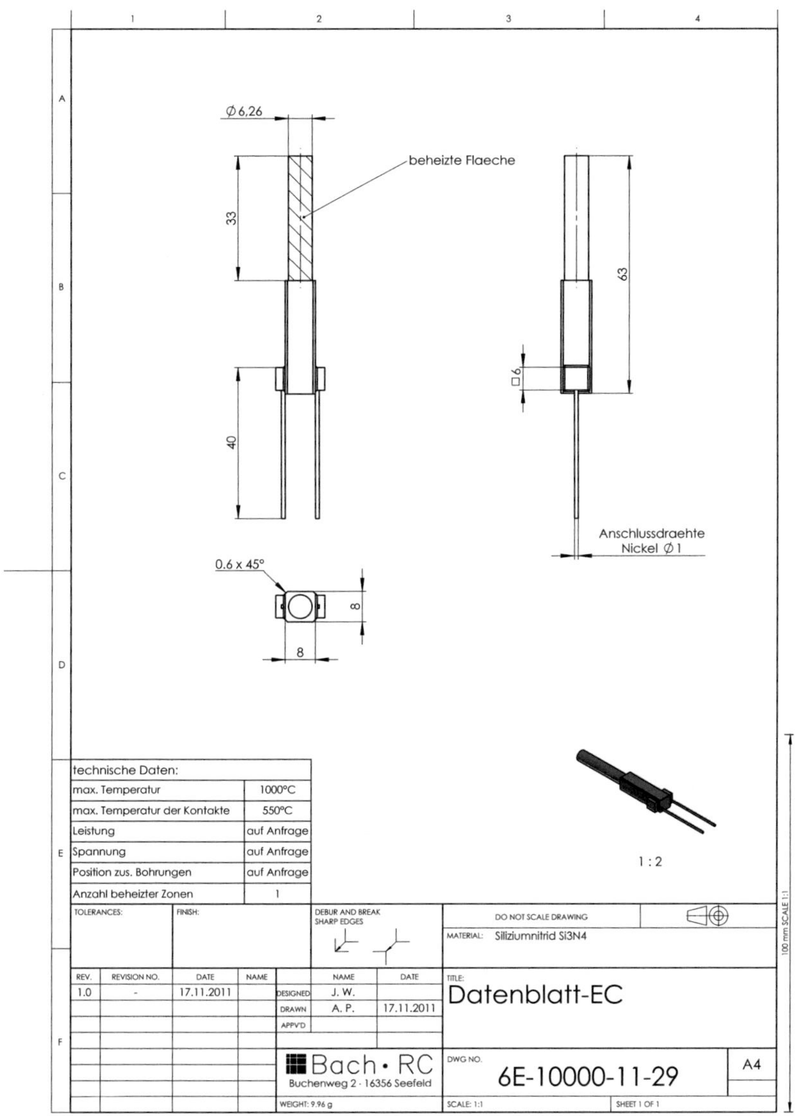

Abbildung F.2: Zeichnung und technische Daten für die keramische Heiz-patrone

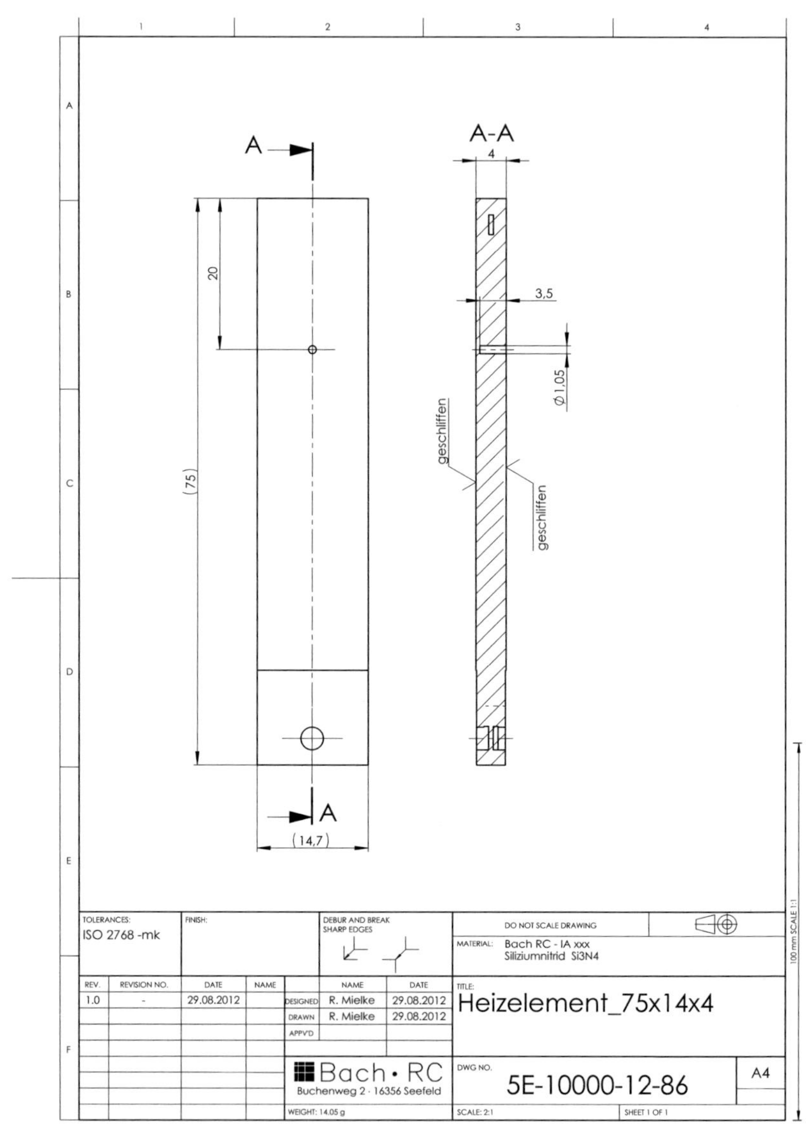

Abbildung F.3: Zeichnung der keramischen Heizplatte

Federraten für den ges.Balg 30 Wellen

Balgprofilabmessungen				
Nenndurchmesser		DN =	8	
Nenndruck PN = 1				
Balg Innendurchmesser		Di =	8	mm
Balg Außendurchmesser		Da =	12,5	mm
Welleninnenradius		ri =	0,7	mm
Einzelwandung		se =	0,15	mm
Einzel-wd. mit Verschwächung		sv =	0,133	mm
Lagenzahl		n =	1	
Wellenteilung	Lyra-Form	WLy =	2,8	mm
	U-Form	Wpa =	3,1	mm
Wellenzahl		Wz =	18	

axial Ca = elastisch = 47,5N/mm +-30%   plastisch =   Ca x fC = 46.0 N/mm +-30%

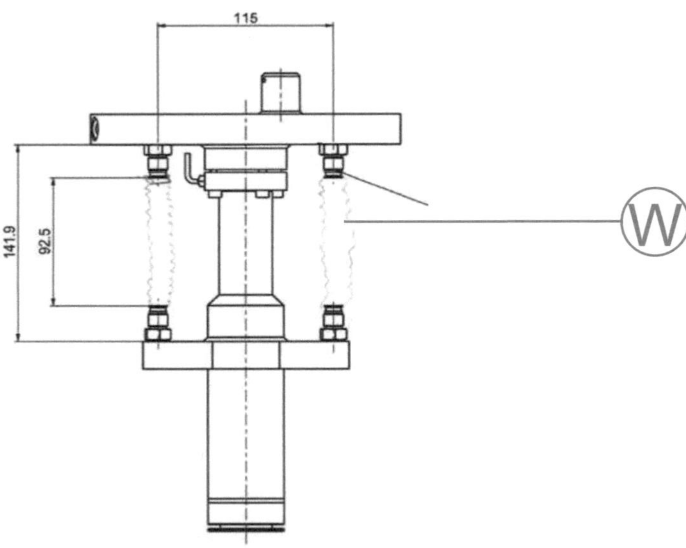

Abbildung F.4: Eigenschaften der zur Kühlmittelzufuhr genutzten Well-schläuche. Angaben des Herstellers (Fa. TRINOS).

SENSOR	
Sensor	Cypress CMOS
Type	CMOS Rolling Shutter
Resolution	2208(H) x 3000(V) Color & Mono
Pixel Pitch	3.5 µm x 3.5 µm
Active Area	7.73 mm x 10.5 mm - 13.1 mm diagonal
Peak QE	25 % (mono) 24 % (color)
Max Datarate	40 MHz

COMPUTER & OPERATING SYSTEM	
Processor	2.0 GHz or better
Memory	512 MB min. 1 GB recommended
Operating System	Windows 2000, XP and Vista (32bit)
Hard Drive Space	75 MB

POWER REQUIREMENTS	
Voltage Req.	FireWire/GigE 8-32 V DC - USB 5 V DC
Power Req. PL-B781	FireWire 3.6 W, USB 3.2 W, GigE 4.6 W
Power Req. PL-B782	FireWire 4.6 W, USB 4.0 W, GigE 5.6 W

ENVIROMENTAL & REGULATORY	
Compliance	FCC Class B, CE & RoHS
Shock & Vibration	300 G & 20 G (10Hz - 2KHz)
Operating Temp.	0°C to 50°C (non-condensing)
Storage Temp.	-45°C to 85°C

SOFTWARE	
PixeLINK Capture OEM	Free Download (www.pixelink.com)
DirectShow (exl. GigE)	Bundled with PixeLINK Capture OEM
TWAIN	Bundled with PixeLINK Capture OEM
SDK	API, sample code and LabVIEW wrappers
DCAM 1394 Compliance	IIDC version 1.31

CAMERA CONTROLS & FEATURES

Auto & Manual White Balance, Color Temperature, Gain, Brightness (Dark Offset), Gamma, Saturation, Region of Interest (ROI), Histogram, Binning, Averaging, Resampling, Image Flip & Rotate, Programmable LUT, In-Camera Defective Pixel & Color Correction, Callbacks (Image Filters), FFC (Gain & Offset).

FRAME RATES		
Resolution	Free Running Mode	Triggered Mode
2208 x 3000	5	4.9
2048 x 1536	11	10
1920 x 1080	16	15
1280 x 1024	25	22
640 x 480	89	75

Frame rates will vary based on host system and configuration

Specifications are subject to change without notice

PERFORMANCE SPECIFICATIONS *	
Responsivity	Mono 4.4 DN/(nJ/cm^2)
	Color 4 DN/(nJ/cm^2)
FPN	Mono <1 % Color <1.5 %
PRNU	Mono <2 % Color <3 %
Read Noise	<1 DN
Dynamic Range	60 dB
Bit Depth	8 & 10-bit
Color Data Formats	Bayer 8, Bayer 16 and YUV422
Mono Data Formats	Raw, Mono 8 and Mono 16
Exposure Range	63 µs to 2 seconds free running
	63 µs to 2 seconds triggered
Gain	0 dB to 20.5 dB in 14 increments

*PL-B781 Settings: Typical values with 40ms integration time, 0dB gain, FFC on, 10-bit mode
*PL-B782 Settings: Typical values with 100ms integration time, 0dB gain, FFC on, 10-bit mode

MECHANICALS	
Dimensions	102 x 50 x 41 mm (straight)
	110 x 50 x 41 mm (right angle)
Weight	Straight: 210 g - Right Angle: 264 g
Mounting	4 M3 threaded holes in front plate &
	4 M3 threaded holes in camera case
Tripod Mount	1/4" - 20 mount (optional)
Status LED	Amber - Start-up, Green - Idle or streaming
	Red - Warning or failed status
Lens Mount	C & CS-Mount, 1" optical format

INTERFACES	
Interface / Date rate / Connector	IEEE 1394A (2) / 400 Mbit / 6-pin
	GigE / 1000 Mbit / RJ-45
	USB 2.0 / 480 Mbit / Type B
Trigger Connector	9-pin Micro D
Trigger Modes	Free running, software, hardware
Trigger Input	Optically isolated 5-12V DC @ 4-11 mA
GPO/Strobe	2 Optically Isolated - Maximum 40V DC
	differential. Maximum 15 mA

For more information, visit: http://www.pixelink.com/help

PIN OUTPUT DESCRIPTION

Pin	Pin Name & Function
1	POWER cable power, FireWire/GigE 8-32 V DC - USB 5 V DC
2	Gp2+ Positive terminal of GPO 2
3	Gp2- Negative terminal of GPO 2
4	Gp1+ Positive terminal of GPO 1
5	Gp1- Negative terminal of GPO 1
6	TRIGGER + Positive terminal of trigger input
7	TRIGGER - Negative terminal of trigger input
8	(no connection)
9	GROUND Logic and chassis ground

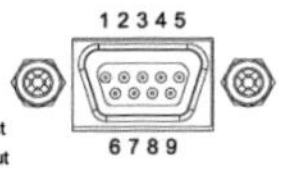

Abbildung F.5: Technische Daten der PIXELINK Kamera *PL-B782G*

G Verwendete Formelzeichen und Abkürzungen

Formelzeichen	*SI-Einheit*	*Beschreibung*
α		materialabhängige Konstante
α		He-Kern
α_T	$\mathrm{m/Km}$	thermischer Ausdehnungskoeffizient
β		von der Kontaktgeometrie abhängige Konstante
δ		Materialparameter
ε		Dehnung
ϵ		von der Indentergeometrie abhängiger Parameter
η		Viskositätsparameter
κ		Korrekturfaktor
ν		Poissonzahl
ξ		kinematische Verfestigung
σ		Spannung
τ_E		Einschlusszeit
φ	$^\circ$	Winkelangabe
ψ		Materialparameter
a	m	Radius des Eindrucks
A	$\mathrm{m^2}$	Kontaktfläche des Indenters mit der Probe
c^2		Aufwurffaktor
C_n		mathematische Konstanten
d	m	Durchmesser des Eindrucks

Formelzeichen	*SI-Einheit*	*Beschreibung*
dpa		*displacement per atom*, Schädigungskriterium aus der Bestrahlung kristalliner Werkstoffe
D		Deuterium
D	m	Durchmesser des Eindringkörpers
$DBTT$	°C, K	Übergangstemperatur des Spröd-duktil-Übergangs
DEMO		Demonstration power plant
E	J, eV	Energie
E	N/m^2	Elastizitätsmodul, E-Modul
EBSD		*electron backscatter diffraction* – diffraktometrische Messung rückgestreuter Elektronen
f	N/m^2	Überspannung
F	N	Kraft
F_R	N	nicht-konservative (Reibungs-)Kraft
FEM		Finite Elemente Methode
FIB		*focused ion beam* – fokussierter Ionenstrahl
FML		Fusionsmateriallabor
h	m	Eindringtiefe
H	N/m^2	Härte
HBW		Härte Brinell
i		Laufindex
i		Getriebeübersetzung
ITER		International Thermonuclear Experimental Reactor
k		Materialparameter
k		isotrope Verfestigung
k_f	N/m^2	Fließspannung
KAHTI		Karlsruher Hochtemperatur-Indentationsanlage
m		materialabhängiger Exponent
m		Meyer-Index
m		Viskositätsparameter

Formelzeichen	SI-Einheit	Beschreibung
$\mathbf{n}$		Neutron
n		Teilchendichte
n		Verfestigungsexponent
n		Laufindex
ODS		*oxide dispersion strengthened* – oxidteilchenverfestigt
$\mathbf{p}$		Proton
p	N/m²	Druck
p_m	N/m²	Meyers-Härte
px		Pixel
P	N	Eindringkraft
q_{pV}	bar l/s	Saugleistung einer Vakuumpumpe
Q_l	bar l/s	Leckrate eines Vakuumsystems
R	m	Indenterradius
R_a	m	Mittenrauheit
R_m	N/m²	Zugfestigkeit
$R_{p0,2}$	N/m²	0,2%-Dehngrenze
RAFM		Reduziert-aktivierbar ferritisch-martensitisch
ROI		*region of interest* – Bildausschnitt
RT	°C, K	Raumtemperatur
S	N/m	Kontaktsteifigkeit
S	l/s	Saugvermögen einer Vakuumpumpe
S_i	N/m	Steifigkeit einzelner Komponenten des Indentationssystems
T		Tritium
T	°C, K, eV	Temperatur
T_{HP}	°C	Außentemperatur der Heizpatrone
T_{HP1}	°C	Temperatur der Heizpatrone im Indenterschaft (altes Heizsystem)

Formelzeichen	SI-Einheit	Beschreibung
$T_{HP2/3}$	°C	Temperatur der Heizpatronen im Heiztisch (altes Heizsystem)
T_{HT}	°C	Temperatur der Heizplatte
T_I	°C	Temperatur am Indentationskristall
T_{irr}	°C, K	Bestrahlungstemperatur
T_{IS}	°C	Temperatur am Indenterschaft, nahe der Indentationsstelle
$T_{IS,oben}$	°C	Temperatur im oberen Bereich des Indenterschafts
$T_{I,kal}$	°C	Temperatur am Schaft des TZM-Indentermodells
$T_{P,kal}$	°C	Temperatur der mit einem Thermoelement versehenen Probe
T_{PS}	°C	Temperatur an der Seitenfläche der Probe
TZM		Titan-Zirkonium-Molybdän-Legierung
V	eV	Potential
Vol	m³	Volumen
x, y	m	Bewegung in horizontaler Richtung
z	m	Bewegung in vertikaler Richtung

Daneben finden die Bezeichnungen der chemischen Elemente gemäß dem Periodensystem Anwendung.

Abbildungsverzeichnis

Tabellenverzeichnis

Literaturverzeichnis

[1] Kernfusion - Berichte aus der Forschung. Folge 2, Max-Planck-Institut für Plasmaphysik. 2002.

[2] Demtröder, W., *Experimentalphysik 4: Kern, Teilchen- und Astrophysik*, Experimentalphysik (Springer), 6. Auflage. 2010.

[3] Demtröder, W., *Experimentalphysik 3: Atome, Moleküle und Festkörper*, Experimentalphysik (Springer), 4. Auflage. 2009.

[4] Demtröder, W., *Experimentalphysik 1: Mechanik und Wärme*, Experimentalphysik (Springer), 6. Auflage. 2013.

[5] Kernfusion - Stand und Perspektiven, Max-Planck-Institut für Plasmaphysik. 2013.

[6] ITER vacuum vessel, http://www.iter.org - aufgerufen am 15.07.2013.

[7] Ehrlich, K., Die Entwicklung von Strukturmaterialien für die Kernfusion, *Mat.-wiss. u. Werkstofftech.* 34 (1) (2003) 39–48.

[8] Möslang, A., The development and characterization of Eurofer ferritic-martensitic steel: the Fusion perspective, in *Nuclear Fission & Fusion Steels Conference*. 2009 .

[9] Baluc, N., Abe, K., Boutard, J., Chernov, V., Diegele, E., Jitsukawa, S., Kimura, A., Klueh, R., Kohyama, A., Kurtz, R., Lässer, R., Matsui, H., Möslang, A., Muroga, T., Odette, G., Tran, M., van der Schaaf, B., Wu, Y., Yu, J., Zinkle, S., Status of R&D activities on materials for fusion power reactors, *Nuclear Fusion* 47 (10) (2007) S696–S717.

[10] Kelly, B., Marsden, B., Hall, K., Martin, D., Harper, A., Blanchard, A., Kendall, J., Irradiation damage in graphite due to fast neutrons in fission and fu-

sion systems, Technischer Bericht IAEA-TECDOC-1154, International Atomic Energy Agency. 2000.

[11] Dethloff, C., *Modeling of Helium Bubble Nucleation and Growth*, Dissertation, Karlsruher Institut für Technologie, Karlsruhe. 2012.

[12] Ehrlich, K., Bloom, E.E., Kondo, T., International strategy for fusion materials development, *Journal of Nuclear Materials* 283-287 (Part 1) (2000) 79 – 88.

[13] Conn, R., Bloom, E., Davis, J., Gold, R., Little, R., Schultz, K., Smith, D., F.W.Wiffen, Report of the DOE Panel on Low Activation Materials for Fusion Applications, Technischer Bericht UCLA/PPG-728, Center for Plasma Physics and Fusion Engineering, University of California at Los Angeles. 1983.

[14] Barabash, V., Kalinin, G., Fabritsiev, S., Zinkle, S., Specification of CuCrZr alloy properties after various thermo-mechanical treatments and design allowables including neutron irradiation effects, *Journal of Nuclear Materials* 417 (1-3) (2011) 904 – 907.

[15] Tanigawa, H., Shiba, K., Möslang, A., Stoller, R., Lindau, R., Sokolov, M., Odette, G., Kurtz, R., Jitsukawa, S., Status and key issues of reduced activation ferritic/martensitic steels as the structural material for a DEMO blanket, *Journal of Nuclear Materials* 417 (1-3) (2011) 9 – 15.

[16] Tavassoli, A.A.F., Alamo, A., Bedel, L., Forest, L., Gentzbittel, J.M., Rensman, J.W., Diegele, E., Lindau, R., Schirra, M., Schmitt, R., Schneider, H.C., Petersen, C., Lancha, A.M., Fernandez, P., Filacchioni, G., Maday, M.F., Mergia, K., Boukos, N., Baluc, Spätig, P., Alves, E., Lucon, E., Materials design data for reduced activation martensitic steel type EUROFER, *Journal of Nuclear Materials* 329-333 (Part 1) (2004) 257 – 262.

[17] Arbeiter, F., Abou-Sena, A., Chen, Y., Freund, J., Klix, A., Kondo, K., Vladimirov, P., Preliminary dimensioning of the IFMIF Tritium Release Test Module, *Fusion Engineering and Design* 88 (9-10) (2013) 2585 – 2588.

[18] Lässer, R., R.Andreani, E.Diegele, The European Fusion Program and the

Role of the Research Reactors, in *9th International Topical Meeting on Research Reactor Fuel Management (RRFM)*. 2005 .

[19] Gaganidze, E., Dafferner, B., Ries, H., Rolli, R., Schneider, H.C., Aktaa, J., Irradiation Programme HFR Phase IIb - SPICE Impact testing on up to 16.3 dpa irradiated RAFM steels, Technischer Bericht FZKA 7371, Forschungszentrum Karlsruhe GmbH. 2008.

[20] Materna-Morris, E., Möslang, A., Rolli, R., Schneider, H.C., Effect of helium on tensile properties and microstructure in 9%Cr-WVTa-steel after neutron irradiation up to 15 dpa between 250 and 450°C, *Journal of Nuclear Materials* 386-388 (2009) 422 – 425.

[21] Petersen, C., Shamardin, V., Fedoseev, A., Shimansky, G., Efimov, V., Rensman, J., The ARBOR irradiation project, *Journal of Nuclear Materials* 307-311, Part 2 (0) (2002) 1655 – 1659.

[22] Alamo, A., Horsten, M., Averty, X., Materna-Morris, E.I., Rieth, M., Brachet, J.C., Mechanical behavior of reduced-activation and conventional martensitic steels after neutron irradiation in the range 250-450°C, *Journal of Nuclear Materials* 283-287 (Part 1) (2000) 353 – 357.

[23] Alamo, A., Bertin, J., Shamardin, V., Wident, P., Mechanical properties of 9Cr martensitic steels and ODS-FeCr alloys after neutron irradiation at 325°C up to 42 dpa, *Journal of Nuclear Materials* 367-370 (Part 1) (2007) 54 – 59.

[24] Lindau, R., Schirra, M., First results on the characterisation of the reduced-activation-ferritic-martensitic steel EUROFER, *Fusion Engineering and Design* 58-59 (0) (2001) 781 – 785.

[25] Lindau, R., Möslang, A., Schirra, M., Thermal and mechanical behaviour of the reduced-activation-ferritic-martensitic steel EUROFER, *Fusion Engineering and Design* 61-62 (0) (2002) 659 – 664.

[26] Fischer, U., Simakov, S., Möllendorff, U., Pereslavtsev, P., Wilson, P., Validation of activation calculations using the Intermediate Energy Activation File IEAF-2001, *Fusion Engineering and Design* 69 (1-4) (2003) 485 – 489.

[27] Jitsukawa, S., Kimura, A., Kohyama, A., Klueh, R.L., Tavassoli, A.A., van der Schaaf, B., Odette, G.R., Rensman, J.W., Victoria, M., Petersen, C., Recent results of the reduced activation ferritic/martensitic steel development, *Journal of Nuclear Materials* 329-333 (Part 1) (2004) 39 – 46.

[28] Gaganidze, E., Schneider, H.C., Dafferner, B., Aktaa, J., Embrittlement behavior of neutron irradiated RAFM steels, *Journal of Nuclear Materials* 367-370 (Part 1) (2007) 81 – 85.

[29] Gaganidze, E., Schneider, H.C., Petersen, C., Aktaa, J., Povstyanko, A., Prokhorov, V., Lindau, R., Materna-Morris, E., Möslang, A., Diegele, E., Lässer, R., van der Schaaf, B., Lucon, E., Mechanical Properties of Reduced Activation Ferritic/Martensitic Steels after High Dose Neutron Irradiation, in *Proceedings of 22nd IAEA Fusion Energy Conference*. 2008 FT/P2-1.

[30] Sacksteder, I., Schneider, H.C., Materna-Morris, E., Determining irradiation damage and recovery by instrumented indentation in RAFM steel, *Journal of Nuclear Materials* 417 (1-3) (2011) 127 – 130.

[31] Tavassoli, A.A.F., Present limits and improvements of structural materials for fusion reactors - a review, *Journal of Nuclear Materials* 302 (2-3) (2002) 73 – 88.

[32] Lindau, R., Möslang, A., Rieth, M., Klimiankou, M., Materna-Morris, E., Alamo, A., Tavassoli, A.A.F., Cayron, C., Lancha, A.M., Fernandez, P., Baluc, N., Schäublin, R., Diegele, E., Filacchioni, G., Rensman, J., Schaaf, B., Lucon, E., Dietz, W., Present development status of EUROFER and ODS-EUROFER for application in blanket concepts, *Fusion Engineering and Design* 75-79 (2005) 989 – 996.

[33] Ullner, C., Die Reihe DIN EN ISO 14577 - Erste weltweit akzeptierte Normen für die instrumentierte Eindringprüfung, Technischer Bericht, Bundesanstalt für Materialforschung und -prüfung. 2004.

[34] Oliver, W., Pharr, G., An improved technique for determining hardness and elastic modulus using load and displacement sensing indentation experiments, *J. Mater. Res* 7 (6) (1992) 1564 – 1583.

[35] DIN - Deutsches Institut für Normung, *DIN EN ISO 14577 Instrumentierte Eindringprüfung zur Bestimmung der Härte und anderer Werkstoffparameter - Teil 1: Prüfverfahren*. 2003, Beuth Verlag.

[36] DIN - Deutsches Institut für Normung, *DIN EN ISO 14577 Instrumentierte Eindringprüfung zur Bestimmung der Härte und anderer Werkstoffparameter - Teil 2: Prüfung und Kalibrierung der Prüfmaschine*. 2003, Beuth Verlag.

[37] Durst, K., Backes, B., Göken, M., Indentation size effect in metallic materials: Correcting for the size of the plastic zone, *Scripta Materialia* 52 (11) (2005) 1093 – 1097.

[38] Durst, K., Göken, M., Pharr, G.M., Indentation size effect in spherical and pyramidal indentations, *Journal of Physics D: Applied Physics* 41 (7) (2008) 074005.

[39] Oliver, W., Pharr, G., Measurement of hardness and elastic modulus by instrumented indentation: Advances in understanding and refinements to methodology, *Journal of Materials Research* 19 (01) (2004) 3–20.

[40] Pharr, G., Persönliche Kommunikation. 2012, Oak Ridge National Laboratory and University of Tennessee, Knoxville.

[41] Joslin, D.L., Oliver, W.C., A new method for analyzing data from continuous depth-sensing microindentation tests, *Journal of Materials Research* 5 (1990) 123–126.

[42] Reimann, E., Instrumentierter Eindringversuch im Makrobereich - Ergebnisse aus Zyklen steigender Prüfkraft, Technischer Bericht, Zwick GmbH & Co. KG. 2004.

[43] Chudoba, T., Persönliche Kommunikation. 2010, ASMEC GmbH.

[44] Randall, N.X., Direct measurement of residual contact area and volume during the nanoindentation of coated materials as an alternative method of calculating hardness, *Philosophical Magazine A* 82 (10) (2002) 1883 – 1892.

[45] Sterthaus, J., *Parameteridentifikation an metallischen Werkstoffen basierend auf numerischen Simulationen und instrumentierter Eindringprüfung*, Dis-

sertation, Technische Universität Berlin. 2008.

[46] ASMEC GmbH, *Referenzmaterialien für die Instrumentierte Eindringprüfung.* 2005.

[47] Bolshakov, A., Pharr, G., Influences of pileup on the measurement of mechanical properties by load and depth sensing indentation techniques, *Journal of Materials Research* 13 (04) (1998) 1049–1058.

[48] Hill, R., Storakers, B., Zdunek, A., A theoretical study of the Brinell hardness test, *Proceedings of the Royal Society of London. A. Mathematical and Physical Sciences* 423 (1865) (1989) 301–330.

[49] Biwa, S., Storakers, B., An analysis of fully plastic Brinell indentation, *Journal of the Mechanics and Physics of Solids* 43 (8) (1995) 1303 – 1333.

[50] Tabor, D., *The hardness of metals* (Clarendon). 1951.

[51] Fischer-Cripps, A.C., *Nanoindentation* (Springer), 2. Auflage. 2004.

[52] Mandal, S., Kose, S., Frank, A., Elmustafa, A., A numerical study on pileup in nanoindentation creep, *Int. J. Surface Science and Engineering* 2 (1,2) (2008) 41 – 51.

[53] Habbab, H., Mellor, B., Syngellakis, S., Post-yield characterisation of metals with significant pile-up through spherical indentations, *Acta Materialia* 54 (7) (2006) 1965 – 1973.

[54] Norbury, A., Samuel, T., The recovery and sinking-in or piling-up of material in the Brinell test, and the effects of these factors on the correlation of the Brinell with certain other hardness tests, *Journal of the Iron and Steel Institute* 117 (1928) 673–87.

[55] Field, J., Swain, M., Determining the mechanical properties of small volumes of material from submicrometer spherical indentations, *Journal of Materials Research* 10 (1995) 101–112.

[56] Taljat, B., Zacharia, T., Kosel, F., New analytical procedure to determine stress-strain curve from spherical indentation data, *International Journal of Solids and Structures* 35 (33) (1998) 4411 – 4426.

[57] Taljat, B., Pharr, G.M., Development of pile-up during spherical indentation of elastic-plastic solids, *International Journal of Solids and Structures* 41 (14) (2004) 3891 – 3904.

[58] Hertz, H., Über die Berührung fester elastischer Körper, *Journal für die reine und angewandte Mathematik* 92 (1881) 156–171.

[59] Popov, V., *Kontaktmechanik und Reibung: Von der Nanotribologie bis zdiur Erdbebendynamik* (Springer). 2010.

[60] Tyulyukovskiy, E., Huber, N., Identification of viscoplastic material parameters from spherical indentation data: Part I. Neural networks, *Journal of Materials Research* 21 (3) (2006) 664 – 676.

[61] Sneddon, I.N., The relation between load and penetration in the axisymmetric boussinesq problem for a punch of arbitrary profile, *International Journal of Engineering Science* 3 (1) (1965) 47 – 57.

[62] Meyer, E., Untersuchungen über Härteprüfung und Härte Brinell Methoden, *Z. Ver. deut. Ing* 52-58 (1908) 645.

[63] Chen, X., Yan, J., Karlsson, A.M., On the determination of residual stress and mechanical properties by indentation, *Materials Science and Engineering: A* 416 (1-2) (2006) 139 – 149.

[64] DIN - Deutsches Institut für Normung, *DIN EN ISO 6506 Metallische Werkstoffe - Härteprüfung nach Brinell - Teil 1: Prüfverfahren*. 2005, Beuth Verlag.

[65] Kucharski, S., Mroz, Z., Identification of Hardening Parameters of Metals From Spherical Indentation Tests, *Journal of Engineering Materials and Technology* 123 (3) (2001) 245–250.

[66] Field, J.S., Swain, M.V., A simple predictive model for spherical indentation, *Journal of Materials Research* 8 (1993) 297–306.

[67] Huber, N., Tyulyukovskiy, E., A new loading history for identification of viscoplastic properties by spherical indentation, *Journal of Materials Research* 19 (1) (2004) 101 – 113.

[68] Tyulyukovskiy, E., *Identifikation von mechanischen Eigenschaften metallischer Werkstoffe mit dem Eindruckversuch*, Dissertation, Universität Karlsruhe, Karlsruhe. 2005.

[69] Klötzer, D., Ullner, C., Tyulyukovskiy, E., Huber, N., Identification of viscoplastic material parameters from spherical indentation data: Part II. Experimental validation of the method, *Journal of Materials Research* 21 (3) (2006) 677 – 684.

[70] Tyulyukovskiy, E., Huber, N., Neural networks for tip correction of spherical indentation curves from bulk metals and thin metal films, *Journal of the Mechanics and Physics of Solids* 55 (2) (2007) 391 – 418.

[71] Huber, N., Tyulyukovskiy, E., Schneider, H.C., Rolli, R., Weick, M., An indentation system for determination of viscoplastic stress-strain behavior of small metal volumes before and after irradiation, *Journal of Nuclear Materials* 377 (2) (2008) 352 – 358.

[72] Huber, N., Tsakmakis, C., A neural network tool for identifying the material parameters of a finite deformation viscoplasticity model with static recovery, *Computer Methods in Applied Mechanics and Engineering* 191 (3-5) (2001) 353–384.

[73] Callan, R., *Neuronale Netze im Klartext*, Pearson Studium: Im Klartext (Pearson Education, München). 2003.

[74] Schuh, C.A., Packard, C.E., Lund, A.C., Nanoindentation and contact-mode imaging at high temperatures, *Journal of Materials Research* 21 (03) (2006) 725–736.

[75] Sacksteder, I., *Instrumented indentation for characterization of irradiated materials at room and high temperature*, Dissertation, Karlsruher Institut für Technologie. 2011.

[76] Trenkle, J.C., Packard, C.E., Schuh, C.A., Hot nanoindentation in inert environments, *Review of Scientific Instruments* 81 (7) 073901.

[77] Korte, S., Stearn, R.J., Wheeler, J.M., Clegg, W.J., High temperature microcompression and nanoindentation in vacuum, *Journal of Materials Research*

27 (01) (2012) 167–176.

[78] Montanari, R., Filacchioni, G., Iacovone, B., Plini, P., Riccardi, B., High temperature indentation tests on fusion reactor candidate materials, *Journal of Nuclear Materials* 367-370, Part A (0) (2007) 648 – 652.

[79] Zwick GmbH & Co KG, *Produktinformation zwicki-Line Prüfmaschinen Z0.5 bis Z2.5*. 2007.

[80] Zwick GmbH & Co KG, *Produktinformation Universelle Härteprüfmaschine ZHU/zwicki-Line*. 2009.

[81] Pfeiffer Vacuum GmbH, *The Vacuum Technology Book*. 2008.

[82] Pfeiffer Vacuum GmbH, *Vacuum Technology. Know How*. 2009.

[83] Plansee SE, *Molybdän - Werkstoffeigenschaften und Anwendungen*. 2004.

[84] Plansee SE, *Molybdän. Der Allrounder unter den Spezialisten*. 2012.

[85] ESK Ceramics GmbH & Co KG, *Ekasin S Siliziumnitrid. Technische Daten*. 2013.

[86] Spriggs, G.E., 13.5 Properties of diamond and cubic boron nitride, in P. Beiss, R. Ruthardt, H. Warlimont (Hg.), *Landolt-Börnstein - Group VIII Advanced Materials and Technologies*, Band 2A2 (SpringerMaterials - The Landolt-Börnstein Database). 2002.

[87] Wheeler, J., Oliver, R., Clyne, T., AFM observation of diamond indenters after oxidation at elevated temperatures, *Diamond and Related Materials* 19 (11) (2010) 1348 – 1353.

[88] Ernstberger, M., Staicu, D., Persönliche Kommunikation. 2011, Institut für Transurane.

[89] Koslowski, B., Strobel, S., Diamantfilme: Allgemeine Eigenschaften von Diamant. 2012, http://www.uni-ulm.de/fkp/english/research/dia_all.html - aufgerufen am 23.01.2012.

[90] Salmang, H., Scholze, H., *Keramik* (Springer). 2007.

[91] Schwaiger, R., Persönliche Kommunikation. 2013, Karlsruher Institut für Technologie.

[92] Hostettler, S., Persönliche Kommunikation. 2012, Synton MDP.

[93] Jähne, B., *Digitale Bildverarbeitung* (Springer, Berlin, Heidelberg), 7. Auflage. 2012.

[94] Zwick GmbH & Co KG, *Produktinformation laserXtens - berührungsloses Messen ohne Messmarken.* 2010.

[95] Zwick GmbH & Co KG, *Produktinformation laserXtens Compact - berührungsloses Messen ohne Messmarken.* 2010.

[96] Messphysik Materials Testing, *Laser Speckle Extensometer ME53.* 2010.

[97] Eberl, C., Digital Image Correlation and Tracking. 2010.

[98] Eberl, C., Thompson, R., Gianola, D., Sharpe, W., Hemker, K., Image correlation and tracking techniques for strain measurement on the micron scale, in *nanomech 7.* 2006 .

[99] Lyons, J., Liu, J., Sutton, M., High-temperature deformation measurements using digital-image correlation, *Experimental Mechanics* 36 (1996) 64–70.

[100] Eberl, C., Gianola, D., Hemker, K., Mechanical Characterization of Coatings Using Microbeam Bending and Digital Image Correlation Techniques, *Experimental Mechanics* 50 (2010) 85–97.

[101] Thompson, R., Hemker, K., Thermal expansion measurements on coating materials by digital image correlation, in *Proceedings of the SEM Annual Conference and Exposition on Experimental and Applied Mechanics.* 2007 .

[102] Company Seven, *Questar QM-100 photo-visual long distance microscope.* 2012.

[103] Kerrom, T., *Konstruktion einer Aufnahmevorrichtung für ein optisches Wegmess-System bei der Hochtemperatur-Eindringprüfung*, Bachelorarbeit, Karlsruher Institut für Technologie. 2012.

[104] Watlow GmbH, *Watlow Firerod/EB-Heizpatronen.* 2006.

[105] DIN - Deutsches Institut für Normung, *DIN EN ISO 5483 - 1 Zeitabhängige Größen - Bennenungen der Zeitabhängigkeit.* 1983, Beuth Verlag.

[106] Thermo Haake, *ThermoHaake. Betriebsanleitung Umwälzkühler 45 / 90 / 140.* 2000.

[107] Pfeiffer Vacuum GmbH, *Hi Pace 80 Turbopumpe. Betriebsanleitung.* 2011.

[108] TableStable, JRS Scientific Instruments, *Active Vibration Isolation System AVI-200/LP. Instruction manual.*

[109] National Instruments, *Bedienungsanleitung und Spezifikationen NI USB-6008/6009.* 2012.

[110] *DMS-Kraftaufnehmer XForce.* 2008.

[111] Cordier, P., Amodeo, J., Carrez, P., Modelling the rheology of MgO under Earth's mantle pressure, temperature and strain rates, *Nature* 481 (7380) (2012) 177–180.

[112] Bürgel, R., Maier, H.J., Niendorf, T., *Handbuch Hochtemperatur-Werkstofftechnik* (Vieweg+Teubner). 2011.

[113] Gottstein, G., *Physikalische Grundlagen der Materialkunde* (Springer). 2007.

[114] Kaufmann, D., *Size Effects on the Plastic Deformation of the BCC-Metals Ta und Fe* (Cuvillier). 2011.

[115] Werner, M., Temperature and strain-rate dependence of the flow stress of ultrapure tantalum single crystals, *physica status solidi (a)* 104 (1) (1987) 63–78.

[116] Hornbogen, E., *Werkstoffe*, Springer-Lehrbuch (Springer-Verlag Berlin Heidelberg). 2008.

[117] Duesbery, M., Vitek, V., Plastic anisotropy in b.c.c. transition metals, *Acta Materialia* 46 (5) (1998) 1481 – 1492.

[118] Vitek, V., Mrovec, M., Gröger, R., Bassani, J., Racherla, V., Yin, L., Effects of non-glide stresses on the plastic flow of single and polycrystals of mo-

lybdenum, *Materials Science and Engineering: A* 387-389 (0) (2004) 138 – 142.

[119] Reiser, J., *Duktilisierung von Wolfram: Synthese, Analyse und Charakterisierung von Wolframlaminaten aus Wolframfolie*, Dissertation, Karlsruher Institut für Technologie, Karlsruhe. 2012.

[120] Rupp, D., *Bruch und Spröd-duktil-Übergang in polykristallinem Wolfram : Einfluss von Mikrostruktur und Lastrate*, Dissertation, Karlsruher Institut für Technologie, Aachen. 2010.

[121] Yao, W., *Crystal plasticity study of single crystal tungsten by indentation tests*, Dissertation, Universität Ulm. 2012.

[122] Brunner, D., Comparison of flow-stress measurements on high-purity tungsten single crystals with the kink-pair theory, *Materials Transactions, JIM(Japan)* 41 (1) (2000) 152–160.

[123] ESK Ceramics GmbH & Co KG, *Ekasic Siliziumcarbid. Technische Daten.* 2011.

[124] ESK Ceramics GmbH & Co KG, *Tetrabor Borcarbid. Technische Daten.* 2011.

[125] ESK Ceramics GmbH & Co KG, *Titanium Diboride. Technical data.* 2007.

Schriftenreihe
des Instituts für Angewandte Materialien

ISSN 2192-9963

Die Bände sind unter www.ksp.kit.edu als PDF frei verfügbar oder
als Druckausgabe bestellbar.

Band 1   Prachai Norajitra
          Divertor Development for a Future Fusion Power Plant. 2011
          ISBN 978-3-86644-738-7

Band 2   Jürgen Prokop
          **Entwicklung von Spritzgießsonderverfahren zur Herstellung
          von Mikrobauteilen durch galvanische Replikation.** 2011
          ISBN 978-3-86644-755-4

Band 3   Theo Fett
          **New contributions to R-curves and bridging stresses –
          Applications of weight functions.** 2012
          ISBN 978-3-86644-836-0

Band 4   Jérôme Acker
          **Einfluss des Alkali/Niob-Verhältnisses und der Kupferdotierung
          auf das Sinterverhalten, die Strukturbildung und die Mikro-
          struktur von bleifreier Piezokeramik $(K_{0,5}Na_{0,5})NbO_3$.** 2012
          ISBN 978-3-86644-867-4

Band 5   Holger Schwaab
          **Nichtlineare Modellierung von Ferroelektrika unter
          Berücksichtigung der elektrischen Leitfähigkeit.** 2012
          ISBN 978-3-86644-869-8

Band 6   Christian Dethloff
          **Modeling of Helium Bubble Nucleation and Growth
          in Neutron Irradiated RAFM Steels.** 2012
          ISBN 978-3-86644-901-5

Band 7   Jens Reiser
          **Duktilisierung von Wolfram. Synthese, Analyse und Charak-
          terisierung von Wolframlaminaten aus Wolframfolie.** 2012
          ISBN 978-3-86644-902-2

Band 8   Andreas Sedlmayr
          **Experimental Investigations of Deformation Pathways
          in Nanowires.** 2012
          ISBN 978-3-86644-905-3

Band 9   Matthias Friedrich Funk
**Microstructural stability of nanostructured fcc metals during
cyclic deformation and fatigue.** 2012
ISBN 978-3-86644-918-3

Band 10   Maximilian Schwenk
**Entwicklung und Validierung eines numerischen Simulationsmodells
zur Beschreibung der induktiven Ein- und Zweifrequenzrandschicht-
härtung am Beispiel von vergütetem 42CrMo4.** 2012
ISBN 978-3-86644-929-9

Band 11   Matthias Merzkirch
**Verformungs- und Schädigungsverhalten der verbundstranggepressten,
federstahldrahtverstärkten Aluminiumlegierung EN AW-6082.** 2012
ISBN 978-3-86644-933-6

Band 12   Thilo Hammers
**Wärmebehandlung und Recken von verbundstranggepressten
Luftfahrtprofilen.** 2013
ISBN 978-3-86644-947-3

Band 13   Jochen Lohmiller
**Investigation of deformation mechanisms in nanocrystalline
metals and alloys by in situ synchrotron X-ray diffraction.** 2013
ISBN 978-3-86644-962-6

Band 14   Simone Schreijäg
**Microstructure and Mechanical Behavior of Deep Drawing DC04 Steel
at Different Length Scales.** 2013
ISBN 978-3-86644-967-1

Band 15   Zhiming Chen
Modelling the plastic deformation of iron. 2013
ISBN 978-3-86644-968-8

Band 16   Abdullah Fatih Çetinel
**Oberflächendefektausheilung und Festigkeitssteigerung von nieder-
druckspritzgegossenen Mikrobiegebalken aus Zirkoniumdioxid.** 2013
ISBN 978-3-86644-976-3

Band 17   Thomas Weber
**Entwicklung und Optimierung von gradierten Wolfram/
EUROFER97-Verbindungen für Divertorkomponenten.** 2013
ISBN 978-3-86644-993-0

Band 18   Melanie Senn
**Optimale Prozessführung mit merkmalsbasierter
Zustandsverfolgung.** 2013
ISBN 978-3-7315-0004-9

Band 19   Christian Mennerich
**Phase-field modeling of multi-domain evolution in ferromagnetic
shape memory alloys and of polycrystalline thin film growth.** 2013
ISBN 978-3-7315-0009-4

Band 20   Spyridon Korres
**On-Line Topographic Measurements of Lubricated Metallic Sliding
Surfaces.** 2013
ISBN 978-3-7315-0017-9

Band 21   Abhik Narayan Choudhury
**Quantitative phase-field model for phase transformations in
multi-component alloys.** 2013
ISBN 978-3-7315-0020-9

Band 22   Oliver Ulrich
**Isothermes und thermisch-mechanisches Ermüdungsverhalten von
Verbundwerkstoffen mit Durchdringungsgefüge (Preform-MMCs).** 2013
ISBN 978-3-7315-0024-7

Band 23   Sofie Burger
**High Cycle Fatigue of Al and Cu Thin Films by a Novel High-Throughput
Method.** 2013
ISBN 978-3-7315-0025-4

Band 24   Michael Teutsch
**Entwicklung von elektrochemisch abgeschiedenem LIGA-Ni-Al für
Hochtemperatur-MEMS-Anwendungen.** 2013
ISBN 978-3-7315-0026-1

Band 25   Wolfgang Rheinheimer
Zur Grenzflächenanisotropie von $SrTiO_3$. 2013
ISBN 978-3-7315-0027-8

Band 26   Ying Chen
**Deformation Behavior of Thin Metallic Wires under Tensile
and Torsional Loadings.** 2013
ISBN 978-3-7315-0049-0

Band 27   Sascha Haller
Gestaltfindung: Untersuchungen zur Kraftkegelmethode. 2013
ISBN 978-3-7315-0050-6

Band 28   Stefan Dietrich
**Mechanisches Verhalten von GFK-PUR-Sandwichstrukturen unter
quasistatischer und dynamischer Beanspruchung.** 2013
ISBN 978-3-7315-0074-2